高职高专“十三五”规划教材

新编大学计算机基础
练习与应试指南

主　编　欧君才　刘晓芳　贺　琴
副主编　陈贵彬　杨　林　王　磊　刘　泽
主　审　袁男一

北京航空航天大学出版社

内 容 简 介

本书是根据全国计算机及信息高新技术考试办公软件应用(中级)的要求和国家职业资格计算机操作员(中级)考试要求编写的考试强化指导书。全书共分3章,主要内容包括:办公软件应用(中级)考试典型试题题解、全国计算机及信息高新技术考试模拟试题、全国计算机及信息高新技术考试简介和计算机操作员(中级)职业技能鉴定应试指南。

本书适合作为高职高专院校计算机应用基础课程的配套实训指导与练习教材,也适合各类中专、技工学校、职高作为办公软件应用和计算机操作技能培训与测评的参考资料。

图书在版编目(CIP)数据

新编大学计算机基础练习与应试指南 / 欧君才,刘晓芳,贺琴主编. -- 北京 :北京航空航天大学出版社,2016.12

ISBN 978-7-5124-2330-5

Ⅰ. ①新… Ⅱ. ①欧… ②刘… ③贺… Ⅲ. ①电子计算机—高等学校—教学参考资料 Ⅳ. ①TP3

中国版本图书馆 CIP 数据核字(2016)第 301959 号

新编大学计算机基础练习与应试指南

主 编 欧君才 刘晓芳 贺 琴

副主编 陈贵彬 杨 林 王 磊 刘 泽

主 审 袁男一

责任编辑 董 瑞 甄 真

*

北京航空航天大学出版社出版发行

北京市海淀区学院路37号(邮编100191) http://www.buaapress.com.cn

发行部电话:(010)82317024 传真:(010)82328026

读者信箱:goodtextbook@126.com 邮购电话:(010)82316936

保定市中画美凯印刷有限公司印装 各地书店经销

*

开本:787×1 092 1/16 印张:16 字数:410千字

2017年3月第1版 2017年12月第2次印刷 印数:4 001~8 000册

ISBN 978-7-5124-2330-5 定价:38.00元

前　言

随着计算机技术的迅速发展，计算机的应用范围越来越广，计算机知识的教学也受到空前的重视，各类院校都开设了计算机课程，“大学计算机基础”是高等院校的必修课程，也是一门理论与实践相结合的课程。由于操作性强，若没有足够的上机实践来理解和掌握课堂所学的内容，要真正熟练操作计算机几乎是不可能的。

本书是大学计算机基础的配套实训指导与练习教材，也是参加全国计算机及信息高新技术考试办公软件应用（中级）和计算机操作员（中级）职业技能鉴定的应用指导书。

本书以全国计算机及信息高新技术考试办公软件应用（中级）考试标准和“国家职业标准——计算机操作员（中级）”为依据，坚持“用什么，考什么，编什么”的原则，遴选了大量的计算机应用典型工作案例作为训练的题目，体现职业岗位特色，突出针对性、典型性、实用性。

本书涵盖办公软件应用（中级）和计算机操作员（中级）职业技能鉴定考试的各类典型例题和典型操作，内容丰富、全面，通俗易懂，图文并茂。在指导读者按照典型试题题解操作的同时，还精心选择了十套模拟试题，通过反复训练既可使考生通过考试，又能达到熟练掌握计算机应用技能的目的，为学生通过全国计算机及信息高新技术考试办公软件应用（中级）和计算机操作员（中级）职业技能鉴定提供帮助。

本书由欧君才、刘晓芳、贺琴担任主编，陈贵彬、杨林、王磊、刘泽担任副主编，袁男一负责主审，同时感谢在本书的编写过程中给予大力支持的于一、梁波、刘恬甜、杨劲、孙艺璇、张婷婷、黄艳、桂明军、田晓明、杨丽、阙宏宇、蒋焱、袁晓维、杨寒梅、陈阳、郭华、李帛倪、张霓雯、张钧涵、陈传柳、周琨皓、王佳豪、方洲、唐君健、李易、杨青霖、刘金姑、杨嫒等同志。

由于时间仓促，书中的错误和不足之处，敬请读者批评指正。

编　者

2016 年 9 月

目　录

第1章　办公软件应用(Windows 7平台)典型试题题解

第一套试题解析

1.1.1　操作系统应用

【操作要求】

① 启动“资源管理器”：开机，进入 Windows 7 操作系统，启动“资源管理器”。

② 创建文件夹：在C盘根目录下建立考生文件夹，文件夹名为考生准考证后7位。

③ 复制、重命名文件：C盘中有考试题库“2010KSW”文件夹，文件夹结构如图1-1所示。根据选题单指定题号，将题库中“DATA1”文件夹内相应的文件复制到考生文件夹中，将文件分别重命名为A1、A3、A4、A5、A6、A7、A8，扩展名不变。第二单元的考题需要考生在做题时自己新建一个文件。

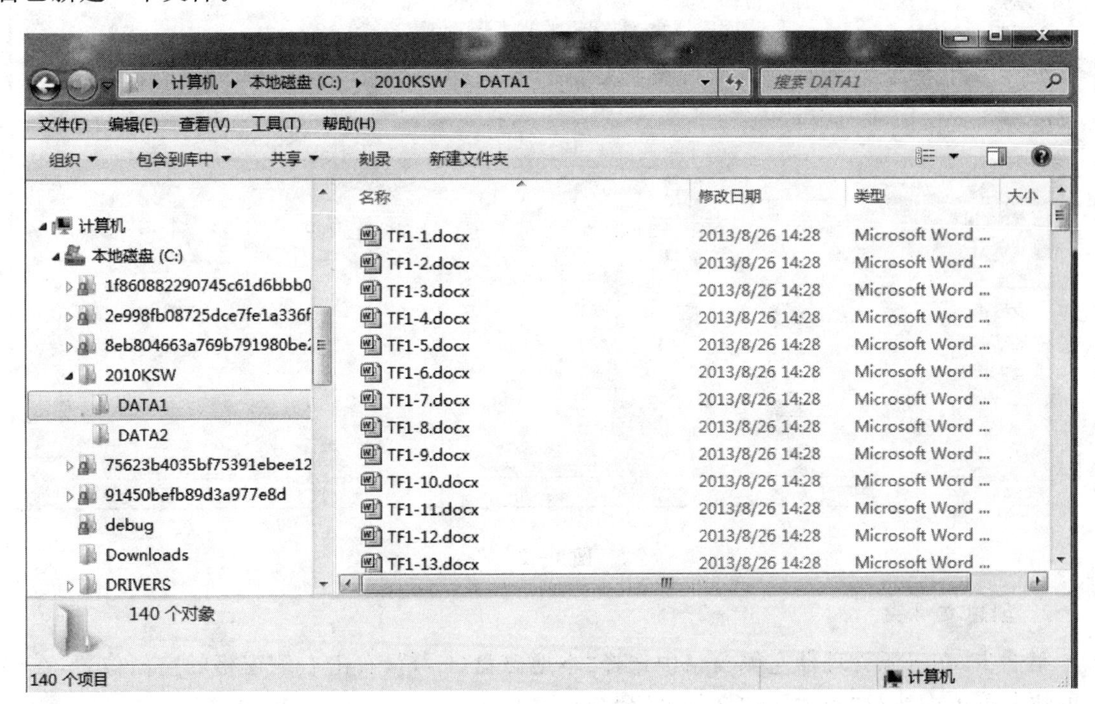

图1-1

如果考生的选题单如表1-1所列。则应将题库中“DATA1”文件夹内的文件 TF1-12.docx、TF3-1.docx、TF4-1.docx、TF5-1.docx、TF6-1.xlsx、TF7-1.xlsx、TF8-1.docx 复制到考生文件夹中，并分别重命名为 A1.docx、A3.docx、A4.docx、A5.docx、A6.xlsx、A7.

xlsx、A8. docx。

表 1-1

单元	一	二	三	四	五	六	七	八
题号	12	5	1	1	1	1	1	1

④ 操作系统的设置与优化：在语言栏中添加“微软拼音—简捷 2010”输入法。

⑤ 为“附件”菜单中的“截图工具”创建桌面快捷方式。

【解题步骤】

1. 启动“资源管理器”

第 1 步：进入 Windows 7 操作系统后，执行“开始”→“所有程序”→“附件”→“Windows 资源管理器”命令；或者右击“开始”按钮，在弹出的快捷菜单中选择“资源管理器”命令，打开资源管理器的窗口，如图 1-2 所示。

图 1-2

2. 创建文件夹

第 2 步：在资源管理器左侧窗格中选择“本地磁盘(C:)”，右击右侧窗格的空白位置，在弹出的快截菜单中执行“新建”→“文件夹”命令。

第 3 步：在右侧窗格中出现了一个新建的文件夹，并且该文件夹名处于可编辑状态，输入考生准考证后 7 位作为该文件夹名称，如图 1-3 所示。

3. 复制文件、修改文件名

第 4 步：在资源管理器左侧窗格中依次打开 C:\2010KSW\DATA1 文件夹，根据选题单

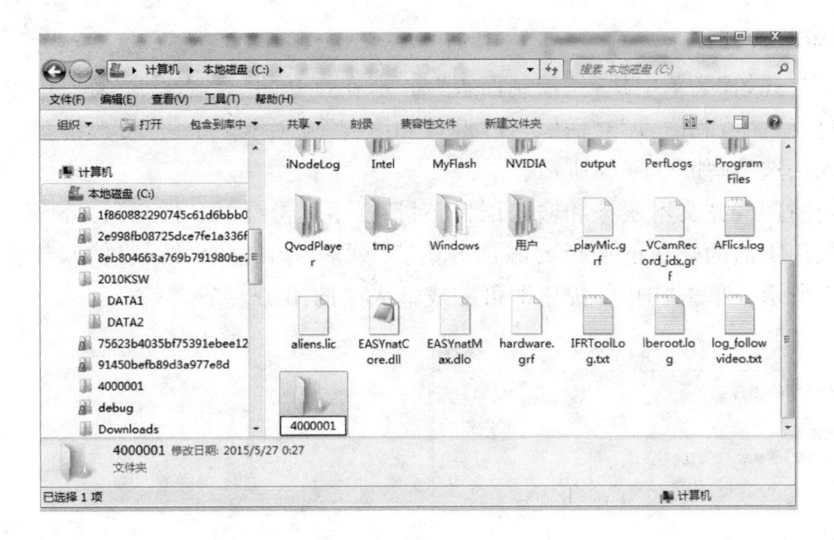

图 1－3

在右侧内容窗格中选择相应的文件,如图 1－4 所示。

图 1－4

第 5 步:执行"编辑"→"复制"命令,将选中的素材文件夹复制到剪贴板中。在资源管理器左侧文件夹窗口中,打开新建的考生文件夹。执行"编辑"→"粘贴"命令,则考题被复制到考生文件夹中。

第 6 步:右击相应的考题,在弹出的快捷菜单中执行"重命名"命令,根据操作要求对文件进行重命名。重命名时注意不要改变原考题文件的扩展名。

4. 添加输入法

第 7 步：在“开始”菜单中执行“控制面板”命令，在打开的“控制面板”窗口中单击“时钟、区域和语言”，打开“区域和语言”对话框，在“键盘和语言”选项卡下单击“更改键盘”按钮，更改键盘或其他输入法选项，如图 1－5 所示。

第 8 步：在打开的“文本服务和输入语言”对话框中单击“添加”按钮，打开“添加输入语言”对话框，在“使用下面的复选框选择要添加的语言”列表框中选中“微软拼音-简捷 2010”复选框，如图 1－6 所示。单击“确定”按钮即可完成输入法的添加。

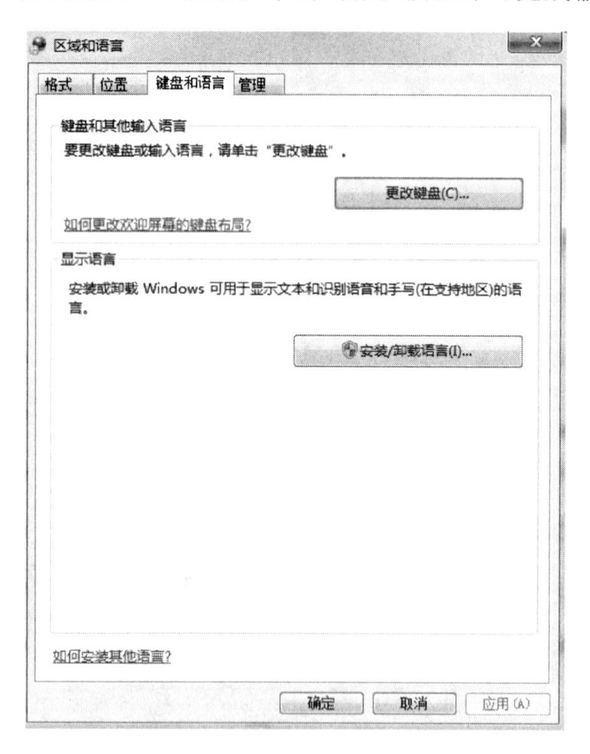

图 1－5

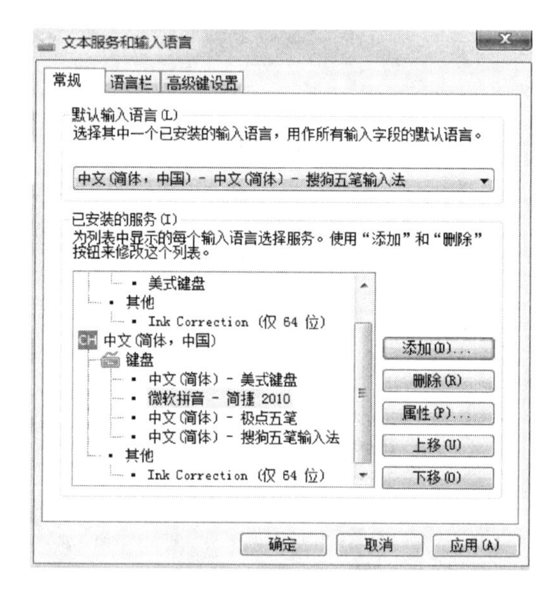

图 1－6

5. 创建快捷方式

第 9 步：执行“开始”→“所有程序”→“附件”命令，右击“截图工具”选项，在打开的下拉菜单中执行“发送到”选项下的“桌面快捷方式”命令（见图 1－7），即可在桌面创建“截图工具”的快捷方式。

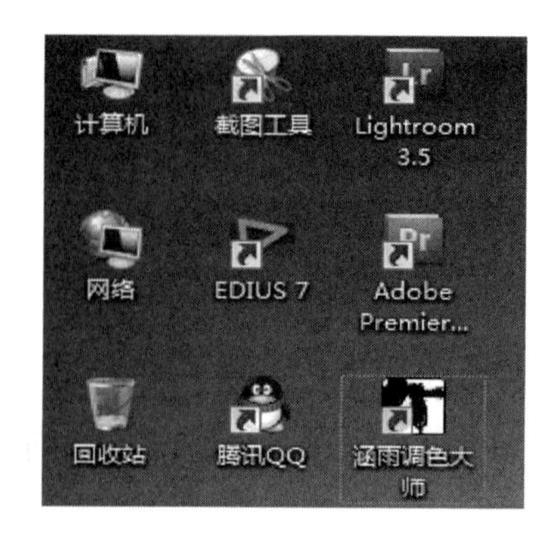

图 1－7

1.1.2　文字录入与编辑

【操作要求】

① 新建文件:在字处理软件中新建一个文档,命名为 A2.docx,保存至考生文件夹。

② 录入文本与符号:按照【样文 2-1A】,录入文字、字母、标点符号、特殊符号等。

③ 复制、粘贴:将 C:\2010KSW\DATA2\TF2-1 中的所有文字复制到考生录入的文档中。

④ 查找、替换:将文档中所有“核站”替换为“核电站”,结果如【样文 2-1B】所示。

【样文 2-1A】

※世界上一切物质都是由原子构成的，原子又是由原子核和它周围的电子构成的。轻原子核的融合和重原子核的分裂都能放出能量，分别称为“核聚变能”和“核裂变能”，简称【核能】。※

自 1951 年 12 月美国实验增殖堆 1 号首次利用【核能】发电以来，世界核电至今已有 50 多年的发展历史。截止到 2005 年年底，全世界核电运行机组共有 440 多台，其发电量约占世界发电总量的 16%。

【样文 2-1B】

※世界上一切物质都是由原子构成的，原子又是由原子核和它周围的电子构成的。轻原子核的融合和重原子核的分裂都能放出能量，分别称为“核聚变能”和“核裂变能”，简称【核能】。※

自 1951 年 12 月美国实验增殖堆 1 号首次利用【核能】发电以来，世界核电至今已有 50 多年的发展历史。截止到 2005 年年底，全世界核电运行机组共有 440 多台，其发电量约占世界发电总量的 16%。

火力发电站利用煤和石油发电，水力发电站利用水力发电，而核电站是利用原子核内部蕴藏的能量产生电能的。新型发电站核电站大体可分为两部分：一部分是利用核能生产蒸汽的核岛，包括反应堆装置和一回路系统；另一部分是利用蒸汽发电的常规岛，包括汽轮发电机系统。

在发达国家，核电已有几十年的发展历史，核电已成为一种成熟的能源。我国的核工业也已有 40 多年发展历史，建立了从地质勘察、采矿到元件加工、后处理等相当完整的核燃料循环体系，已建成多种类型的核反应堆并有多年的安全管理和运行经验，拥有一支专业齐全、技术过硬的队伍。核电站的建设和运行是一项复杂的技术。我国目前已经能够设计、建造和运行自己的核电站。秦山核电站就是由我国自己研究设计建造的。

【解题步骤】

1. 新建文件

第 1 步:执行“开始”→“所有程序”→“Microsoft Office”→“Microsoft Office 2010”命令,打开一个空白的 Word 文档。

第 2 步：执行"文件"→"保存"命令。打开"另存为"对话框，在"保存位置"下拉列表中选择考生文件夹所在的位置，在"文件名"文本框中输入"A2"，单击"保存"按钮即可，如图 1-8 所示。

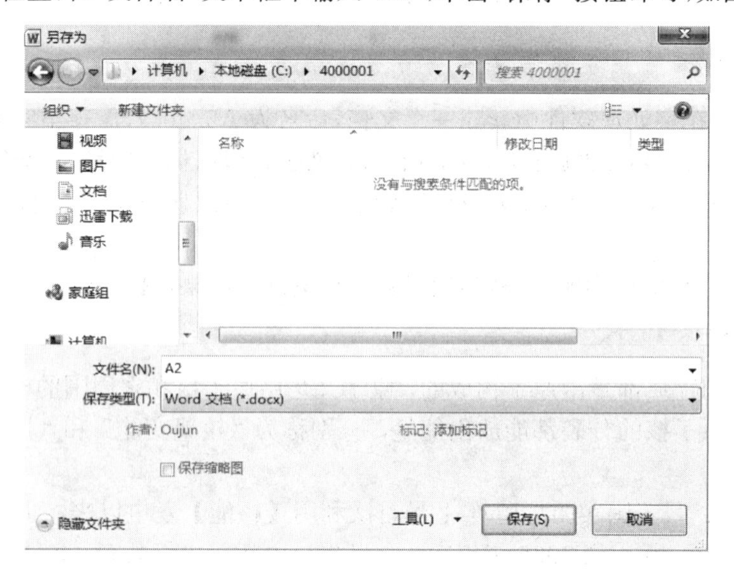

图 1-8

2. 录入文本与字符

第 3 步：选择一种常用的中文输入法，按【样文 2-1A】所示录入文字、数字、标点符号。

第 4 步：先将插入点定位在要插入符号的位置，然后在"插入"选项卡下"符号"组中单击"符号"下拉按钮，在弹出的下拉列表中执行"其他符号"命令，如图 1-9 所示。

图 1-9

第 5 步：打开"符号"对话框，在"符号"选项卡下的"字体"下拉列表框中选择相应的字体，在符号列表框中选择需要插入的特殊符号后，单击"插入"按钮即可，如图 1-10 所示。

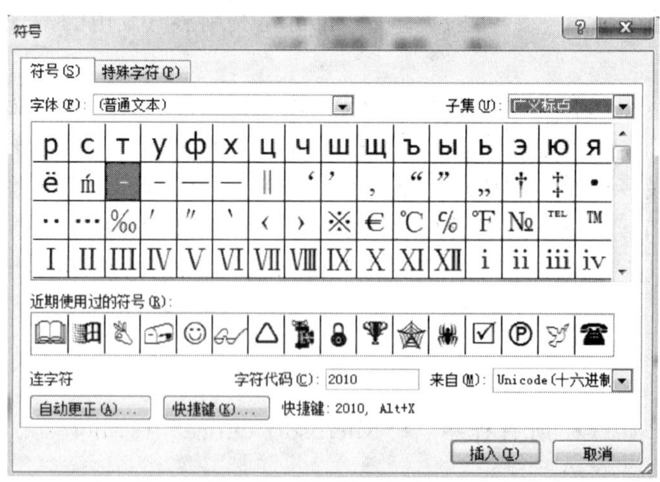

图 1-10

3. 复制粘贴

第 6 步:执行“文件”→“打开”命令,打开“打开”对话框。在“查找范围”下拉列表中选择文件夹 C:\2010KSW\DATA2,在文件列表框中选择文件 TF2－1.docx,单击“打开”按钮即可打开该文档,如图 1－11 所示。

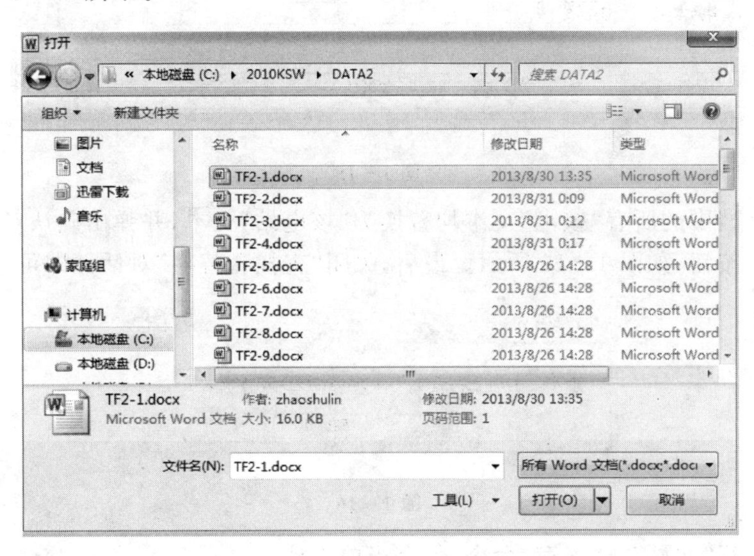

图 1－11

第 7 步:在 TF2－1.docx 文档中按 Ctrl＋A 组合键,即可选中文档中的所有文字。在“开始”选项卡下“剪贴板”组中单击“复制”按钮(见图 1－12),即可将复制的内容暂时存放在剪贴板中。

第 8 步:切换至考生文档 A2.docx 中,将光标定位在录入的文档内容之后,在“开始”选项卡下“剪贴板”组中单击“粘贴”按钮(见图 1－13),即可将复制的内容粘贴至录入的文档内容之后。

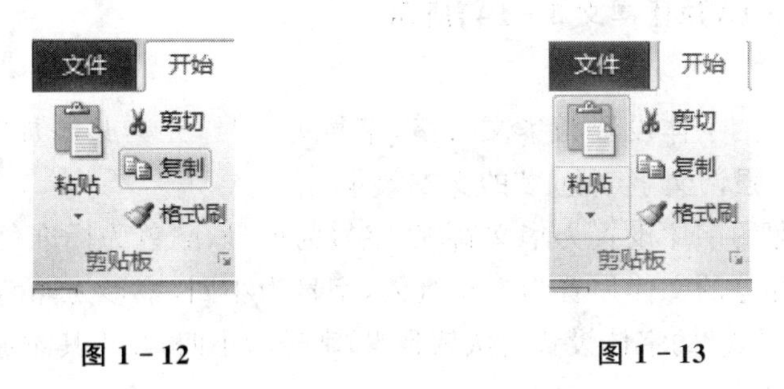

图 1－12　　**图 1－13**

4. 查找替换

第 9 步:在 A2.docx 文档中,将光标定位在文档的起始处,在”开始“选项卡下“编辑”组中单击“替换”按钮,如图 1－14 所示。

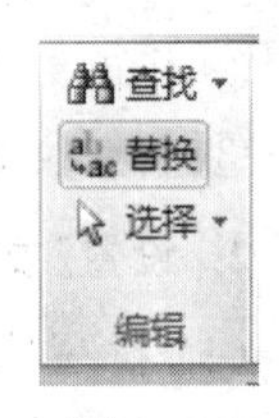

图 1－14

第 10 步:弹出“查找和替换”对话框,在“替换”选项卡下的“查找内容”文本框中输入“核站”,在“替换为”文本框中输入“核电站”,单击“全部替换”按钮即可,如图 1－15 所示。

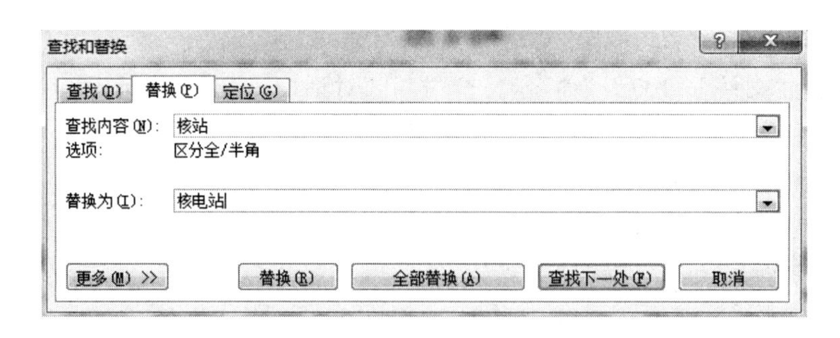

图 1-15

第 11 步:文档中的所有“核电”文本均替换为“核电站”文本,并弹出确认对话框,单击该对话框中的“确认”按钮,如图 1-16 所示。最后,关闭“查找和替换”对话框即可。

图 1-16

第 12 步:执行“文件”→“保存”命令,保存当前文档。

1.1.3 文档的格式设置与编排

【操作要求】

打开文档 A3.docx(C:\2010KSW\DATA1\TF3-1.docx),按下列要求设置、编排文档格式。

1. 设置【文本 3-1A】如【样文 3-1A】所示

(1) 字体格式

① 将文档标题行的字体设置为华文行楷,字号为一号,并为其添加“填充—蓝色,透明强调文字颜色 1,轮廓—强调文字颜色 1”的文本效果。

② 将文档副标题的字体设置为华文新魏,字号为四号,颜色为标准色中的“深红”色。

③ 将正文诗词部分的字体设置为方正姚体,字号为小四,字形为倾斜。

④ 将文本“注释译文”的字体设置为微软雅黑,字号为小四,并为其添加“双波浪线”下画线。

(2) 段落格式

① 将文档的标题和副标题设置为居中对齐。

② 将正文诗词部分左缩进 10 个字符,段落间距为段后、段前各 0.5 行,行间距为固定值 18 磅。

③ 将正文最后两段的首行缩进 2 个字符,并设置行距为 1.5 倍行距。

2. 设置【文本 3-1B】如【样文 3-1B】所示

(1) 拼写检查

改正【文本 3-1B】中拼写错误的单词。

(2) 设置项目符号或编号

按照【样文 3－1B】为文档段落添加项目符号。

3. 要求设置【文本 3－1C】如【样文 3－1C】所示

按照【样文 3－1C】所示，为【文本 3－1C】中的文本添加拼音，并设置拼音的对齐方式为“居中”，偏移量为 3 磅，字号为 14 磅。

【样文 3－1A】

《沁园春·雪》

毛泽东（1936 年 2 月）

北国风光，千里冰封，万里雪飘。

望长城内外，惟余莽莽；大河上下，顿失滔滔。

山舞银蛇，原驰蜡象，欲与天公试比高！

须晴日，看红装素裹，分外妖娆。

江山如此多娇，引无数英雄竞折腰。

惜秦皇汉武，略输文采；唐宗宋祖，稍逊风骚。

一代天骄，成吉思汗，只识弯弓射大雕。

俱往矣，数风流人物，还看今朝！

注释译文

北方的风光，千里冰封，万里雪飘，眺望长城内外，只剩下白茫茫的一片；宽广的黄河的上游和下游，顿时失去了滔滔水势。连绵的群山好像一条条银蛇一样蜿蜒游走，高原上的丘陵好像许多白象在奔跑，似乎想要与苍天比试一下高低。等到天晴的时候，再看红日照耀下的白雪，格外的娇艳美好。

祖国的山川是这样的壮丽，令古往今来无数的英雄豪杰为此倾倒。只可惜像秦始皇汉武帝这样勇武的帝王，却略差文学才华；唐太宗宋太祖，稍逊文治功劳。称雄一世的天之骄子成吉思汗，却只知道拉弓射大雕（却轻视了思想文化的建立）。而这些都已经过去了，真正能够建功立业的人，还要看现在的人们(暗指无产革命阶级将超越历代英雄的信心）。

【样文 3-1B】

- Our knowledge of the universe is growing all the time. Our knowledge grows and the universe develops. Thanks to space satellites, the world itself is becoming a much smaller place and people from different countries now understand each other better.
- Look at your watch for just one minute. During that time, the population of the world increased by 259. Perhaps you think that isn't much. However, during the next hour, over 15,540 more babies will be born on the earth.
- So it goes on, hour after hour. In one day, people have to produce food for over 370,000 more mouths. Multiply this by 365. Just think how many more there will be in one year! What will happen in a hundred years?

【样文 3-1C】

qiānshānniǎofēi jué　　wàn jìngrénzōngmiè
千山鸟飞绝，万径人踪灭。

gū zhōusuō lì wēng　　dú diàohánjiāngxuě
孤舟蓑笠翁，独钓寒江雪。

【解题步骤】

执行“文件”→“打开”命令，在“查找范围”文本框中找到指定路径(C:\2010KSW\DATA1\TF3-1.docx)，选择 A3.docx 文件，单击“打开”按钮。

1. 设置【文本 3-1A】如【样文 3-1A】所示

(1) 设置字体格式

第 1 步：选中文章的标题行“《沁园春·雪》”，在“开始”选项卡下“字体”组中的“字体”下拉列表中选择“华文行楷”，在“字号”下拉列表中选择“一号”，单击“文本效果”下拉按钮，在弹出的库中选择“填充-蓝色，透明强调文字颜色 1，轮廓-强调文字颜色 1”的文本效果，如图 1-17 所示。

第 2 步：选中文章的副标题行“毛泽东(1936 年 2 月)”，在“开始”选项卡下“字体”组中的“字体”下拉列表中选择“华文新魏”，在“字号”下拉列表中选择“四号”，在“字体颜色”下拉列表中选择标准色中的“深红”色，如图 1-18 所示。

第 3 步：选中正文诗词部分，在“开始”选项卡下“字体”组中的“字体”下拉列表中选择“方正姚体”，在“字号”下拉列表中选择“小四”，单击“倾斜”按钮。

第 4 步：选中文本“注释译文”一词，单击“开始”选项卡下“字体”组右下角的“对话框启动器”按钮，弹出“字体”对话框，在“字体”选项卡下，在“中文字体”和“西文字体”下拉列表中均选择“微软雅黑”，在“字号”下拉列表中选择“小四”；在“下划线线型”下拉列表中选择“双波浪线”，单击“确定”按钮，如图 1-19 所示。

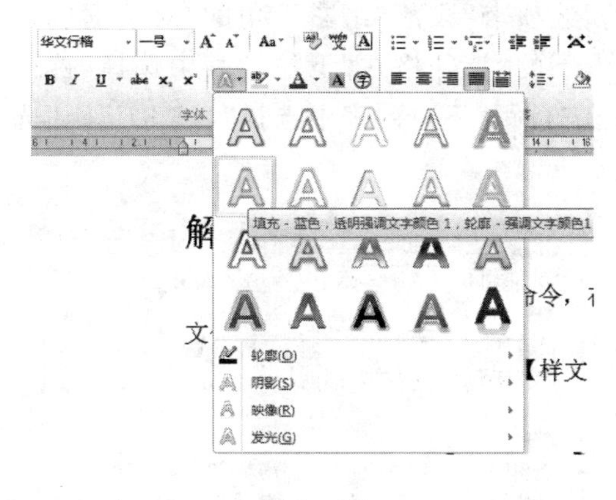

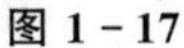
图 1 - 17

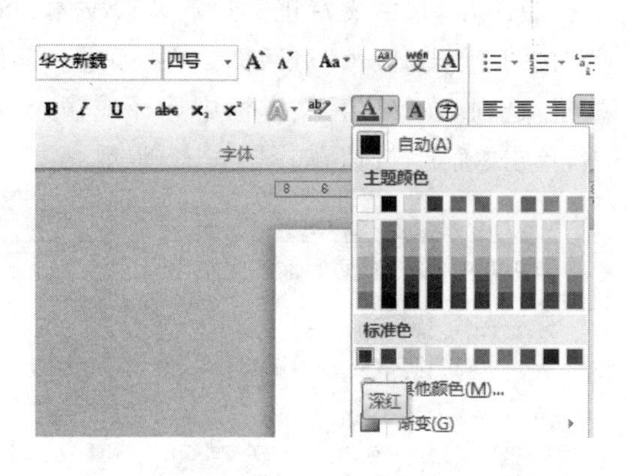

图 1 - 18

(2) 设置段落格式

第 5 步:同时选中文档的标题和副标题行,在“开始”选项卡下“段落”组中单击“居中”按钮,如图 1 - 20 所示。

图 1 - 19

第 6 步:选中正文的诗词部分,单击“开始”选项卡下“段落”组右下角的“对话框启动器”按钮,弹出“段落”对话框。在“缩进和间距”选项卡下的“缩进”区域的“左侧”文本框中选择或输入“10 个字符”,在“间距”区域的“段前”文本框中选择或输入“0.5 行”,在“段后”文本框中选择或输入“0.5 行”,在“行距”下拉列表中选择“固定值”,在“设置值”文本框中选择或输入“18 磅”,单击“确定”按钮,如图 1 - 21 所示。

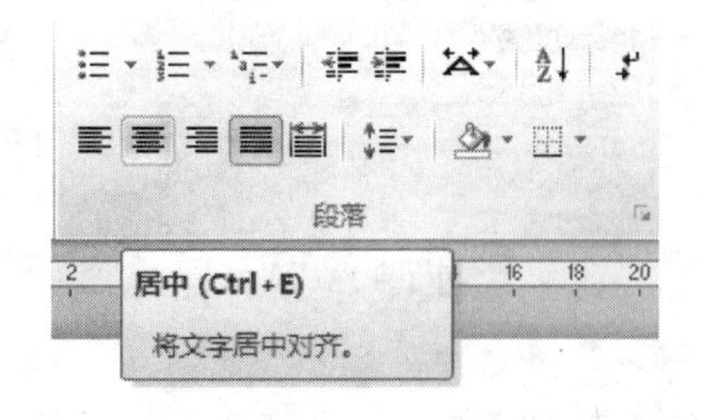

图 1 - 20

第 7 步：选中文章正文最后两段文本，单击“开始”选项卡“段落”组右下角的“对话框启动器”按钮，弹出“段落”对话框。在“缩进和间距”选项卡下的“特殊格式”下拉列表中选择“首行缩进”选项，在“磅值”文本框中选择或输入“2 字符”，在“行距”下拉列表中选择“1.5 倍行距”选项，单击“确定”按钮，如图 1－22 所示。

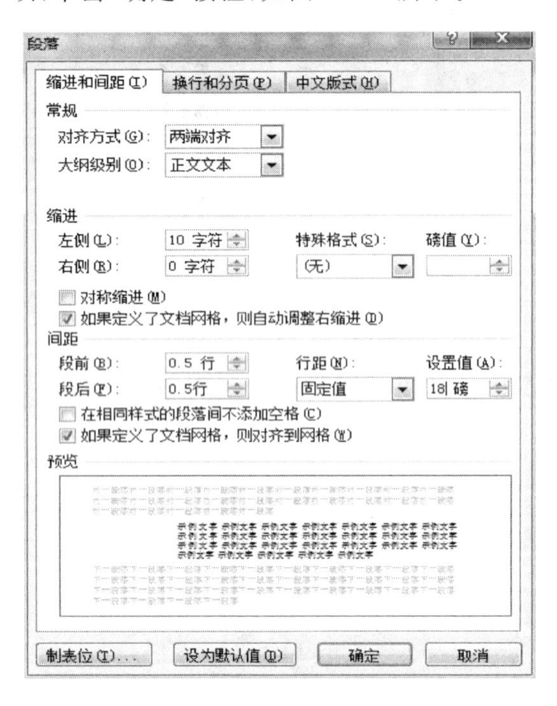

图 1－21

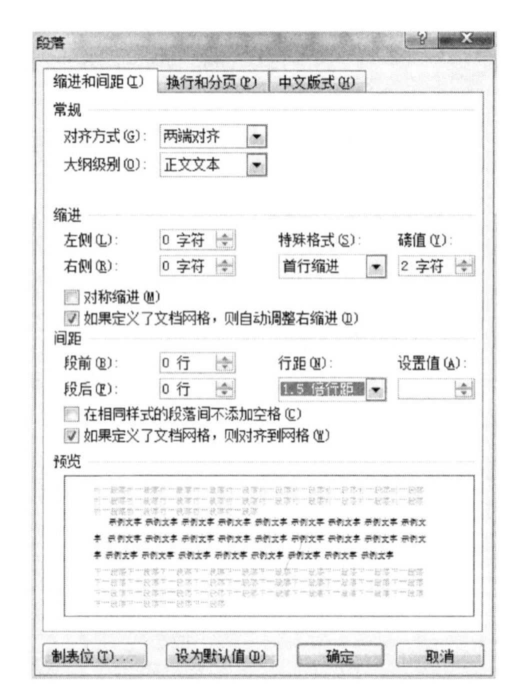

图 1－22

2. 设置【文本 3－1B】如【样文 3－1B】所示

（1）拼写检查

第 8 步：将光标定位在【文本 3－1B】的起始处，在“审阅”选项卡下“校对”组中单击“拼写和语法”按钮（见图 1－23），弹出“拼写和语法”对话框。

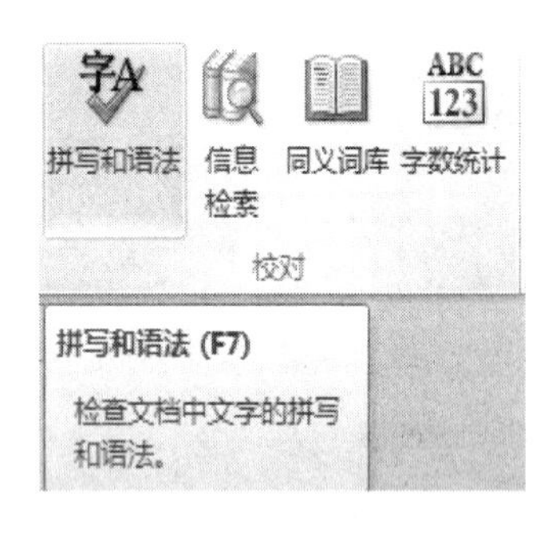

图 1－23

第 9 步：在“拼写和语法”对话框的“不在词典中”文本框中，红色的单词为错误的单词，在“建议”文本框中选择正确的单词，单击“更改”按钮，如图 1－24 所示。系统会自动在文档中查找下一个拼写错误的单词，并以红色显示在“不在词典中”文本框中，在“建议”文本框中选择正确的单词，直至文本中所有错误的单词更改完毕，最后单击“关闭”按钮。

（2）设置项目符号或编号

第 10 步：选中【文本 3－1B】下的所有英文文本，在“开始”选项卡下“段落”组中单击“项目符号”下拉按钮，在打开的下拉列表中执行“定义新项目符号”命令，如图 1－25 所示。

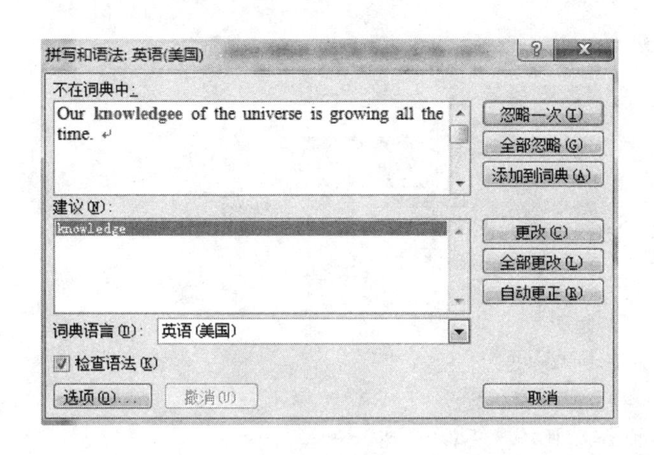

图 1-24

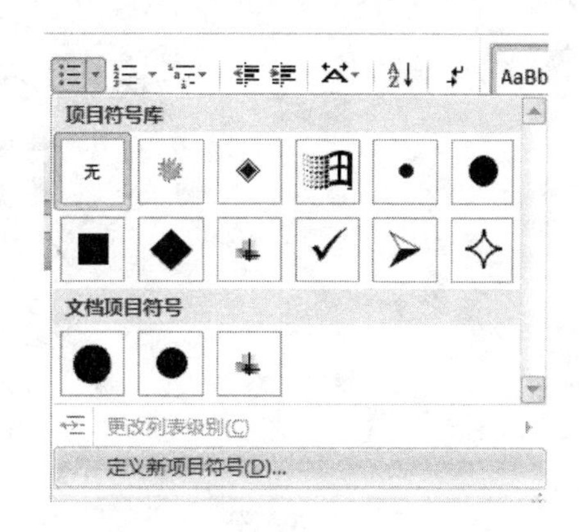

图 1-25

第 11 步:在"定义新项目符号"对话框中单击"图片"按钮,打开"图片项目符号"对话框,从中选择【样文 3-1B】所示的符号样式作为项目符号,单击"确定"按钮,如图 1-26 所示。返回到"定义新项目符号"对话框,可以从"预览"列表框中查看设置后的样式,单击"确定"按钮,如图 1-27 所示。

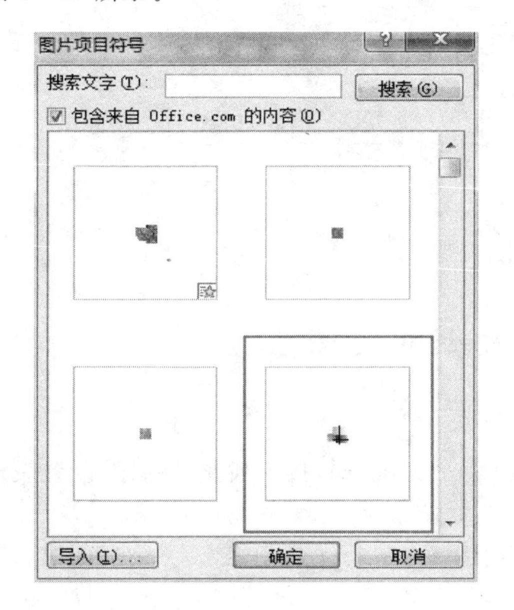

图 1-26

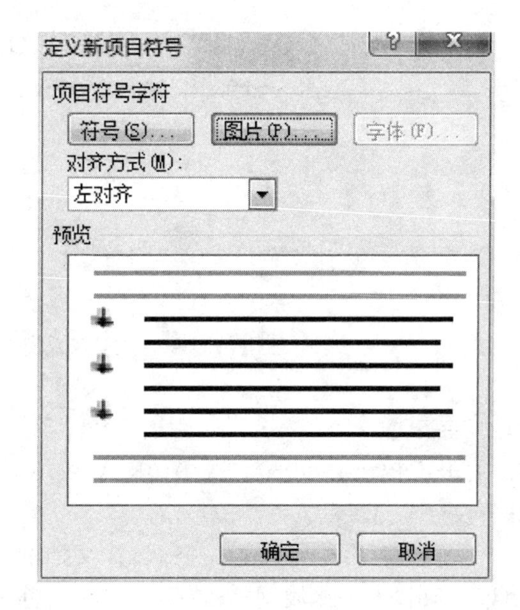

图 1-27

3. 设置【文本 3-1C】如【样文 3-1C】所示

第 12 步:选中【文本 3-1C】下面的所有诗句内容,在"开始"选项卡下"字体"组中单击"拼音指南"按钮,如图 1-28 所示。

第 13 步:在打开的"拼音指南"对话框中,在"对齐方式"下拉列表中选择"居中"选项,在"偏移量"文本框中选择输入"3"磅,在"字号"下拉列表中选择"14"磅,单击"确定"按钮,即可完成对文本添加拼音,如图 1-29 所示。

图 1-28

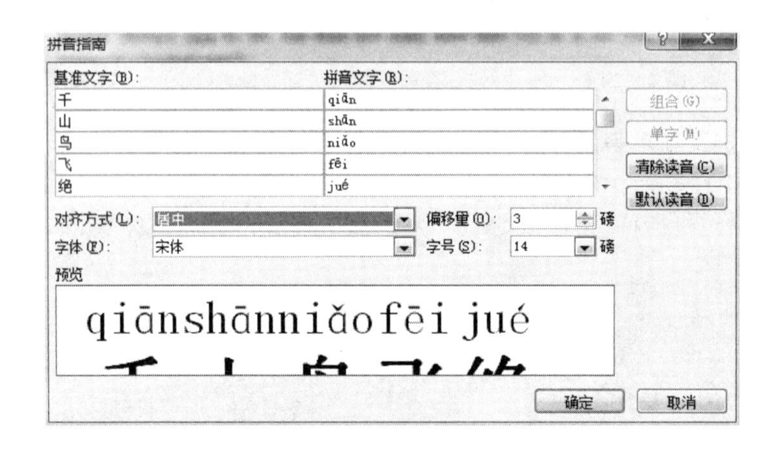

图 1-29

第 14 步:执行"文件"→"保存"命令。

1.1.4 文档表格的创建与设置

【操作要求】

打开文档 A4. docx(C:\2010KSW\DATA1\TF4 - 1. docx),按下列要求创建、设置表格如【样文 4 - 1】所示。

① 创建表格并自动套用格式:在文档的开头创建一个 3 行 7 列的表格,并为新创建的表格自动套用"中等深浅网格 1 -强调文字颜色 4"的表格样式。

② 表格的基本操作:将表格中"车间"单元与其右侧的单元格合并为一个单元格;将"第四车间"一行移至"第五车间"一行的上方;删除"不合格产品(件)"列右侧的空列,将表格各行与各列均平均分布。

③ 表格的格式设置:将表格中包含数值的单元格设置为居中对齐;为表格的第 1 行填充标准色中的"橙色"底纹,其他各行填充粉红色(RGB:255,153,204)底纹;将表格外边框线设置为 1.5 磅的双实线,横向网格线设置为 0.5 磅的点画线,竖向网格线设置为 0.5 磅的细实线。

【样文 4 - 1】

一月份各车间产品合格情况

车间	总产品数（件）	不合格产品（件）	合格率（%）
第一车间	4856	12	99.75%
第二车间	6235	125	97.99%
第三车间	4953	88	98.22%
第四车间	5364	55	98.97%
第五车间	6245	42	99.32%

【解题步骤】

执行“文件”→“打开”命令，在“查找范围”文本框中找到指定路径，选择 A4.docx 文件，单击“打开”按钮。

1. 创建表格并自动套用格式

第 1 步：将光标定位在的文档开头处，在“插入”选项卡下“表格”组中单击“表格”按钮，在打开的下拉列表中执行“插入表格”命令，如图 1 - 30 所示。

第 2 步：弹出“插入表格”对话框，在“列数”文本框中输入“7”，在“行数”文本框中输入“3”(见图 1 - 31)，单击“确定”按钮。

图 1 - 30

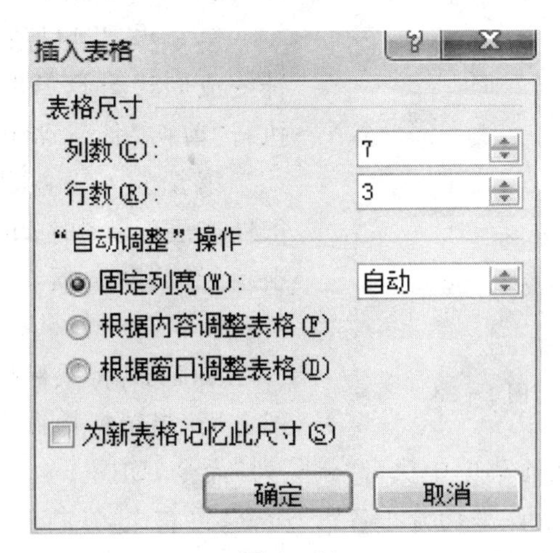

图 1 - 31

第3步：选中整个表格，打开“表格工具”的“设计”选项卡，在“表格样式”组中单击“表格样式”右侧的“其他”按钮，在打开的列表框中“内置”区域选择“中等深浅网格1－强调文字颜色4”的表格样式，如图1－32所示。

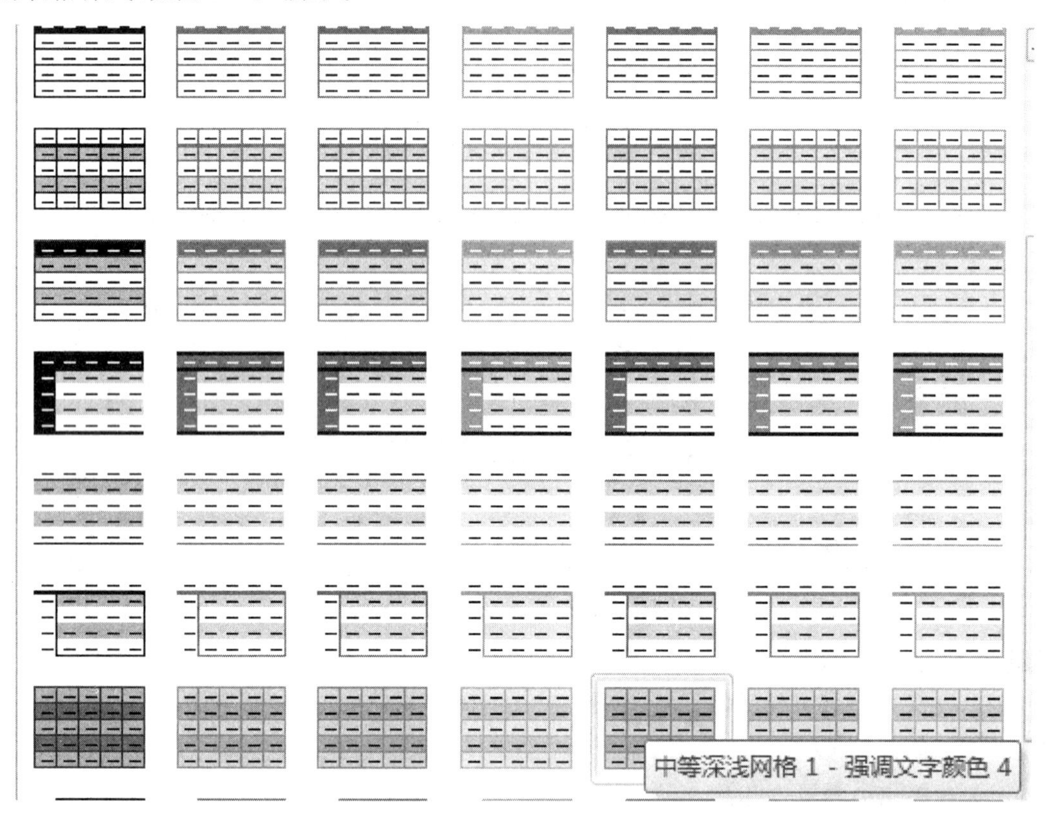

图1－32

2. 表格的基本操作

第4步：选中“车间”文本所在单元格和右边的空白单元格，打开“表格工具”的“布局”选项卡，在“合并”组中单击“合并单元格”按钮，如图1－33所示。

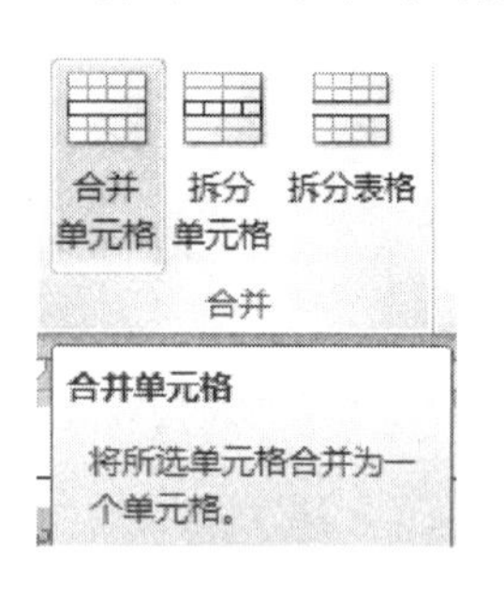

图1－33

第5步：将鼠标指针移至“第四车间”所在行的左侧，鼠标指针变成形状↗时，单击即可选中该行。右击，在打开的快捷菜单中执行“剪切”命令，将内容暂时存放在剪贴板上，如图1－34所示。

第6步：将鼠标指针移至“第五车间”所在行的左侧，当鼠标指针变成形状↗时，单击即可选中该行。右击，在打开的快捷菜单中执行“粘贴选项”下的“以新行的形式插入”命令，如图1－35所示。

第7步：将鼠标指针移至“不合格产品(件)”所在列右侧的空列上面，当鼠标指针变成形状⬇时，单击即可选中空列。右击，在打开的快捷菜单中执行“删除列”命令，如图1－36所示。选中整个表格，右击，在打开的快捷菜单中执行“平均分布各行”命令；再右击，在打开的快捷菜单中执行“平均分布各列”命令，如图1－37所示。

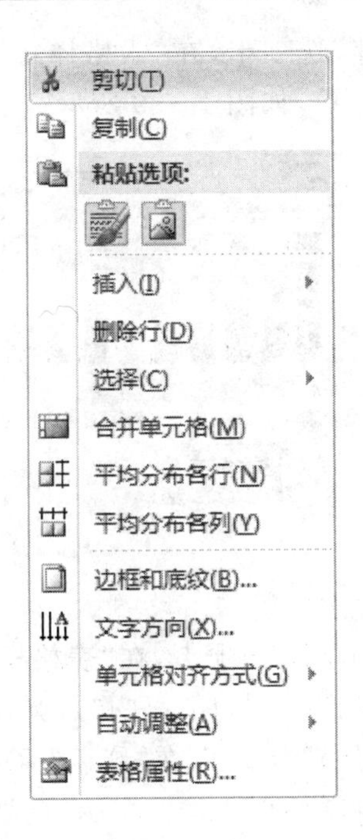

图 1-34

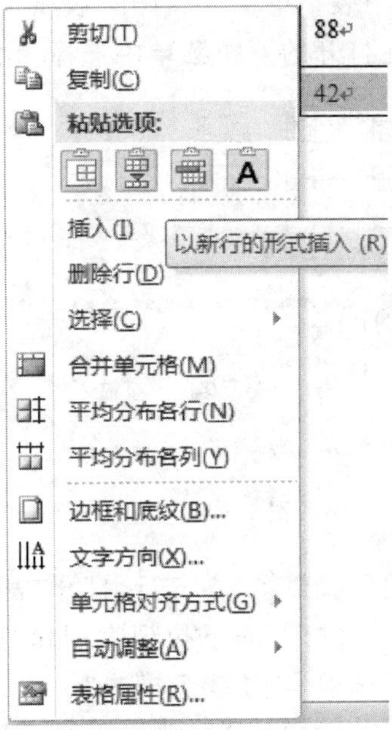

图 1-35

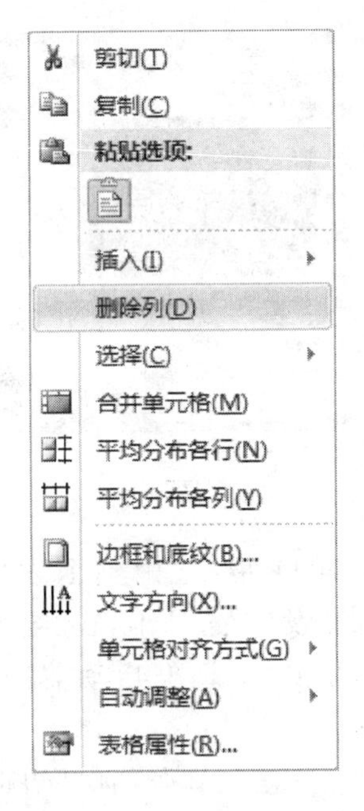

图 1-36

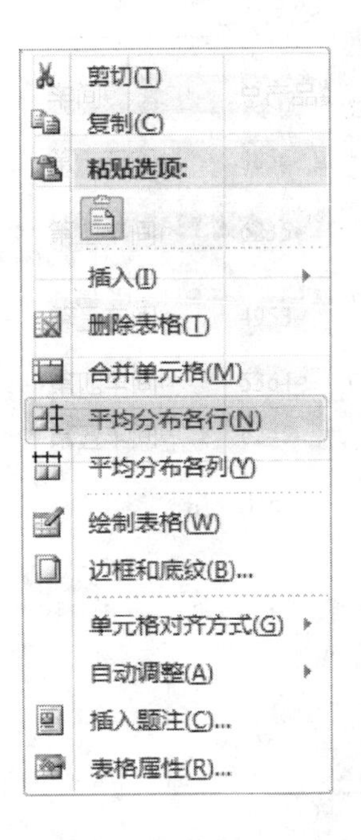

图 1-37

3. 表格的格式设置

第 8 步:选中表格中包含数值的单元格,打开"表格工具"的"布局"选项卡,在"对齐方式"组中单击"水平居中"按钮,如图 1-38 所示。

第 9 步：选中表格第 1 行，打开“表格工具”的“设计”选项卡，在“表格样式”组中单击“底纹”下拉按钮，在打开的下拉菜单中选择标准色中的“橙色”，如图 1-39 所示。

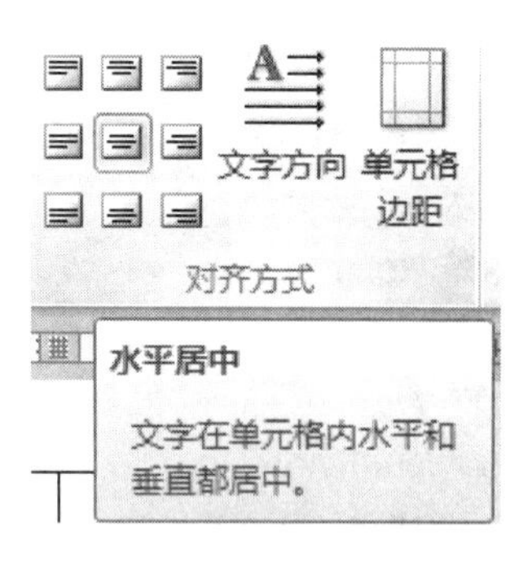

图 1-38

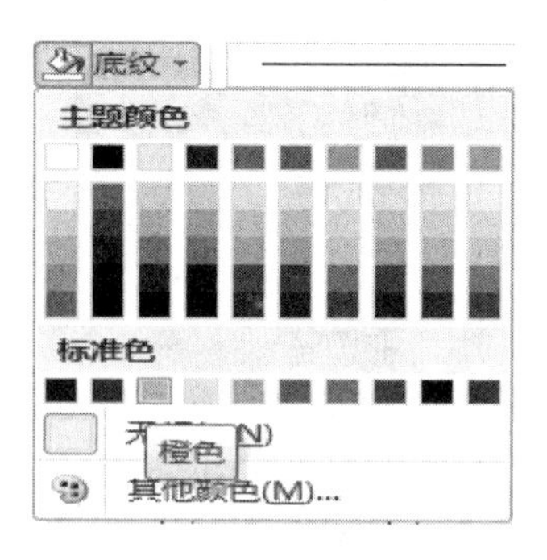

图 1-39

第 10 步：选中表格第 2～6 行，打开“表格工具”的“设计”选项卡，在“表格样式”组中单击“底纹”下拉按钮，在打开的下拉列表中执行“其他颜色”命令（见图 1-40），弹出“颜色”对话框。在“自定义”选项卡下“颜色模式”后的下拉列表中选择“RGB”，在“红色”后的微调框中输入“255”，在“绿色”后的微调框中输入“153”，在“蓝色”的微调框中输入“204”（见图 1-41），单击“确定”按钮。

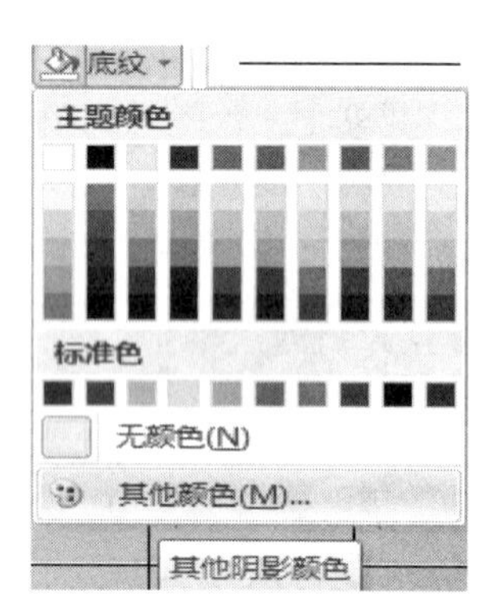

图 1-40

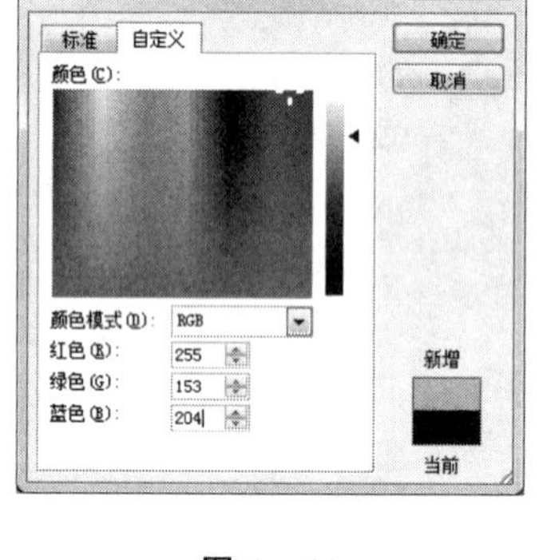

图 1-41

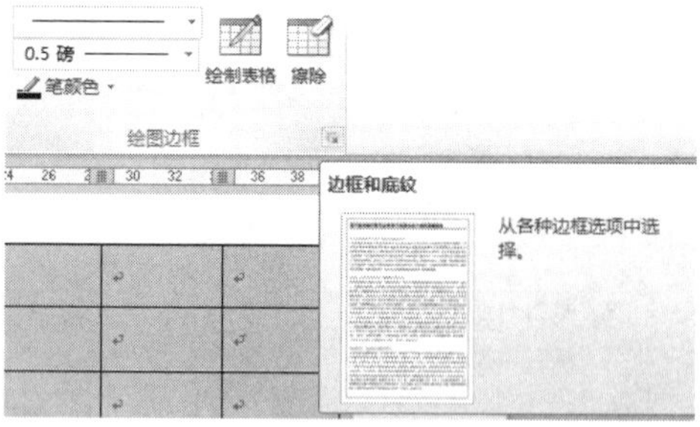

图 1-42

第 11 步：选中整个表格，打开“表格工具”的“设计”选项卡，在“绘图边框”组中单击右下角的“对话框启动器”按钮，如图 1-42 所示。

第 12 步：在弹出的“边框和底纹”对话框的“边框”选项卡下，单击“设置”区域的“方框”按钮，在“样式”下拉列表中选择“双实线”，在“宽度”下拉列表中选择“1.5 磅”，如图 1-43 所示。

图 1-43

第 13 步:在"边框和底纹"对话框的"边框"选项卡下,单击"设置"区域的"自定义"按钮,在"样式"下拉列表中选择"点画线",在"宽度"下拉列表中选择"0.5 磅",在"预览"区域中单击"横网格线"按钮。在"样式"下拉列表中选择"细实线",在"宽度"下拉列表中选择"0.5 磅",在预览区域中单击"竖网格线"按钮,最后单击"确定"按钮。

第 14 步:执行"文件"→"保存"命令。

1.1.5　文档的版面设置与编排

【操作要求】

打开文档 A5.docx(C:\2010KSW\DATA1\TF5-1.docx),按下列要求设置、编排文档的版面如【样文 5-1】所示。

1. 页面设置

① 自定义纸张大小为宽 20 厘米、高 25 厘米,设置页边距为上、下各 1.8 厘米,左、右各 2 厘米。

② 按样文所示,为文档添加页眉文字和页码,并设置相应的格式。

2. 艺术字设置

将标题"画鸟的猎人"设置为艺术字样式"填充-橙色,强调文字颜色 6,暖色粗糙棱台";字体为华文行楷,字号为 44 磅;文字环绕方式为"嵌入型",并为其添加映像变体中的"紧密映像,8pt 偏移量"和转换中"停止"弯曲的文本效果。

3. 文档的版面格式设置

① 分栏设置:将正文除第一段以外的其余各段均设置为两栏格式,栏间距为 3 字符,显示分隔线。

② 边框和底纹:为正文的最后一段添加双波浪线边框,并填充底纹为图案样式 10%。

4. 文档的插入设置

① 插入图片:在样文中所示位置插入图片(C:\2010KSW\DATA2\pic5-1.jpg),设置图片的缩放比例为 45%,环绕方式为"紧密型环绕",并为图片添加"剪裁对角线,白色"的外观样式。

② 插入尾注：为第 2 行“艾青”两个字插入尾注“艾青(1910—1996)：现代诗人，浙江金华人。”

【样文 5－1】

散文欣赏 第1页

画鸟的猎人

艾青[i]

一个人想学打猎，找到一个打猎的人，拜他做老师。他向那打猎的人说：“人必须有一技之长，在许多职业里面，我所选中的是打猎，我很想持枪到树林里去，打到那我想打的鸟。”

于是打猎的人检查了那个徒弟的枪，枪是一支好枪，徒弟也是一个有决心的徒弟，就告诉他各种鸟的性格和有关瞄准与射击的一些知识，并且嘱咐他必须寻找各种鸟去练习。

那个人听了猎人的话，以为只要知道如何打猎就已经能打猎了，于是他持枪到树林。但当他一进入树林，走到那里，还没有举起枪，鸟就飞走了。

艾 青

于是他又来找猎人，他说：“鸟是机灵的，我没有看见它们，它们先看见我，等我一举起枪，鸟早已飞走了。”

猎人说：“你是想打那不会飞的鸟吗？”

他说：“说实在的，在我想打鸟的时候，要是鸟能不飞该多好呀！”

猎人说：“你回去，找一张硬纸，在上面画一只鸟，把硬纸挂在树上，朝那鸟打——你一定会成功。”

那个人回家，照猎人所说的做了，试验着打了几枪，却没有一枪能打中。他只好再去找猎人。他说：“我照你说的做了，但我还是打不中画中的鸟。”猎人问他是什么原因，他说：“可能是鸟画得太小，也可能是距离太远。”

那猎人沉思了一阵向他说：“对你的决心，我很感动，你回去，把一张大一些的纸挂在树上，朝那纸打——这一次你一定会成功。”

那人很担忧地问：“还是那个距离吗？”

猎人说：“由你自己去决定。”

那人又问：“那纸上还是画着鸟吗？”

猎人说：“不。”

那人苦笑了，说：“那不是打纸吗？”

猎人很严肃地告诉他说：“我的意思是，你先朝着纸只管打，打完了，就在有孔的地方画上鸟，打了几个孔，就画几只鸟——这对你来说，是最有把握的了。”

---

[i] 艾青（1910－1996）：现代诗人，浙江金华人。

【解题步骤】

执行“文件”→“打开”命令,在“查找范围”文本框中找到指定路径,选择 A5. docx 文件,单击“打开”按钮。

1. 页面设置

第 1 步:将光标定位在文档中的任意位置,单击“页面布局”选项卡下“页面设置”组右下角的“对话框启动器”按钮,弹出“页面设置”对话框。在“纸张”选项卡下“纸张大小”区域的“宽度”文本框中选择或输入“20 厘米”,在“高度”文本框中选择或输入“25 厘米”,如图 1-44 所示。

第 2 步:单击“页边距”选项卡,在“上”“下”文本框中选择或输入“1.8 厘米”,在“左”“右”文本框中选择或输入“2 厘米”,单击“确定”按钮,如图 1-45 所示。

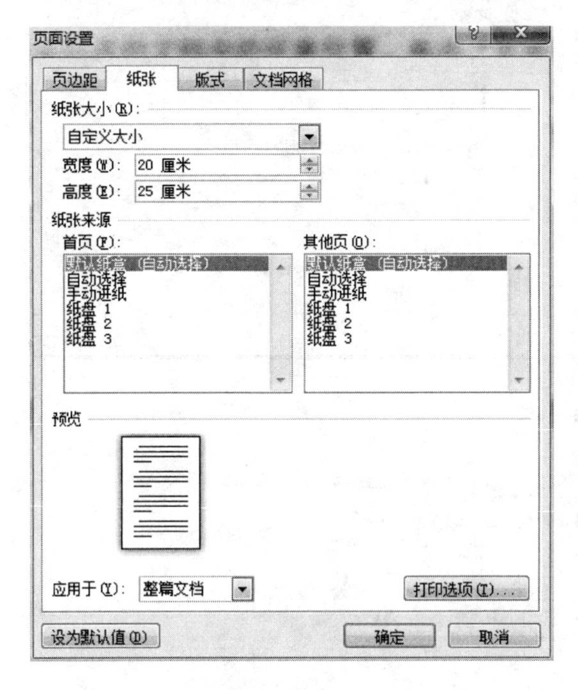

图 1-44

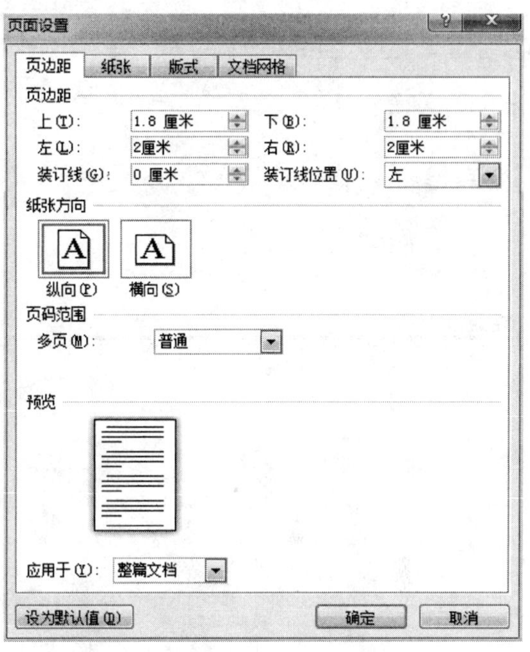

图 1-45

第 3 步:将光标定位在文档中的任意位置,单击“插入”选项卡下的“页眉和页脚”组中的“页眉”按钮,如图 1-46 所示。

第 4 步:在打开的下拉列表中执行“空白”命令,进入页眉,如图 1-47 所示。在“页眉”处的左端输入文本“散文欣赏”。

第 5 步:在“页眉”处的右端双击使光标定位于右端,输入文本“第页”,将光标定位在文本“第”和“页”中间,如图 1-48 所示。

第 6 步:在“页眉和页脚工具”的“设计”选项卡中,单击“页眉和页脚”组中的“页码”按钮,在下拉列表中选择“当前位置”选项下的“普通数字”,系统自动插入相应的页码,如图 1-49 所示。最后单击“关闭页眉和页脚”按钮。

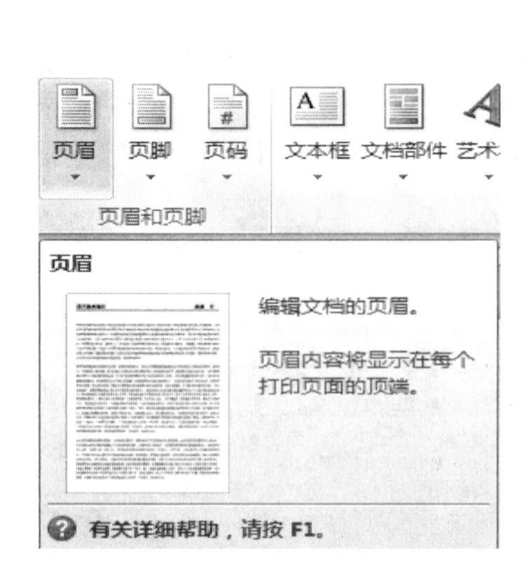

图 1-46

图 1-47

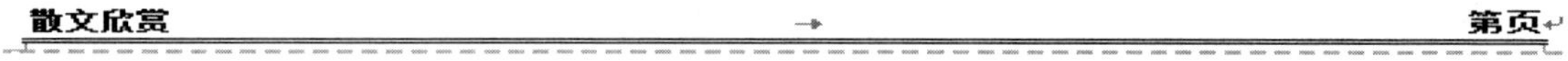

散文欣赏 → 第页↵

图 1-48

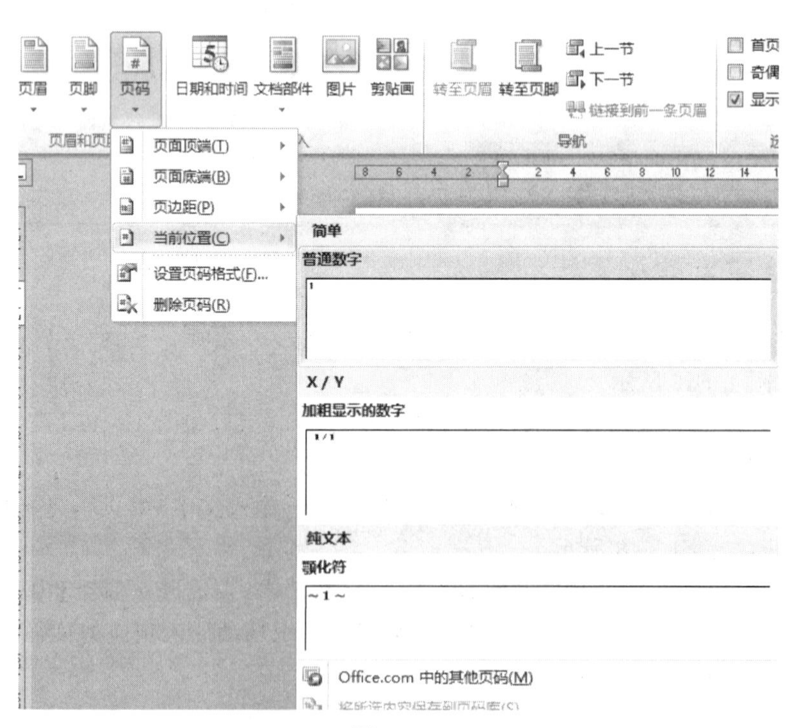

图 1-49

2. 艺术字设置

第 7 步：选中文档的标题“画鸟的猎人”，单击“插入”选项卡下“文本”组中的“艺术字”按钮。在弹出的库中选择“填充-橙色，强调文字颜色 6，暖色粗糙棱台”，如图 1－50 所示。

第 8 步：选中新插入的艺术字，在“开始”选项卡下“字体”组中的“字体”下拉列表中选择“华文行楷”，在“字号”文本框中输入“44”磅。

第 9 步：在“绘图工具”的“格式”选项卡下“排列”组中单击“自动换行”下拉按钮，从弹出的列表中选择“嵌入型”，如图 1－51 所示。

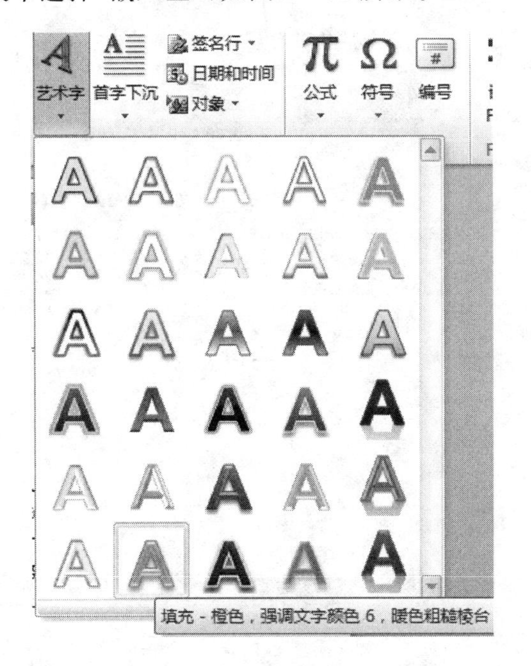

图 1－50

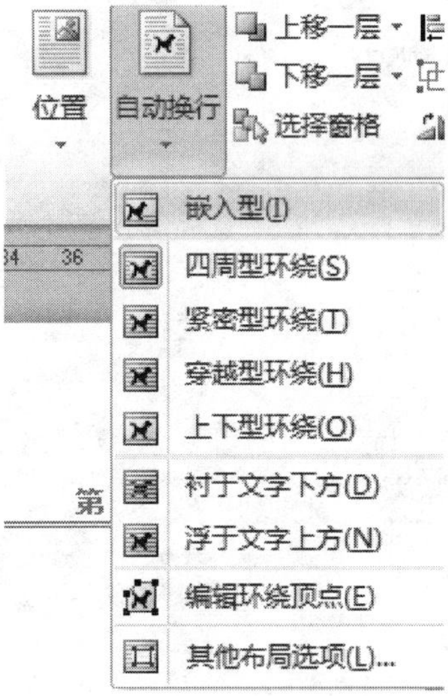

图 1－51

第 10 步：在“绘图工具”的“格式”选项卡下“艺术字样式”组中单击“文本效果”按钮，在弹出的下拉列表中选择“映像”选项卡下的“紧密映像，8pt 偏移量”，如图 1－52 所示。

第 11 步：在“绘图工具”的“格式”选项卡下“艺术字样式”组中单击“文本效果”按钮，在弹出的下拉列表中选择“转换”选项下的“停止”文本效果，如图 1－53 所示。

3. 分栏设置

第 12 步：在文档中选中正文除第 1 段以外的其余各段，单击“页面布局”选项卡下“页面设置”组中的“分栏”按钮，在弹出的下拉列表中执行“更多分栏”命令，如图 1－54 所示。

第 13 步：打开“分栏”对话框，在“预设”区域中单击“两栏”格式，勾选“分隔线”复选框，在“宽度和间距”区域中“间距”文本框中选择或输入“3 字符”，单击“确定”按钮，如图 1－55 所示。

4. 设置边框和底纹

第 14 步：在文档中选中正文最后一段，在“开始”选项卡下的“段落”组中单击“边框线”下拉按钮，在弹出的下拉列表中执行“边框和底纹”命令，如图 1－56 所示。

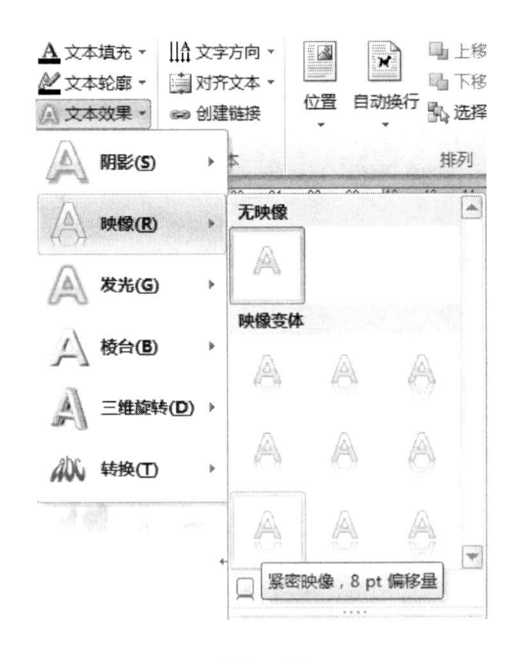

图 1-52

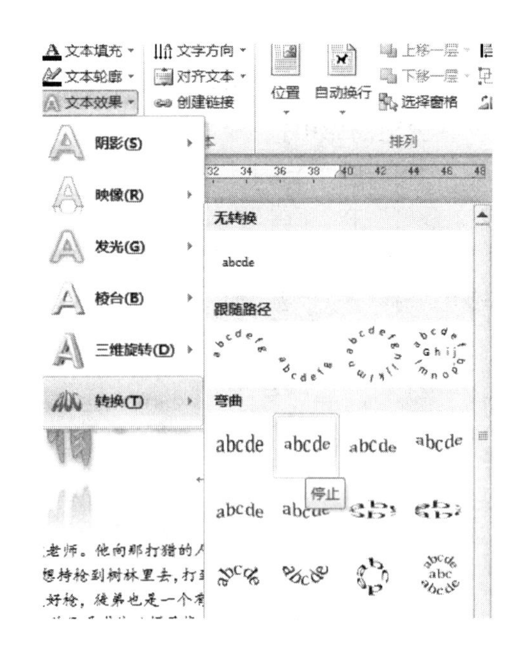

图 1-53

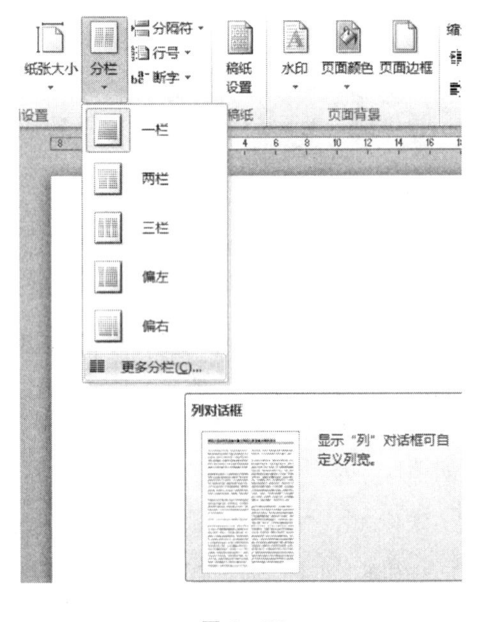

图 1-54

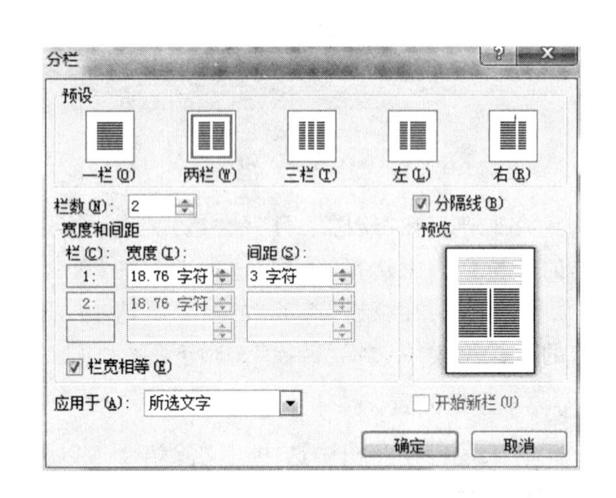

图 1-55

第 15 步：打开“边框和底纹”对话框的“边框”选项卡，在“设置”区域选择“方框”按钮，在“样式”列表中选择“双波浪线”，在“应用于”下拉列表中选择“段落”选项，如图 1-57 所示。

第 16 步：选择“底纹”选项卡，在“图案”区域的“样式”下拉列表选择“10%”，在“应用于”下拉列表中选择“段落”选项，单击“确定”按钮，如图 1-58 所示。

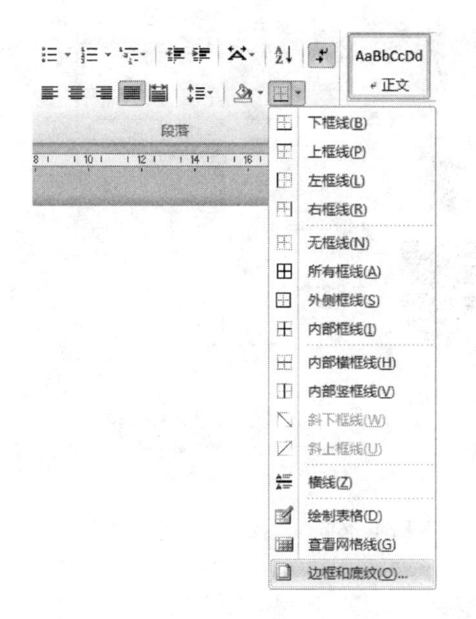

图 1 - 56

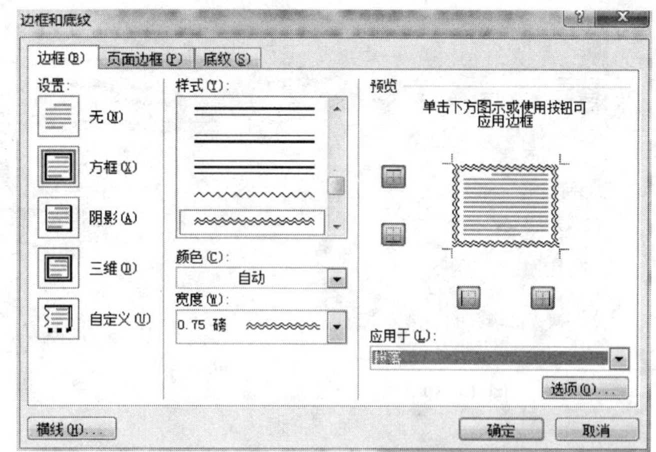

图 1 - 57

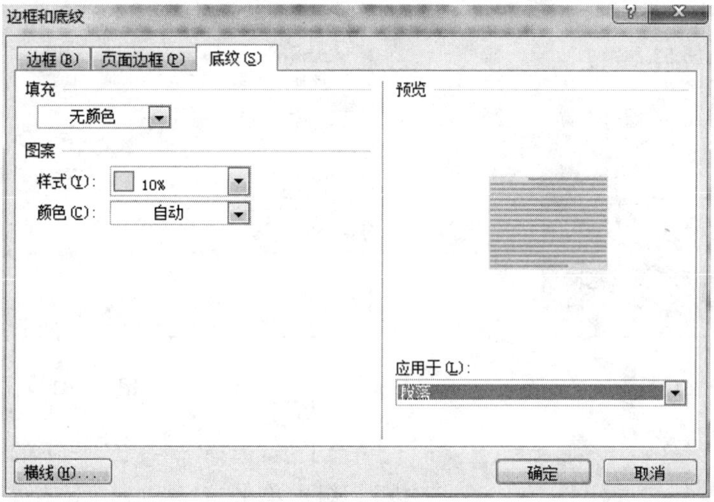

图 1 - 58

5. 插入图片

第 17 步:将光标定位在样文所示位置,单击“插入”选项卡下“图片”按钮,如图 1 - 59 所示。

第 18 步:打开“插入图片”对话框,在指定路径 C:\2010KSW\DATA 2 文件夹中选择 pic5 - 1.jpg,单击“插入”按钮,如图 1 - 60 所示。

第 19 步:单击选中插入的图片,选择“图片工具”下的“格式”选项卡,单击“大小”组右下角的“对话框启动器”按钮,如图 1 - 61 所示。

第 20 步:打开“布局”对话框,选择“大小”选项卡,在“缩放”区域中“高度”和“宽度”文本框中选择或输入“45%”,单击“确定”按钮,如图 1 - 62 所示。

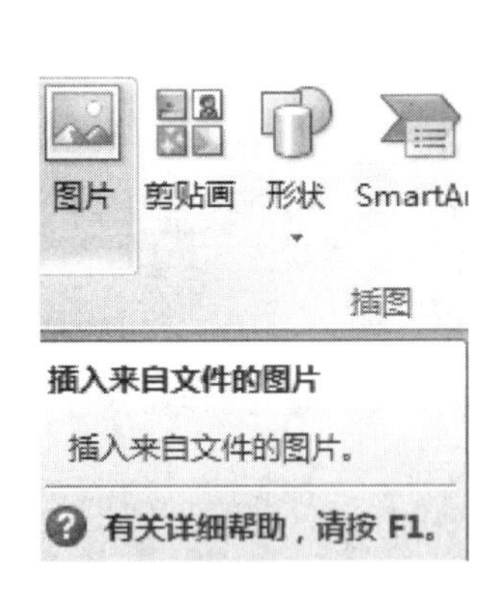

图 1－59

图 1－60

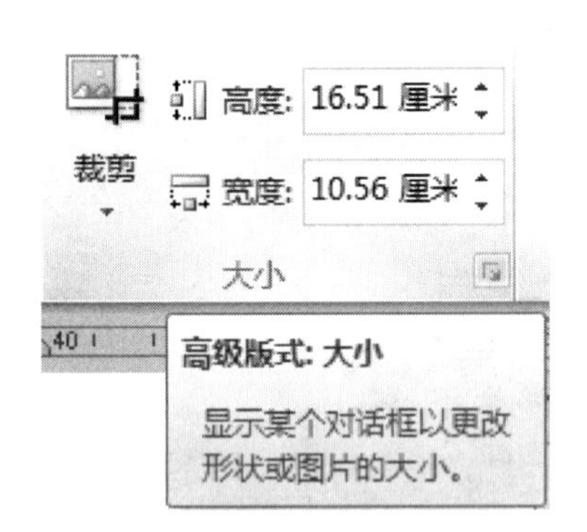

图 1－61

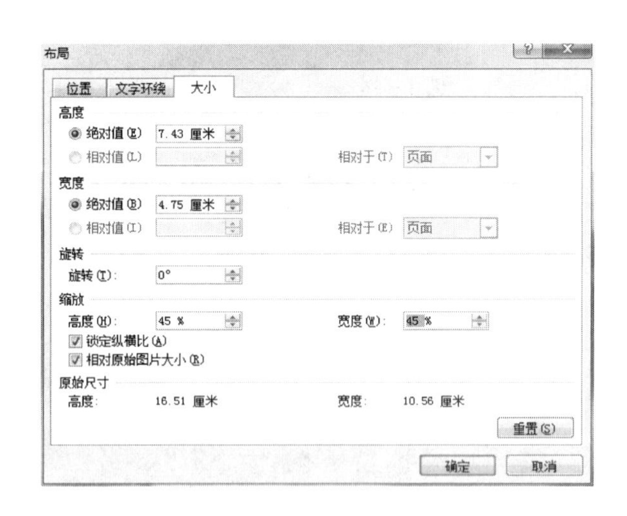

图 1－62

图 1－63

第 21 步：选择“图片工具”下的“格式”选项卡，在“排列”组中单击“自动换行”下拉按钮，在弹出的下拉列表中选择“紧密型环绕”，如图 1－63 所示。

第 22 步：选择“图片工具”下的“格式”选项卡，在“图片样式”组中单击“其他”按钮，在弹出的库中选择“剪裁对角线，白色”外观样式，如图 1－64 所示。

第 23 步：利用鼠标移动图片位置，使其位于样本所示位置。

6. 插入尾注

第 24 步：选择第 2 行中的“艾青”文本，单击“引用”选项卡下“脚注”组中的“插入尾注”按钮，如图 1－65所示。

第 25 步:在光标所在区域内输入内容“艾青(1910—1996 年):现代诗人,浙江金华人。”

第 26 步:执行“文件”→“保存”命令。

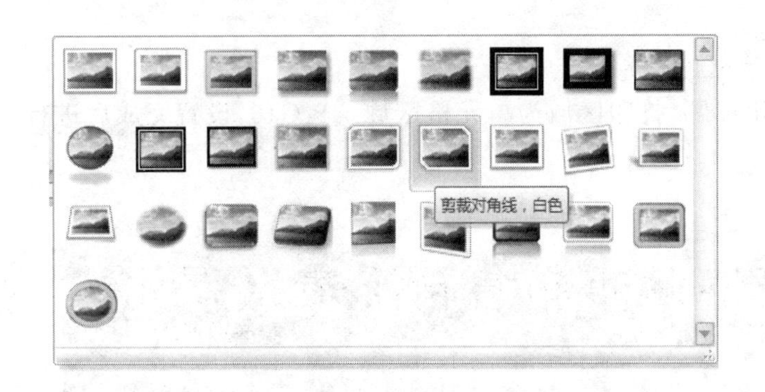

图 1-64

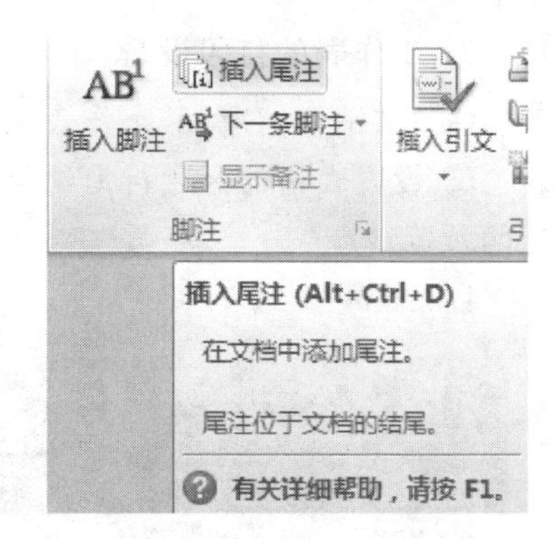

图 1-65

1.1.6　电子表格工作簿的操作

【操作要求】

在 Excel 2010 中打开文件 A6.xlsx(C:\2010KSW\DATA1\ TF6-1.xlsx),并按下列要求进行操作。

1. 设置工作表及表格如【样文 6-1A】所示

(1) 工作表的基本操作

① 将 Sheet1 工作表中的所有内容复制到 Sheet2 工作表中,并将 Sheet2 工作表重命名为“销售情况表”,将此工作表标签的颜色设置成标准色中的“橙色”。

② 在“销售情况表”工作表中,将标题行下方插入一空行,并设置行高为 10;将“郑州”一行移至“商丘”一行的上方;删除第 G 列(空列)。

(2) 单元格格式的设置

① 在“销售情况表”工作表中,将单元格区域 B2:G3 合并后居中,字体设置成华文仿宋、20 磅、加粗,并为标题行填充天蓝色(RGB:146,205,220)底纹。

② 将单元格区域 B4:G4 的字体设置成华文行楷、14 磅、白色,文本对齐方式为居中,为其填充红色(RGB:200,100,100)底纹。

③ 将单元格区域 B5:G10 的字体设置为华文细黑、12 磅,文本对齐方式为居中,为其填充玫瑰红色(RGB:230,175,175)底纹;并将其外边框设置为粗实线,内部框线设置为虚线,颜色均为深红色。

(3) 表格的插入设置

① 在“销售情况表”工作表,为“0”(C7)单元格插入批注“该季度没有进入市场”。

② 在“销售情况表”工作表中表格的下方建立如【样文 6-1A】下方所示的“常用根式”公式,并为其应用“强烈效果-蓝色,强调颜色 1”的形状样式。

2. 建立图表如【样文 6-1B】所示

① 使用“销售情况表”工作表中的相关数据在 Sheet3 工作表中创建一个三维簇状柱

形图。

② 按【样文 6－1B】所示为图表添加图表标题及坐标标题。

3. 工作表的打印设置

① 在“销售情况表”工作表第 8 行的上方插入分页符。

② 设置表格的标题行为顶端打印标题，打印区域为单元格区域 A1:G16，设置完成后进行打印预览。

【样文 6－1A】

利达公司2010年度各地市销售情况表（万元）

城市	第一季度	第二季度	第三季度	第四季度	合计
郑州	266	368	486	468	1588
商丘	126	148	283	384	941
漯河	0	88	276	456	820
南阳	234	186	208	246	874
新乡	186	288	302	568	1344
安阳	98	102	108	96	404

$$\frac{-b \pm \sqrt{b^2 - 4ac}}{2a}$$

【样文 6－1B】

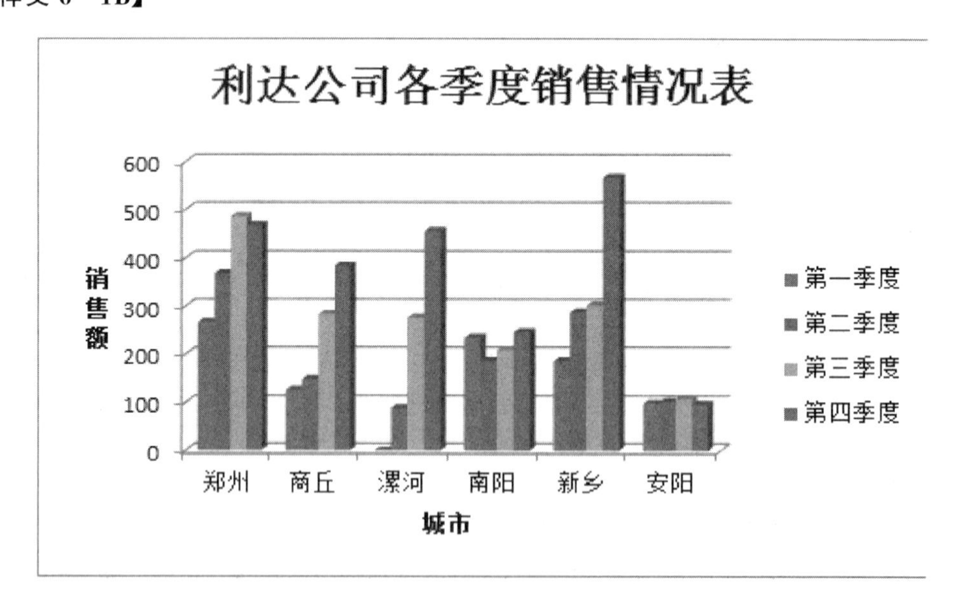

【解题步骤】

在“文件”选项卡下执行“打开”命令，在“查找范围”文本框中找到指定路径(C:\2010KSW\DATA1\ TF6－1. xlsx)，选择 A6. xlsx 文件，单击“打开”按钮。

1. 设置工作表及表格

(1) 工作表的基本操作

第 1 步:在 Sheet1 工作表中,按下 Ctrl+A 组合键选中整个工作表,单击“开始”选项卡下“剪贴板”组中的“复制”按钮,切换至 Sheet2 工作表,选中 A1 单元格,单击“剪贴板”中的“粘贴”按钮。

第 2 步:在 Sheet2 工作表的标签上右击,在弹出的快捷菜单中执行“重命名”命令,此时的标签会显示黑色背景,此时输入新的工作表名称“销售情况表”。再次在标签上右击,在弹出的快捷菜单中执行“工作表标签颜色”命令,在打开的列表中选择标准色中的“橙色”,如图 1-66 所示。

第 3 步:在“销售情况表”工作表中的第 3 行的行号上右击,在弹出的快捷菜单中执行“插入”命令,即可在标题行的下方插入一空行。

第 4 步:在“销售情况表”工作表中第 3 行的行号上右击,在弹出的快捷菜单中执行“行高”命令,打开“行高”对话框,在“行高”文本框中输入数值“10”,单击“确定”按钮,如图 1-67 所示。

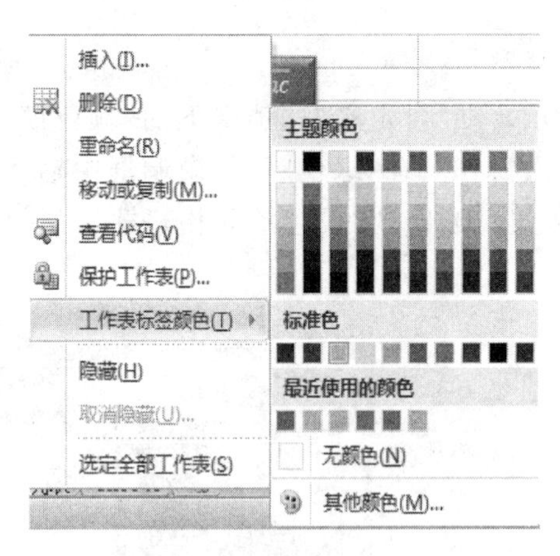

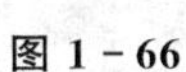
图 1-66

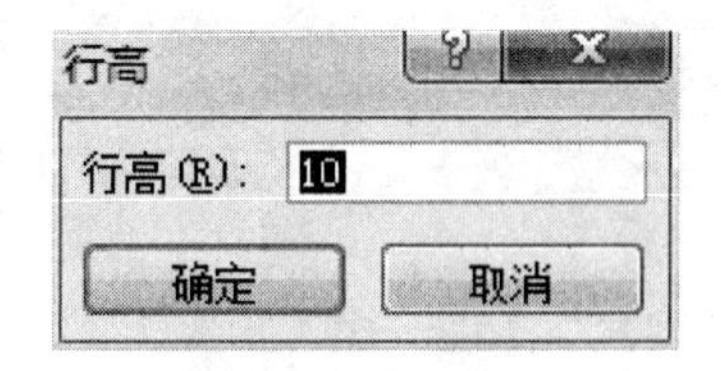

图 1-67

第 5 步:在文本“郑州”所在行的行号上右击,在弹出的快捷菜单中执行“剪切”命令,将该行内容暂时存放在剪贴板上。在文本“商丘”所在行的行号上右击,再在弹出的快捷菜单中执行“插入剪切的单元格”命令,即可完成行的插入操作。

第 6 步:在第 G 列的列标上右击,在弹出的快捷菜单中执行“删除”命令,即可删除该空列。

(2) 单元格格式的设置

第 7 步:在“销售情况表”工作表中,选中单元格区域 B2:G3,单击“开始”选项卡下“对齐方式”组中“合并后居中”按钮。

第 8 步:在“开始”选项卡下单击“字体”组右下角的“对话框启动器”按钮,弹出如图 1-68 所示的“设置单元格格式”对话框。在“字体”选项卡下的“字体”列表框中选择“华文仿宋”,在“字号”列表框中选择“20”磅,在“字形”列表框中选择“加粗”。

第 9 步:在“设置单元格格式”对话框的“填充”选项卡下,单击“其他颜色”按钮,如

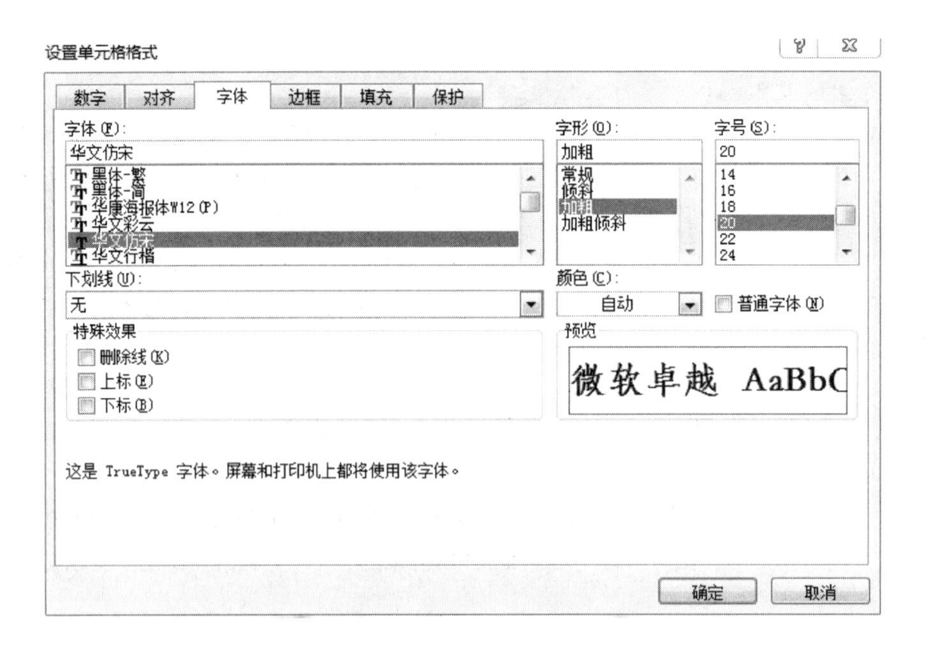

图 1-68

图 1-69所示，弹出“颜色”对话框，如图 1-70 所示。在“自定义”选项卡下的“颜色模式”下拉列表框中选择“RGB”，在“红色”后的微调框中输入“146”，在“绿色”后的微调框中输入“205”，在“蓝色”后的微调框中输入“220”，单击“确定”按钮。返回到“设置单元格格式”对话框，单击“确定”按钮。

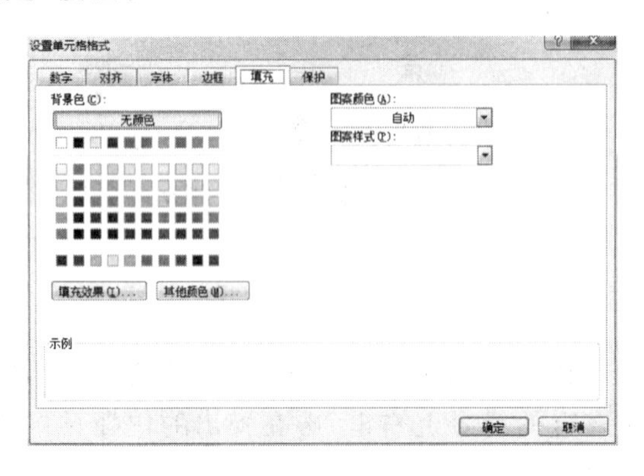

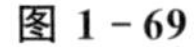
图 1-69

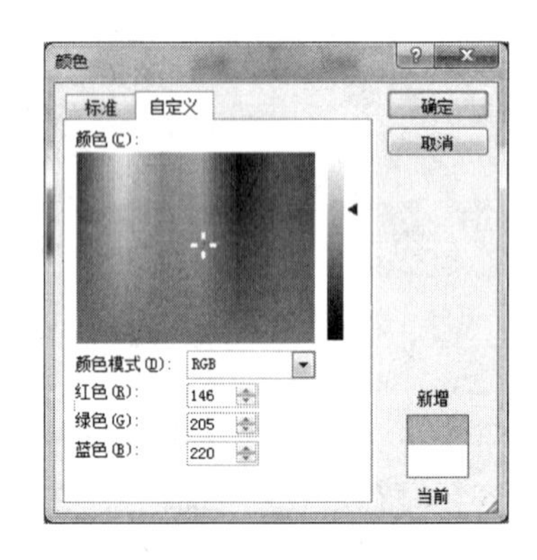

图 1-70

第 10 步：选中单元格区域 B4:G4，打开“设置单元格格式”对话框。在“字体”选项卡下的“字体”列表框中选择“华文行楷”，在“字号”列表框中选择“14”磅，在“颜色”列表框中选择“白色”。在“填充”选项卡下，单击“其他颜色”按钮，弹出“颜色”对话框，在“自定义”选项卡下的“颜色模式”下拉列表框中选择“RGB”，在“红色”后的微调框中输入“200”，在“绿色”后的微调框中输入“100”，在“蓝色”后的微调框中输入“100”，单击“确定”按钮。返回到“设置单元格格式”对话框，单击“确定”按钮。在“开始”选项卡下，单击“对齐方式”组中的“居中”按钮。

第 11 步：选中单元格区域 B5:G10，在“开始”选项卡下，单击“对齐方式”组中的“居中”按钮。打开“设置单元格格式”对话框，在“字体”选项卡下的“字体”列表框中选择“华文细黑”，在

“字号”列表框中选择“12”磅，在“填充”选项卡下，单击“其他颜色”按钮，弹出“颜色”对话框。在“自定义”选项卡下的“颜色模式”下拉列表框中选择“RGB”，在“红色”后的微调框中输入“230”，在“绿色”后的微调框中输入“175”，在“蓝色”后的微调框中输入“175”，单击“确定”按钮，返回到“设置单元格格式”对话框。

第 12 步：在“设置单元格格式”对话框的“边框”选项卡下，在“线条”选项区域中的“颜色”列表中选择标准色中的“深红”色，在“样式”列表框中选择粗实线(第 5 行第 2 列)，在“预置”选项区域单击“外边框”按钮，在“样式”列表框中选择虚线(第 6 行第 1 列)，在“预置”选项区域单击“内部”按钮，单击“确定”按钮，如图 1－71 所示。

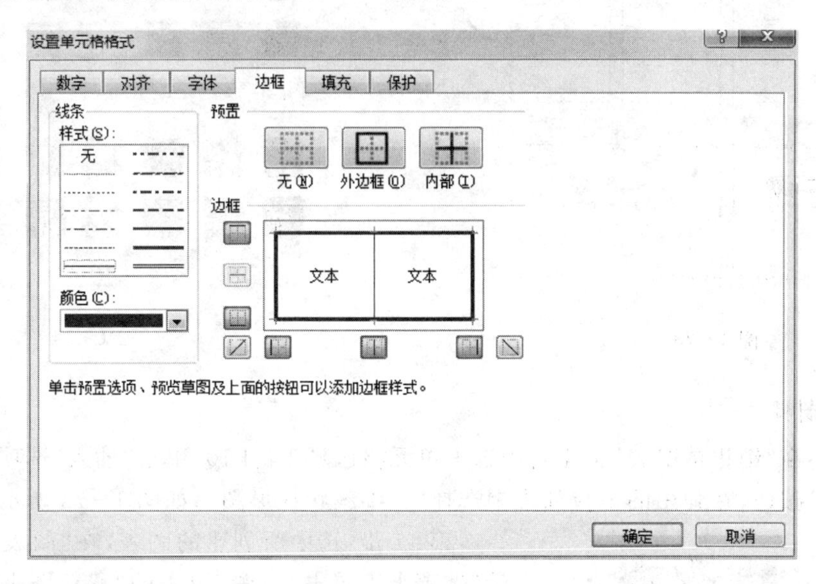

图 1－71

(3) 表格的插入设置

第 13 步：在“销售情况表”工作表中选中文本“0”所在的单元格(C7)，单击“审阅”选项卡下“批注”组中的“新建批注”按钮，即可在该单元格附近打开一个批注框，在框内输入文本“该季度没有进入市场”，如图 1－72 所示。

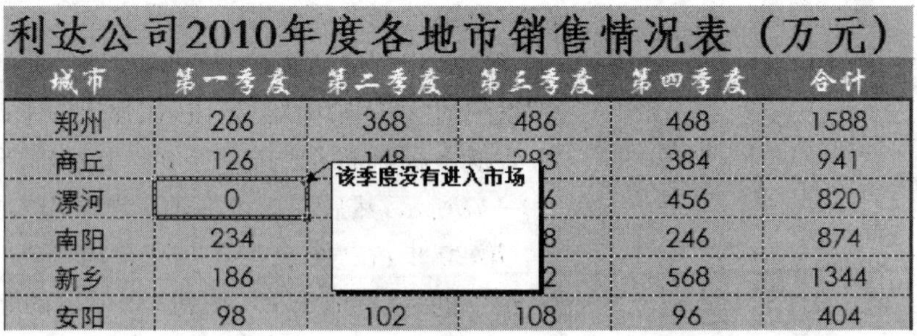

利达公司2010年度各地市销售情况表（万元）

城市	第一季度	第二季度	第三季度	第四季度	合计
郑州	266	368	486	468	1588
商丘	126	148	283	384	941
漯河	0	[illegible]	[illegible]	456	820
南阳	234	[illegible]	[illegible]	246	874
新乡	186	[illegible]	[illegible]	568	1344
安阳	98	102	108	96	404

该季度没有进入市场

图 1－72

第 14 步：在“销售情况表”工作表中表格的下方选中任一单元格，单击“插入”选项卡下“符号”组中的“公式”按钮，在功能区中将会显示“公式工具”选项卡，参照【样文 6－1A】。在该选项卡的“结构”组中单击“根式”按钮，从弹出的列表框中选择“常用根式”中的“根式”，如

图 1－73所示，完成后在公式编辑区域外的任意位置单击。

第 15 步：选中已插入的公式，在“绘图工具”的“格式”选项卡下单击“形状样式”组中的“其他”按钮，在弹出的库中选择“强烈效果-蓝色，强调颜色 1”的形状样式，如图 1－74 所示。

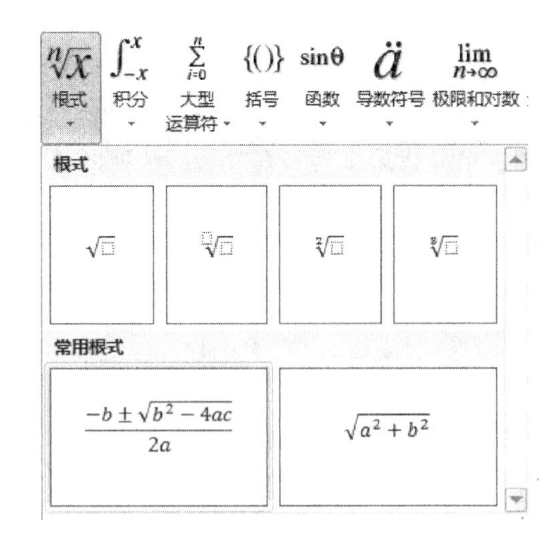

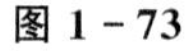
图 1－73

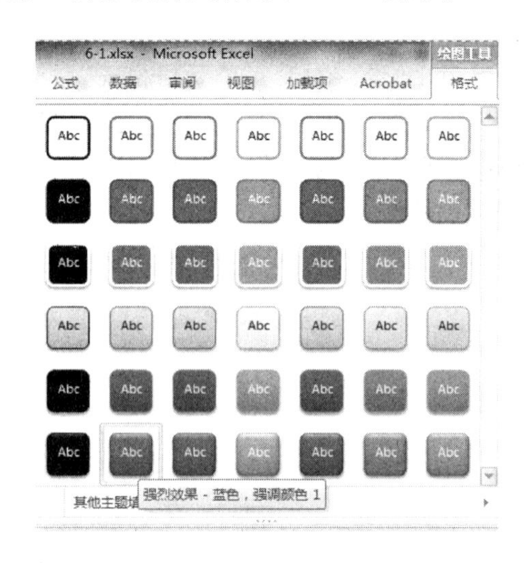

图 1－74

2. 建立图表

第 16 步：在“销售情况表”工作表中选中单元格区域 B4:F10，单击“插入”选项卡下“图表”组的“柱形图”按钮，在弹出的下拉列表中选择“三维簇状柱形图”，如图 1－75 所示。

第 17 步：选中所创建的图表，在“图表工具”的“设计”选项卡下单击“位置”组中的“移动图表”按钮，在弹出的“移动图表”对话框中的“对象位于”下拉列表中选择 Sheet3 工作表，单击“确定”按钮，如图 1－76 所示。

第 18 步：在“图表工具”的“布局”选项卡下单击“标签”组中的“图表标题”按钮，在弹出的下拉列表中选择“图表上方”，如图 1－77 所示，然后在图表标题中输入文本“利达公司各季度销售情况表”。

第 19 步：在“图表工具”的“布局”选项卡下单击“标签”组中的“坐标轴标题”按钮，在弹出的下拉列表中选择“主要横坐标轴标题”选项下的“坐标轴下方标题”，如图 1－78所示，然后在横坐标轴标题中输入文本“城市”。

第 20 步：在“图表工具”的“布局”选项卡下单击“标签”组中的“坐标轴标题”按钮，在弹出的下拉列表中选择“主要纵坐标轴标题”选项下的“竖排标题”如图 1－79所示，然后在纵坐标抽标题中输入文本“销售额”。

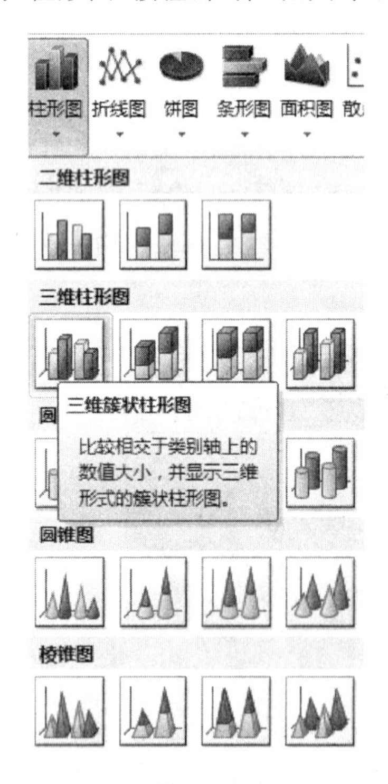

图 1－75

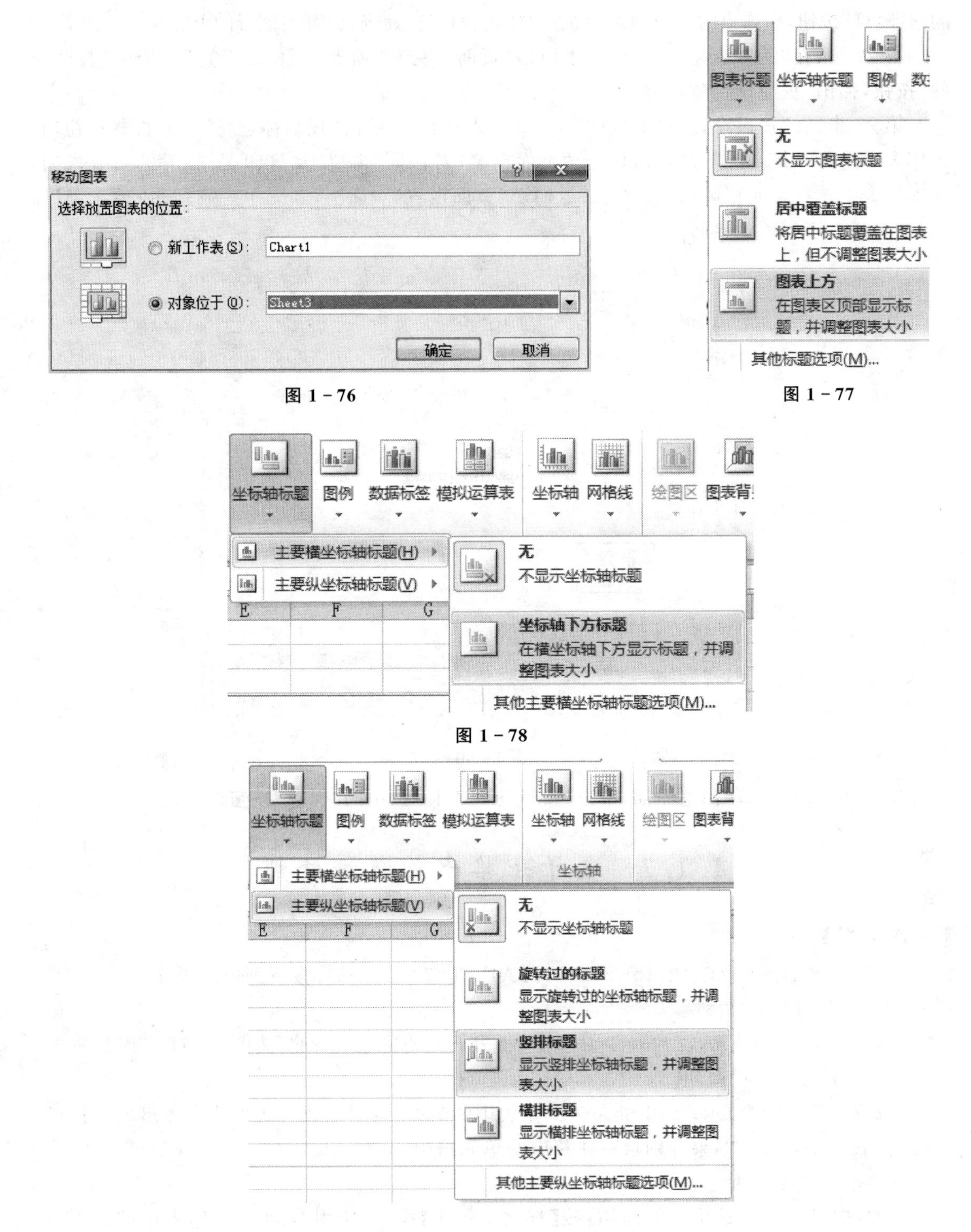

图 1－76

图 1－77

图 1－78

图 1－79

3. 工作表的打印设置

第 21 步:在“销售情况表”工作表中选中第 8 行,单击“页面布局”选项卡下“页面设置”组中的“分隔符”按钮，在弹出的下拉列表中执行“插入分页符”命令，即可在该行的上方插入分页符。

第 22 步：在“销售情况表”工作表中单击“页面布局”选项卡下“页面设置”组中的“打印标题”按钮，弹出“页面设置”对话框。

第 23 步：在“页面设置”对话框的“工作表”选项卡下，单击“顶端标题行”后的折叠按钮，在工作表中选择表格的标题区域；返回至“页面设置”对话框，再单击“打印区域”后的折叠按钮，在工作表中选择单元格区域 A1:G16；返回至“页面设置”对话框，如图 1－80 所示；单击“打印预览”按钮进入到预览界面。

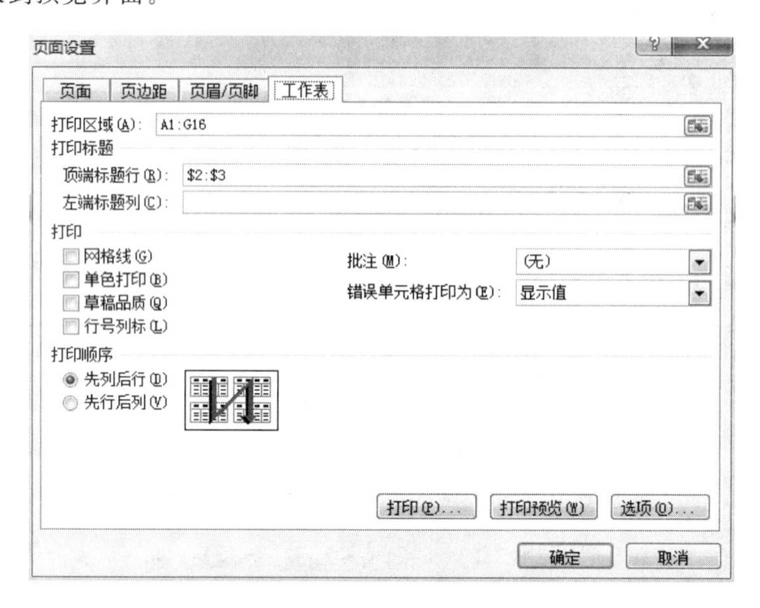

图 1－80

第 24 步：退出打印预览界面，单击“快速访问工具栏”中的“保存”按钮。

1.1.7 电子表格中的数据处理

【操作要求】

打开文档 A7. xlsx(C:\2010KSW\DATA1\ TF7－1. xlsx)，按下列要求操作。

(1) 数据的查找与替换

按【样文 7－1A】所示，在 Sheet1 工作表中查找出所有的数值“88”，并将其全部替换为“80”。

(2) 公式和函数的应用

按【样文 7－1A】所示，使用 Sheet1 工作表中的数据，应用函数公式统计出各班的“总分”，并计算“各科平均分”，结果分别填写在相应的单元格中。

(3) 基本数据分析

① 数据排序及条件格式的应用：按【样文 7－1B】所示，使用 Sheet2 工作表中的数据，以“总分”为主要关键字、“数学”为次要关键字进行升序排序，并对相关数据应用“图标集”中“四等级”的条件格式，实现数据的可视化效果。

② 数据筛选：按【样文 7－1C】所示，使用 Sheet3 工作表中的数据，筛选出各科分数均大于

或等于 80 的记录。

③ 合并计算:按【样文 7 - 1D】所示,使用 Sheet4 工作表中的数据,在"各班各科平均成绩表"的表格中进行求"平均值"的合并计算操作。

④ 分类总汇:按【样文 7 - 1E】所示,使用 Sheet5 工作表中的数据,以"班级"为分类字段,对各科成绩进行"平均值"的分类汇总。

(4) 数据的透视分析

按【样文 7 - 1F】所示,使用"数据源"工作表中的数据,以"班级"为报表筛选项,以"日期"为行标签,以"姓名"为列标签,以"迟到"为计数项,从 Sheet6 工作表的 A1 单元格起建立数据透视表。

【样文 7 - 1A】

恒大中学高二考试成绩表

姓名	班级	语文	数学	英语	政治	总分
李平	高二(一)班	72	75	69	80	296
麦孜	高二(二)班	85	80	73	83	321
张江	高二(一)班	97	83	89	80	349
王硕	高二(三)班	76	80	84	82	322
刘梅	高二(三)班	72	75	69	63	279
江海	高二(一)班	92	86	74	84	336
李朝	高二(三)班	76	85	84	83	328
许如润	高二(一)班	87	83	90	80	340
张玲铃	高二(三)班	89	67	92	87	335
赵丽娟	高二(二)班	76	67	78	97	318
高峰	高二(二)班	92	87	74	84	337
刘小丽	高二(三)班	76	67	90	95	328
各科平均分		82.5	77.9	80.5	83.2	

【样文 7 - 1B】

恒大中学高二考试成绩表

姓名	班级	语文	数学	英语	政治	总分
刘梅	高二(三)班	72	75	69	63	279
李平	高二(一)班	72	75	69	80	296
赵丽娟	高二(二)班	76	67	78	97	318
刘小丽	高二(三)班	76	67	90	95	328
李朝	高二(三)班	76	85	84	83	328
麦孜	高二(二)班	85	88	73	83	329
王硕	高二(三)班	76	88	84	82	330
张玲铃	高二(三)班	89	67	92	87	335
江海	高二(一)班	92	86	74	84	336
高峰	高二(二)班	92	87	74	84	337
许如润	高二(一)班	87	83	90	88	348
张江	高二(一)班	97	83	89	88	357

【样文 7－1C】

恒大中学高二考试成绩表					
姓名	班级	语文	数学	英语	政治
李平	高二（一）班				
张江	高二（一）班	97	83	89	88
许如润	高二（一）班	87	83	90	88

【样文 7－1D】

各班各科平均成绩表				
班级	语文	数学	英语	政治
高二（一）班	87	81.75	80.5	85
高二（二）班	84.33333	80.66667	75	88
高二（三）班	77.8	76.4	83.8	82

【样文 7－1E】

恒大中学高二考试成绩表					
姓名	班级	语文	数学	英语	政治
	高二（一）班	87	81.75	80.5	85
	高二（三）班	77.8	76.4	83.8	82
	高二（二）班	84.33333	80.66667	75	88
	总计平均值	82.5	79.25	80.5	84.5

【样文 7－1F】

班级	高二（三）班					
计数项:迟到	**列标签**					
行标签	**李朝**	**刘梅**	**刘小丽**	**王硕**	**张玲铃**	**总计**
2010/6/7		1		1		2
2010/6/8		1		1		2
2010/6/9	1				1	2
2010/6/10	1		1			2
2010/6/11		1			1	2
总计	**2**	**3**	**1**	**2**	**2**	**10**

【解题步骤】

执行“文件”→“打开”命令，在“查找范围”文本框中找到指定路径，选择 A7. xlsx 文件，单击“打开”按钮。

1. 数据的查找与替换

第 1 步：在 Sheet1 工作表中，单击“开始”选项卡下“编辑”组中的“查找与选择”按钮，在弹出的下拉列表中执行“替换”命令，如图 1－81 所示。

第 2 步:弹出“查找和替换”对话框后,在“查找内容”文本框中输入“88”,在“替换为”文本框中输入“80”,单击“全部替换”按钮,如图 1-82所示。

第 3 步:Sheet1 工作表中的所有数值 88 均被替换为 80,并弹出确认对话框,单击该对话框中的“确定”按钮,如图 1-83 所示,最后关闭“查找和替换”对话框。

2. 公式、函数的应用

第 4 步:在 Sheet1 工作表中选中 G3 单元格,单击“开始”选项卡下“编辑”组中的“自动求和”下拉按钮。在弹出的下拉列表中执行“求和”命令,如图 1-84 所示。

第 5 步:在 Sheet1 工作表的 G3 单元格中会自动插入 SUM 求和函数,根据试题要求调整求和区域为 C3:F3 单元格区域,按 Enter 键即可,如图 1-85 所示。

第 6 步:将光标置于 Sheet1 工作表中 G3 单元格的右下角处,当指针变为╋形状时,按住鼠标左键不放拖拽至 G14 单元格处,释放鼠标左键,即可完成 G3:G14 单元格函数的复制填充操作,如图 1-86 所示。

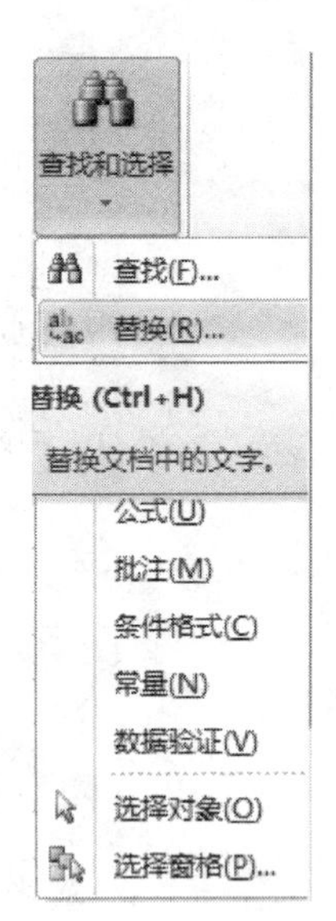

图 1-81

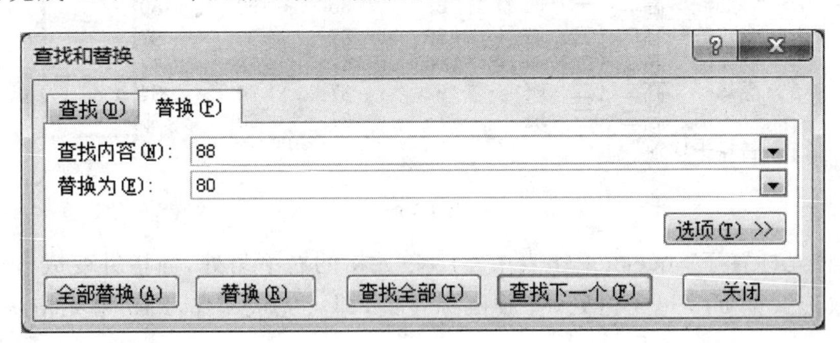

图 1-82

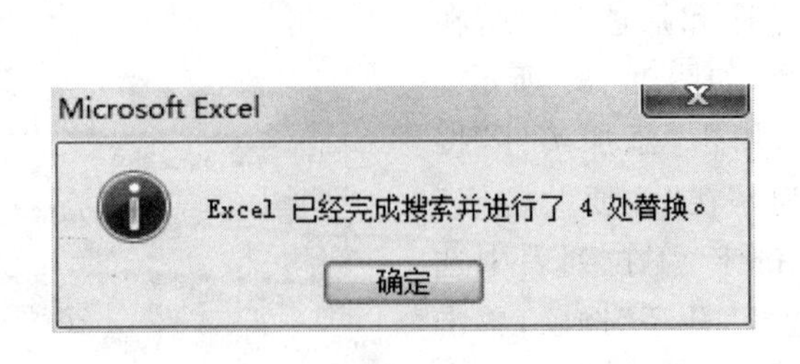

图 1-83

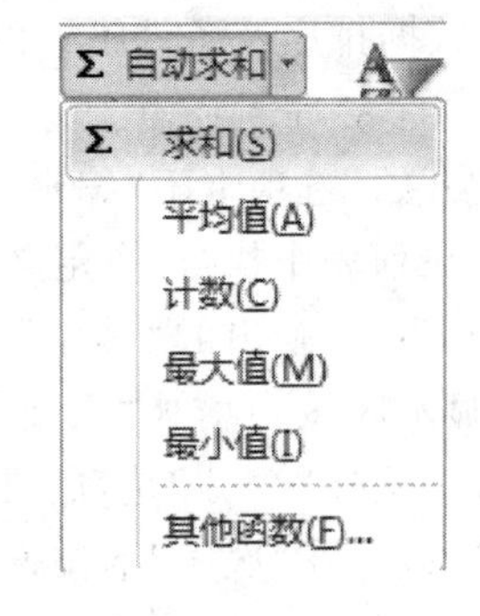

图 1-84

第 7 步:在 Sheet1 工作表中选中 C15 单元格,单击“开始”选项卡下“编辑”组中“自动求和”下拉按钮,在弹出的下拉列表中执行“平均值”命令,该单元格中会自动插入 AVERAGE 求平均值函数,根据试题要求调整求平均值区域为 C3:C14 单元格区域,按下 Enter 键。

	A	B	C	D	E	F	G	H	I
1	恒大中学高二考试成绩表								
2	姓名	班级	语文	数学	英语	政治	总分		
3	李平	高二（一）班	72	75	69	80	=SUM(C3:F3)		
4	麦孜	高二（二）班	85	80	73	83	SUM(number1, [number2], ...)		
5	张江	高二（一）班	97	83	89	80			
6	王硕	高二（三）班	76	80	84	82			
7	刘梅	高二（三）班	72	75	69	63			
8	江海	高二（一）班	92	86	74	84			
9	李朝	高二（三）班	76	85	84	83			
10	许如润	高二（一）班	87	83	90	80			

图 1-85

	A	B	C	D	E	F	G
1	恒大中学高二考试成绩表						
2	姓名	班级	语文	数学	英语	政治	总分
3	李平	高二（一）班	72	75	69	80	296
4	麦孜	高二（二）班	85	80	73	83	
5	张江	高二（一）班	97	83	89	80	
6	王硕	高二（三）班	76	80	84	82	
7	刘梅	高二（三）班	72	75	69	63	
8	江海	高二（一）班	92	86	74	84	
9	李朝	高二（三）班	76	85	84	83	
10	许如润	高二（一）班	87	83	90	80	
11	张玲铃	高二（三）班	89	67	92	87	
12	赵丽娟	高二（二）班	76	67	78	97	
13	高峰	高二（二）班	92	87	74	84	
14	刘小丽	高二（三）班	76	67	90	95	
15	各科平均分						

图 1-86

第 8 步：将光标置于 Sheet1 工作表中 C15 单元格的右下角处，当指针变成十形状时，按住鼠标左键不放拖拽至 F15 单元格处，释放鼠标左键，即可完成 C15：F15 单元格函数的复制填充操作。

3. 基本数据分析

(1) 数据排序及条件格式的应用

第 9 步：在 Sheet2 工作表中，选定数据区域的任意单元格，单击“开始”选项卡下“编辑”组中的“排序和筛选”按钮，在弹出的下拉列表中执行“自定义排序”命令，如图 1-87 所示。

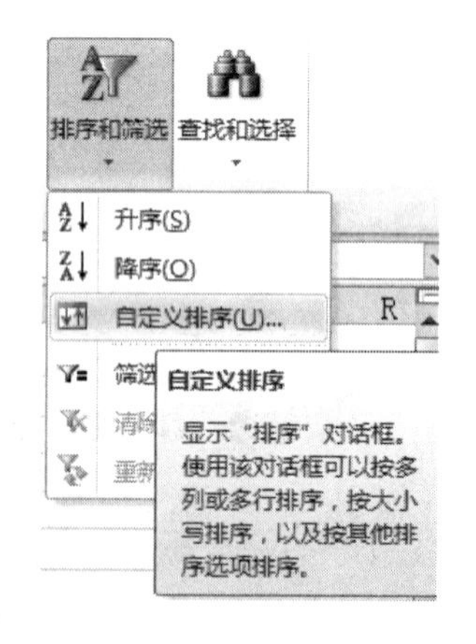

图 1-87

第 10 步：在弹出的“排序”对话框中，单击“添加条件”按钮，下方显示区域会增加“次要关键字”列。在“主要关键字”下拉列表中选择“总分”选项，在“次要关键字”下拉列表中选择“数学”选项，在“次序”下拉列表中均选择“升序”选项，单击“确定”按钮，如图 1-88 所示。

第 11 步：在 Sheet2 工作表中选中 C3：F14 单元格区域，单击“开始”选项卡下“样式”组中的“条件格式”按钮，在弹出的下拉列表中选择“图标集”选项下的“四等级”条件格式，如图 1-89 所示。

图 1－88

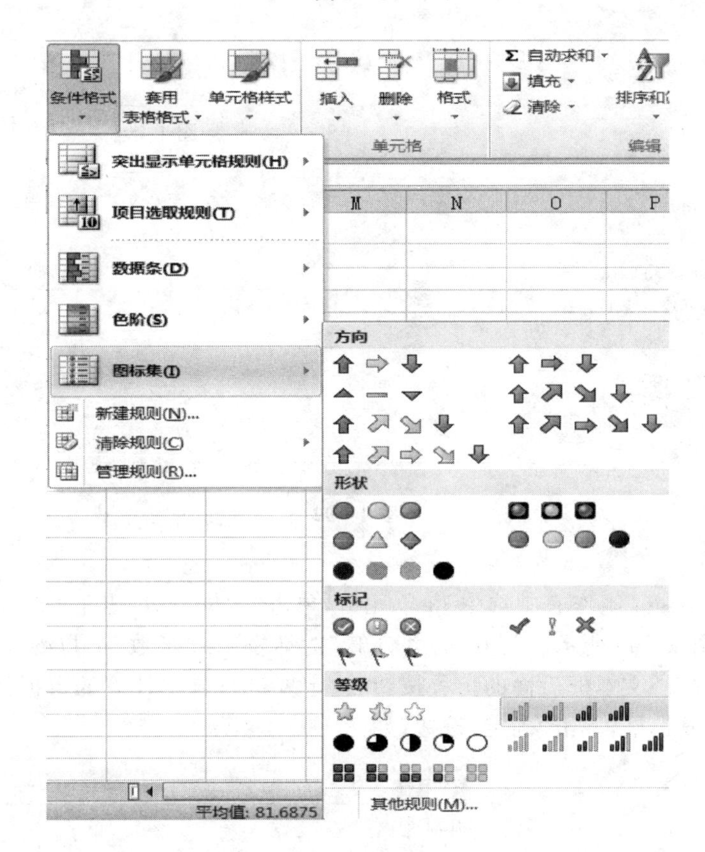

图 1－89

(2) 数据筛选

第 12 步:在 Sheet3 工作表中选定数据区域的任意单元格,单击“开始”选项卡下“编辑”组中的“排序和筛选”按钮,在弹出的下拉列表中执行“筛选”命令,如图 1－90 所示。执行“筛选”命令后可在每个列字段后出现一个下拉按钮▾,单击“语文”后的下拉按钮,在打开的下拉列表框中执行“数字筛选”选项下的“大于或等于”命令,如图 1－91 所示。

第 13 步:打开“自定义自动筛选方式”对话框,在右侧的文本框中输入“80”,单击“确定”按钮,如图 1－92 所示。使用相同的方法将其他几科“大于或等于 80”的分数筛选出来。

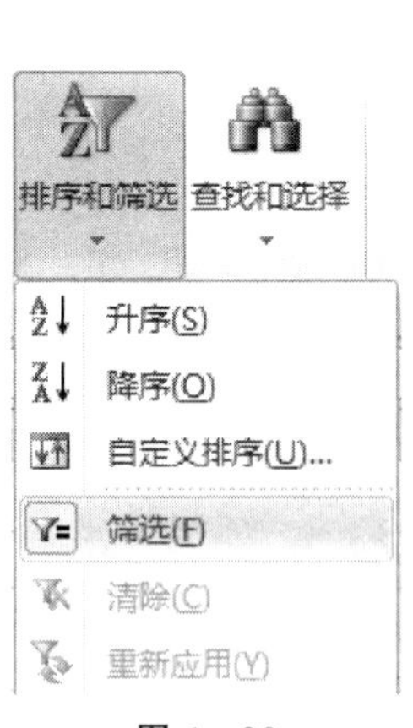

图 1-90

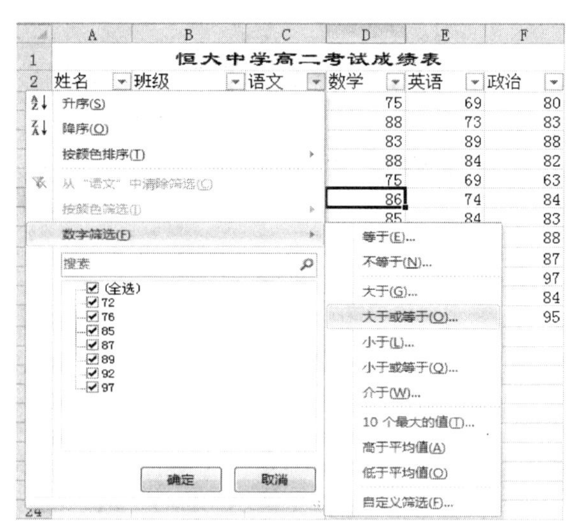

图 1-91

自定义自动筛选方式

显示行:

语文

大于或等于 | 80

◉ 与(A) ○ 或(O)

可用 ? 代表单个字符

用 * 代表任意多个字符

确定 取消

图 1-92

(3) 合并计算

第 14 步:在 Sheet4 工作表中选中 I3 单元格,单击"数据"选项卡下"数据工具"组中的"合并计算"按钮,如图 1-93 所示。打开"合并计算"对话框,在"函数"下拉列表中选择"平均值"选项,单击"引用位置"文本框后面的折叠按钮,选定要进行合并计算的数据区域 B3:F14 并返回,勾选"最左列"复选框,单击"确定"按钮,如图 1-94 所示。

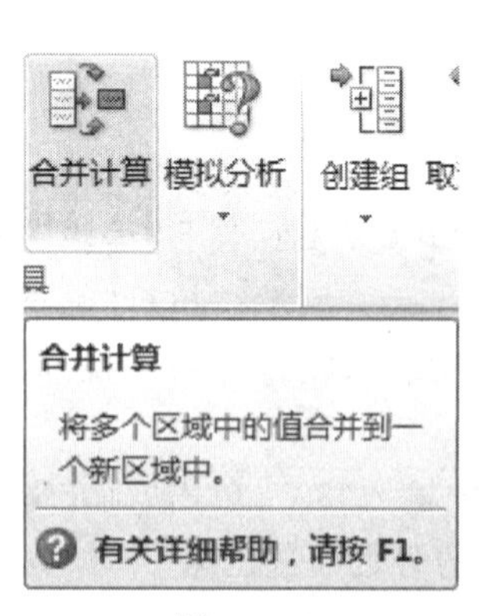

图 1-93

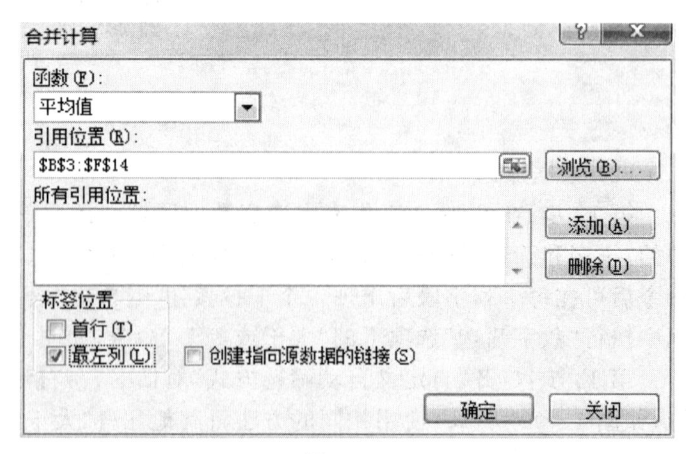

图 1-94

(4) 分类汇总

第 15 步:在 Sheet5 工作表中选中“班级”所在列的任意单元格,单击“开始”选项卡下“编辑”组中的“排序和筛选”按钮,在弹出的下拉列表中执行“降序”命令,将“班级”字段列进行降序排列。

第 16 步:在“数据”选项卡下的“分级显示”组中单击“分类汇总”按钮,如图 1-95 所示。打开“分类汇总”对话框,在“分类字段”下拉列表中选择“班级”选项,在“汇总方式”下拉列表中选择“平均值”选项,在“选定汇总项”列表中选中“语文”“数学”“英语”“政治”四个选项,勾选“汇总结果显示在数据下方”复选框,最后单击“确定”按钮,如图 1-96 所示。

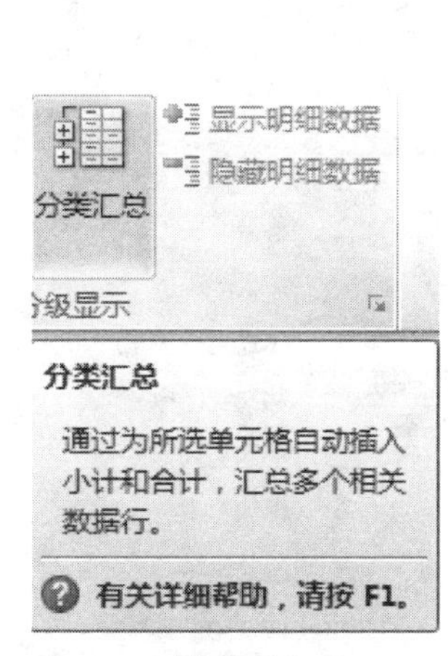

图 1-95

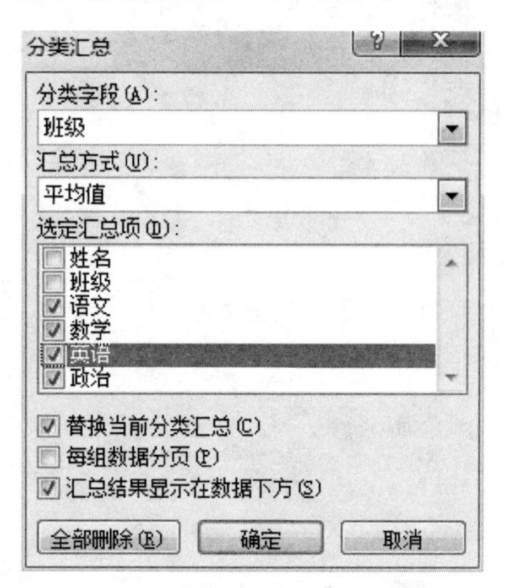

图 1-96

4. 数据的透视分析

第 17 步:在 Sheet6 工作表中选中 A1 单元格,单击“插入”选项卡下“表格”组中的“数据透视表”按钮,如图 1-97 所示。打开“创建数据透视表”对话框,单击“表/区域”文本框后面的折叠按钮,选择要分析的数据为“数据源”工作表中的 A2:D23 单元格区域并返回,单击“确定”按钮,如图 1-98 所示。

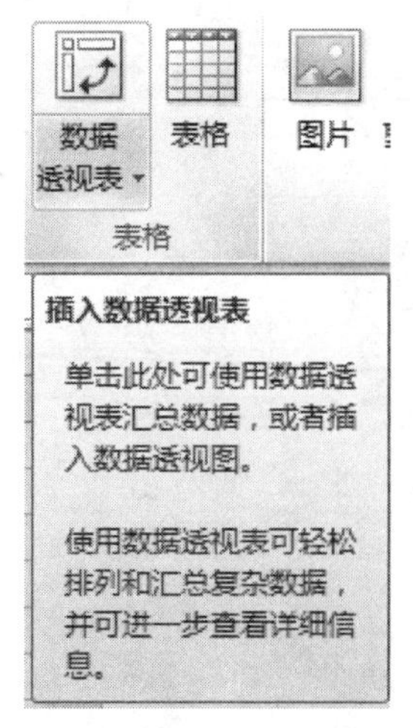

图 1-97

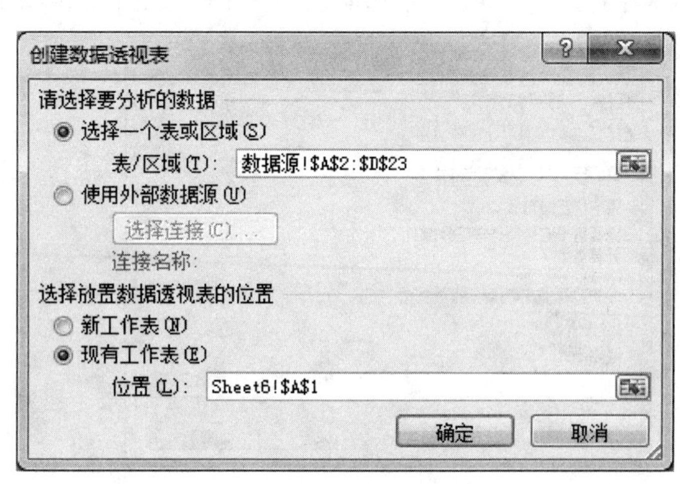

图 1-98

第 18 步：在 Sheet6 工作表中，将自动创建新的空白数据透视表，表格右侧会显示“数据透视表字段列表”任务窗格。在“选择要添加到报表的字段”列表中拖动“班级”字段至“报表筛选”列表框中，将“姓名”字段拖动至“列标签”列表框中，将“日期”字段拖动至“行标签”列表框中，将“迟到”字段拖动至“数值”列表框中，如图 1－99 所示。

第 19 步：在“数据透视表字段列表”任务窗格的“数值”列表框中，单击“求和项：迟到”后面的下拉按钮，在打开的列表中执行“值字段设置”命令。如图 1－100 所示，打开“值字段设置”对话框，在“计算类型”列表中选择“计数”选项，单击“确定”按钮，如图 1－101 所示。

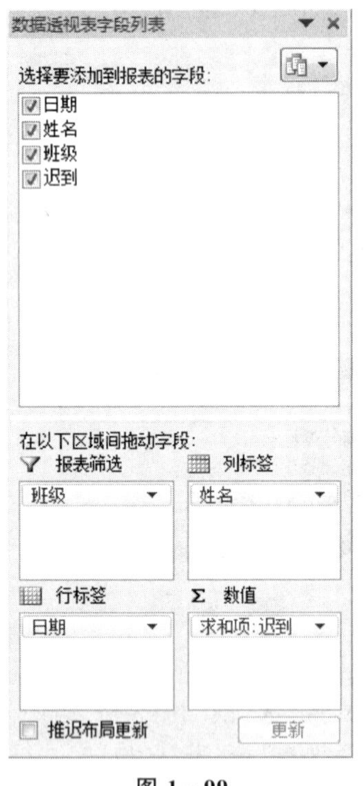

图 1－99

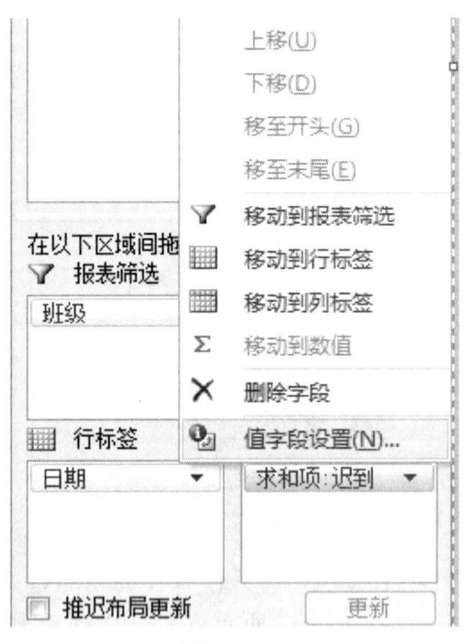

图 1－100

第 20 步：根据试题样张调整显示项目，单击文本“班级(全部)”后面的下拉按钮，在打开的列表中选择“高二(三)班”选项，单击“确定”按钮，如图 1－102 所示。

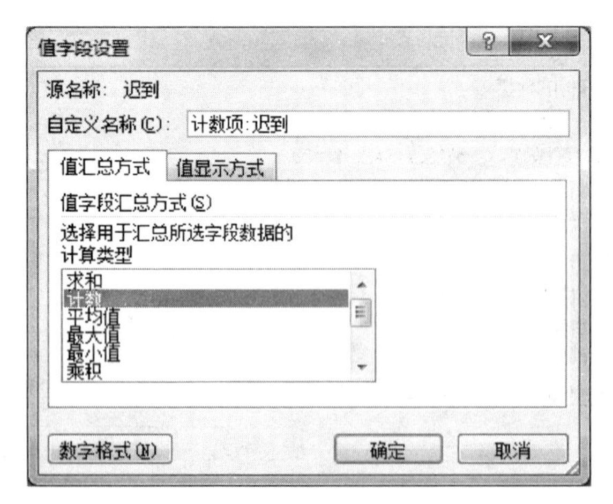

图 1－101

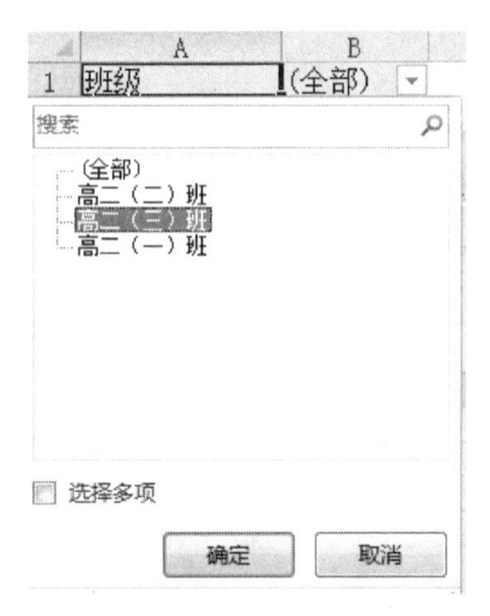

图 1－102

第 21 步:执行“文件”→“保存”命令。

1.1.8　Word 和 Excel 的进阶应用

【操作要求】

打开 A8. docx(C:\2010KSW\DATA1\ TF8 - 1. docx),按下列要求操作。

(1) 选择性粘贴

在 Excel 2010 中打开文件 C:\2010KSW\DATA2\TF8 - 1A. xlsx,将工作表中的表格以“Microsoft Excel 工作表 对象”的形式粘贴至 A8. docx 文档中标题“恒大中学 2010 年秋季招生收费标准(元)”的下方,结果如【样文 8 - 1A】所示。

(2) 文本与表格间的相互转换

按【样文 8 - 1B】所示,将“恒大中学各地招生站及联系方式”下的文本转换成 3 列 7 行的表格形式,固定列宽为 4 厘米,文字分隔位置为制表符;为表格自动套用“中等深浅底纹 1 -强调文字颜色 4”的表格样式,表格对齐方式为居中。

(3) 录制新宏

① 在 Excel 2010 中新建一个文件,在该文件中创建一个名为 A8A 的宏,将宏保存在当前工作簿中,用 Ctrl+Shift+F 作为快捷键,功能为在选定单元格内填入“5+7 * 20”的结果。

② 完成以上操作后,将该文件以“启用宏的工作簿”类型保存至考生文件夹中,文件名为 A8 - A。

(4) 邮件合并

① 在 Word 2010 中打开文件 C:\2010KSW\DATA2\TF8 - 1B. docx,以 A8 - B. docx 为文件名保存至考生文件夹中。

② 选择“信函”文档类型,使用当前文档,使用文件 C:\2010KSW\DATA2\TF8 - 1C. xlsx 中的数据作为收件人信息,进行邮件合并,结果如【样文 8 - 1C】所示。

③ 将邮件合并的结果以 A8 - C. docx 为文件名保存至考生文件夹中。

【样文 8 - 1A】

恒大中学 2010 年秋季招生收费标准(元)

学部	学费	书费	服装费	降温取暖费	伙食费	合计
小学全年	5000	150	200	150	1600	7100
小学半年	2500	75	200	75	800	3650
初中全年	5800	400	300	150		6650
初中半年	2900	200	300	75		3475
高中全年	5000	400	300	150		5850
高中半年	2500	200	300	75		3075

【样文 8－1B】

恒大中学各地招生站及联系方式

招生站	地址	联系电话
川汇区	永安大厦 505 室	8286176
郸城	烟草宾馆 205 室	3218755
沈丘	良友宾馆 201 室	5102955
商水	烟草宾馆 302 室	5455469
西华	箕城宾馆 102 室	2531717
太康	县委招待所 212 室	6827309

【样文 8－1C】

邮编：475443

寄：北京市海淀区 186 号

王霞　女士<收>

北京市海淀区中关村 168 号

邮政编码：100866

邮编：461400

寄：太康县中心小学

赵龙　先生<收>

北京市海淀区中关村 168 号

邮政编码：100866

邮编：464100

寄：河南郑州二七路 33 号

王凤　女士<收>

北京市海淀区中关村 168 号

邮政编码：100866

邮编：100081

寄：北京市海淀区学院路 88 号

赵庆　先生<收>

北京市海淀区中关村 168 号

邮政编码：100866

【解题步骤】

执行“文件”→“打开”命令，在“查找范围”文本框中找到指定路径(C:\2010KSW\DATA1\TF8－1.docx)，选择 A8.docx 文件，单击“打开”按钮。

1. 选择性粘贴

第 1 步：打开文件 C:\2010KSW\DATA2\TF8－1A.xlsx，选中 Sheet1 工作表中的表格区域 B2:H8，单击“开始”选项卡下“剪贴板”组中的“复制”按钮，如图 1－103 所示。

第 2 步：在 A8.docx 文档中，将光标定位在文本“恒大中学 2010 年秋季招生收费标准(元)”下，在“开始”选项卡下的“剪贴板”组中单击“粘贴”下拉按钮，在打开的下拉菜单中执行“选择性粘贴”命令，如图 1－104 所示。

第 3 步：在弹出的“选择性粘贴”对话框中点选“粘贴”单选按钮，然后在“形式”列表中选中“Microsoft Excel　工作表　对象”选项，单击“确定”按钮，如图 1－105 所示。

2. 文本与表格间的相互转换

第 4 步：在 A8.docx 文档中，选中“恒大中学各地招生站及联系方式”下要转换为表格的所有文本，在“插入”选项卡下的“表格”组中单击“表格”按钮，在打开的下拉列表中执行“文本转换成表格”命令，如图 1－106 所示。

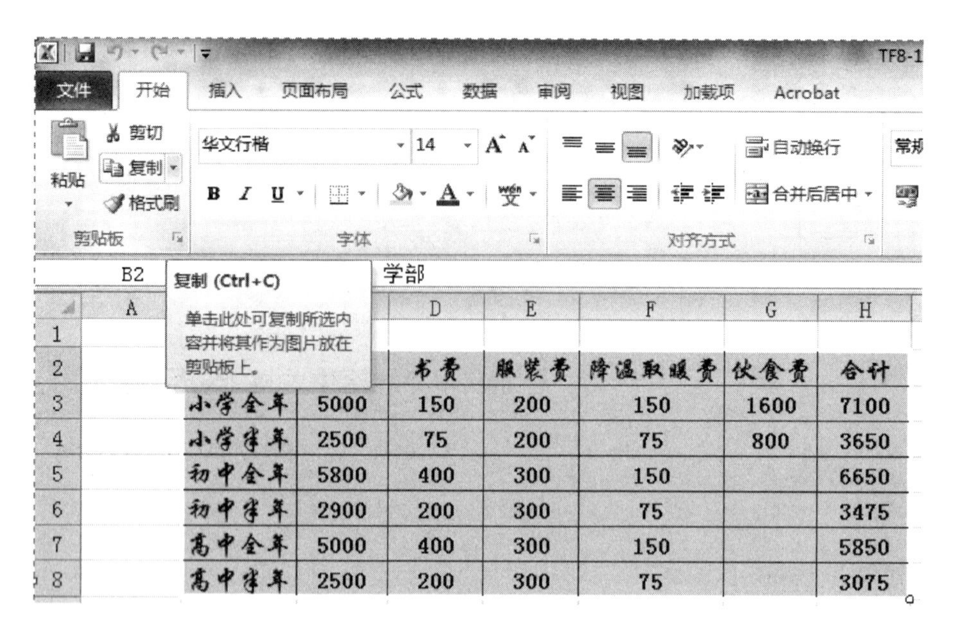

图 1 - 103

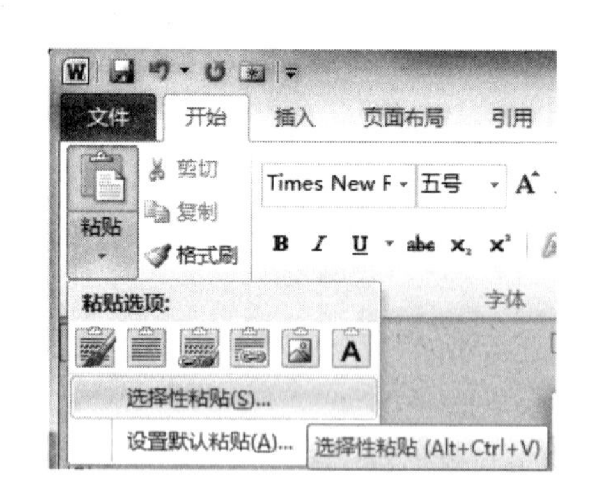

图 1 - 104

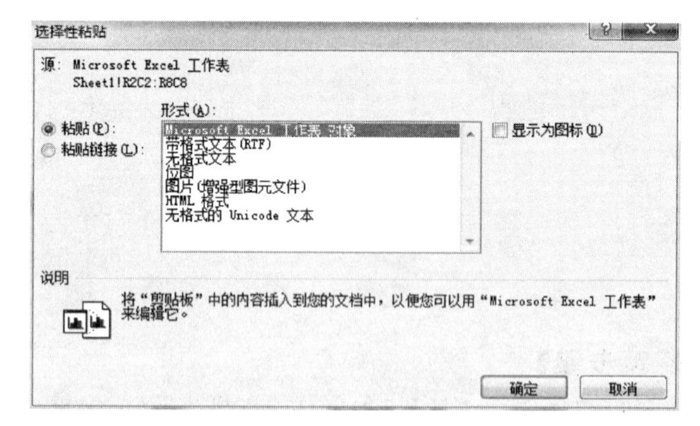

图 1 - 105

第 5 步：弹出“将文本转换成表格”对话框，在“列数”文本框中调整或输入“3”，在“行数”文本框中系统会根据所选定的内容自动设置数值；在“‘自动调整’操作”选项区域点选“固定列宽”单选按钮，然后在其后面文本框中调整或输入“4 厘米”；在“文字分隔位置”选项区域点选“制表符”单选按钮，单击“确定”按钮，如图 1 - 107 所示。

第 6 步：选择整个表格，打开“表格工具”的“设计”选项卡，在“表格样式”组中单击“其他”按钮，在弹出的库中选择“中等深浅底纹 1 -强调文字颜色 4”表格样式，如图 1 - 108 所示。

第 7 步：选择整个表格，打开“表格工具”的“布局”选项卡，在“表”组中单击“属性”按钮，如图 1 - 109 所示。

第 8 步：在“表格属性”对话框的“表格”选项卡下的“对齐方式”选项区域选择“居中”，单击“确定”按钮，如图 1 - 110 所示。

图 1－106

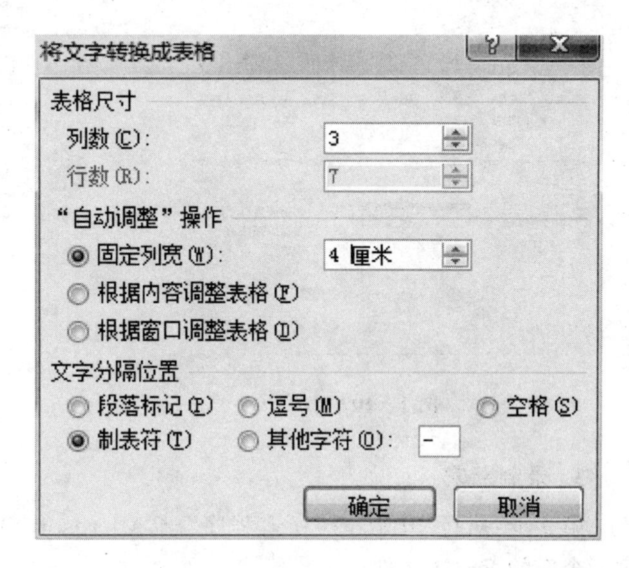

图 1－107

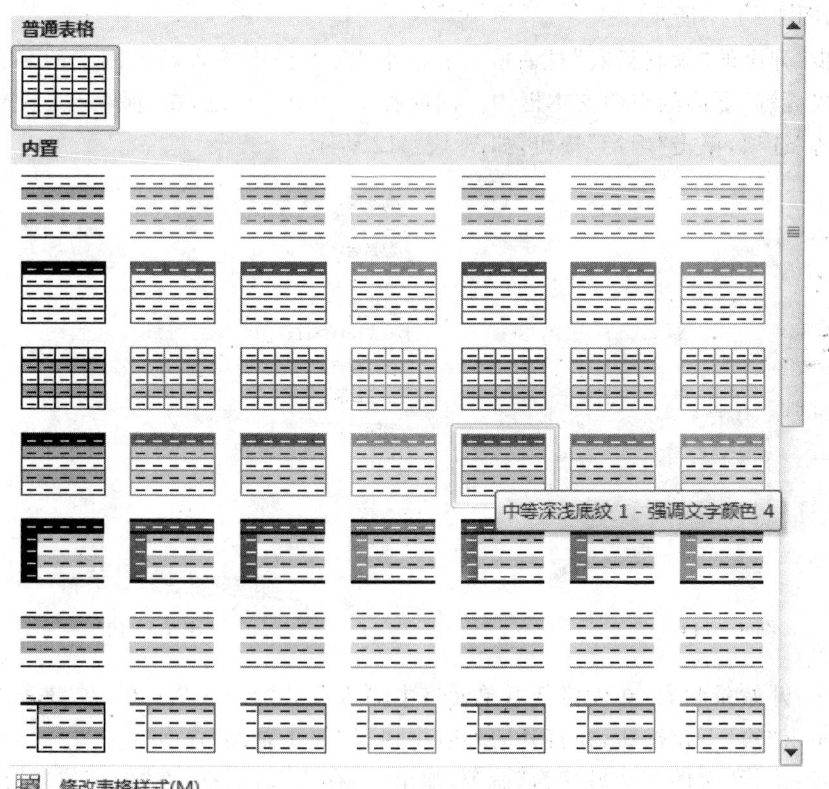

图 1－108

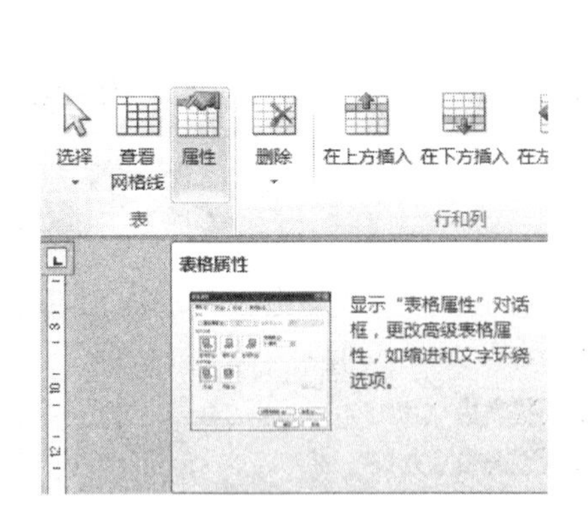

图 1-109

图 1-110

3. 录制新宏

第 9 步：执行“开始”→“所有程序”→“Microsoft Office”→“Microsoft Excel 2010”命令，创建一个新的 Excel 文件。

第 10 步：在“视图”选项卡下的“宏”组中，单击“宏”下拉按钮，在打开的列表中选择“录制宏”选项，如图 1-111 所示。

第 11 步：弹出的“录制新宏”对话框，在“宏名”文本框中输入新录制宏的名称 A8A，将鼠标定位在“快捷键”下面的空白文本框中。同时按下 shift+F 键，在“保存在”下拉列表中选择“当前工作薄”选项，单击“确定”按钮，如图 1-112 所示。

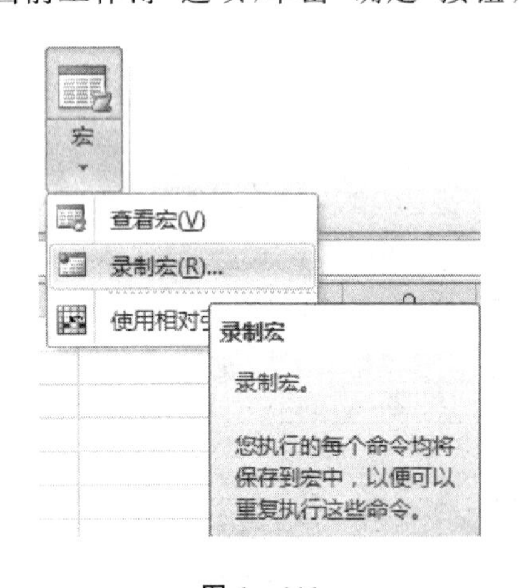

图 1-111

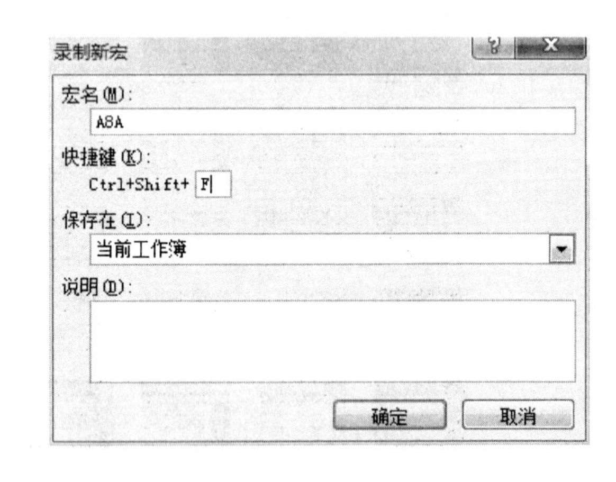

图 1-112

第 12 步：开始录制宏，在表格任意单元格中输入公式“=5+7*2”，在“视图”选项卡下的“宏”组中，单击“宏”下拉按钮，在打开的列表中执行“停止录制”命令。

第 13 步：执行“文件”→“另存为”命令，弹出“另存为”对话框，在“保存位置”列表中选择考生文件夹所在位置，在“文件名”文本框中输入文件名“A8-A”，在“保存类型”列表中选择“Excel 启用宏的工作薄”选项，单击“保存”按钮，如图 1-113 所示。

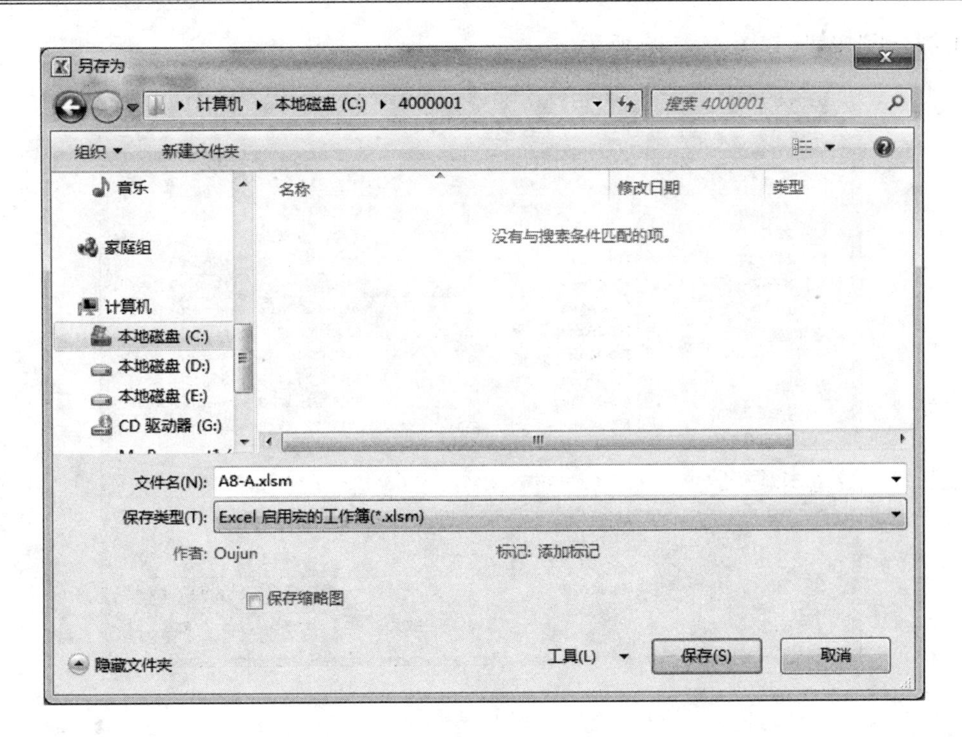

图 1 - 113

4. 邮件合并

第 14 步:打开文件 C:\2010KSW\DATA2\TF8 - 1B. docx,执行"文件"→"另存为"命令,弹出"另存为"对话框,在"保存位置"列表中选择考生文件夹所在位置,在"文件名"文本框中输入文件名"A8 - B",单击"保存"按钮。

第 15 步:在 A8 - B 文档中,单击"邮件"选项卡下"开始邮件合并"组中的"开始邮件合并"按钮,在打开的下拉列表中选择"信函"文档类型,如图 1 - 114 所示。再单击该组中的"选择收件人"按钮,在打开的下拉列表中选择"使用现有列表"选项,如图 1 - 115 所示。

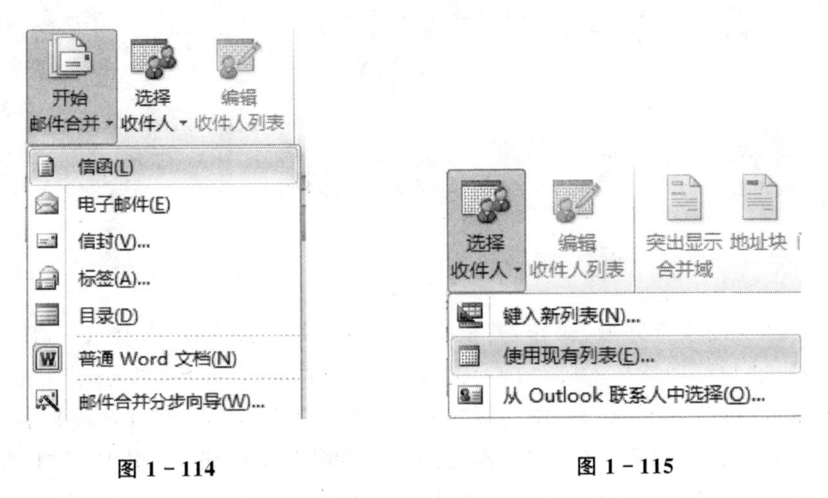

图 1 - 114　　　　图 1 - 115

第 16 步:弹出"选取数据源"对话框,从中选择 C:\2010KSW\DATA2\TF8 - 1C. xlsx 文

件，单击“打开”按钮，如图 1－116 所示。

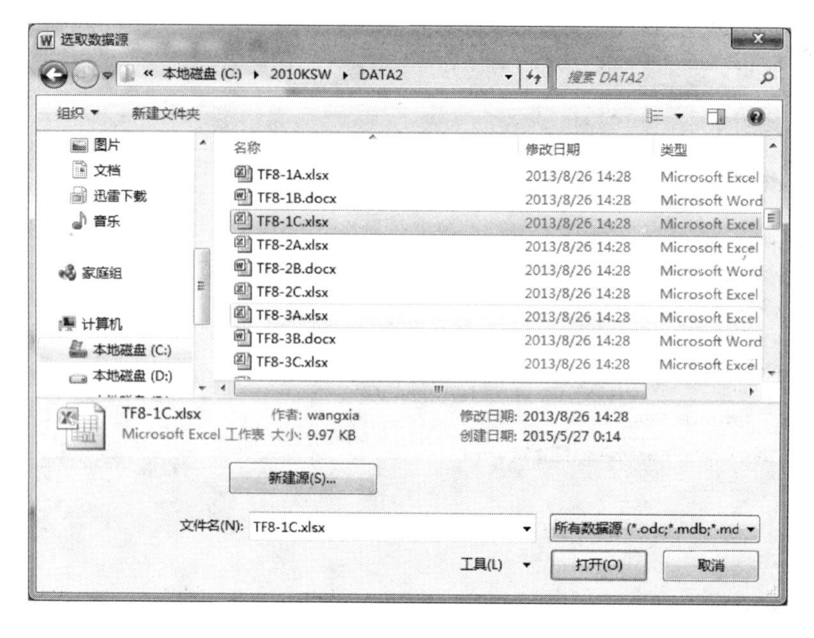

图 1－116

第 17 步：弹出“选择表格”对话框，选中 Sheet1 工作表，单击“确定”按钮，如图 1－117 所示。

第 18 步：将光标定位在“邮编：”后面，在“邮件”选项卡下“编写和插入域”组中单击“插入合并域”下拉按钮，从拉开的下拉列表中选择“邮编”，如图 1－118 所示。依次类推，分别将“收信人地址”“收信人姓名”和“称谓”插入到相应的位置处。

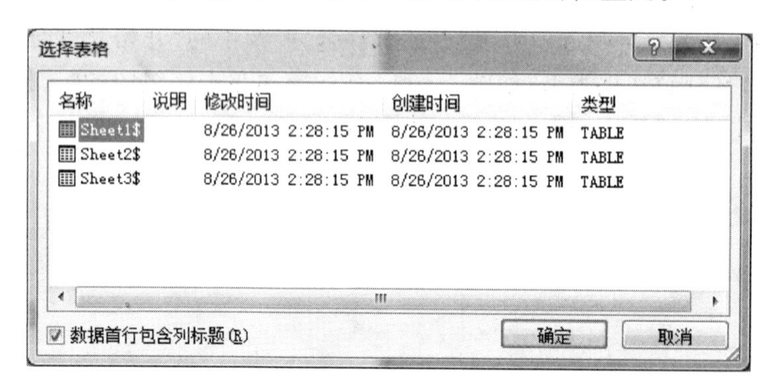

图 1－117

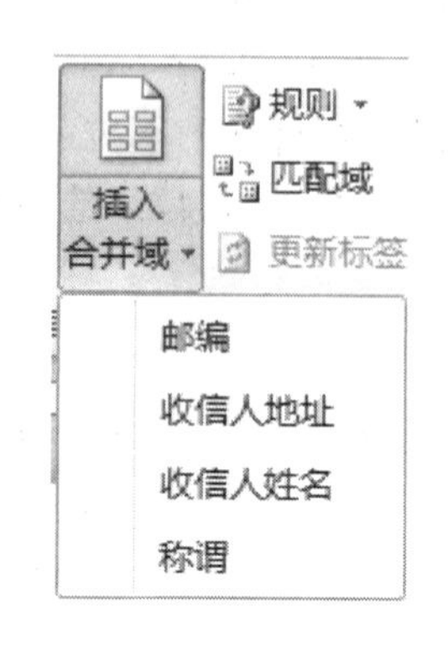

图 1－118

第 19 步：完成“插入合并域”操作，并依次进行核对并确保无误，如图 1－119 所示。

第 20 步：通过预览功能核对邮件内容无误后，在“邮件”选项下的“完成”组中单击“完成并合并”下拉按钮，在打开的下拉列表中选择“编辑单个文档”选项，如图 1－120 所示。

第 21 步：弹出“合并到新文档”对话框，选择“全部”单选按钮，如图 1－121 所示，单击“确定”按钮，即可完成邮件合并操作，并自动生成新文档“信函 1”。

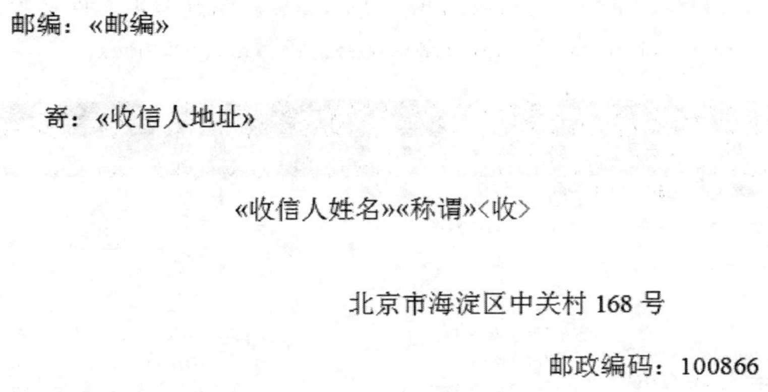

邮编：«邮编»

寄：«收信人地址»

«收信人姓名»«称谓»<收>

北京市海淀区中关村 168 号

邮政编码：100866

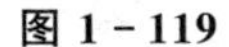

图 1-119

图 1-120

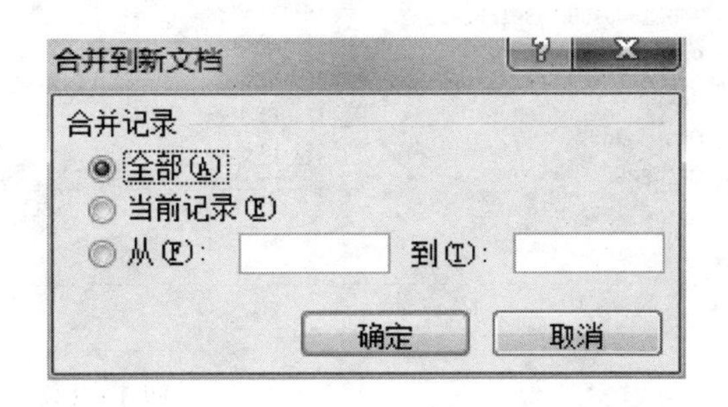

图 1-121

第 22 步：在新文档“信函 1”中，执行“文件”→“另存为”命令，弹出“另存为”对话框。在“保存位置”列表中选择考生文件夹所在位置，在“文件名”文本框中输入文件名“A8-C”，单击“保存”按钮。

第二套试题解析

1.2.1　操作系统应用

【操作要求】

① 启动“资源管理器”：开机，进入 Windows 7 操作系统，启动“资源管理器”。

② 创建文件夹：在 C 盘根目录下建立“考生文件夹”，文件夹名为考生准考证后 7 位。

③ 复制、重命名文件：C 盘中有考试题库“2010KSW”文件夹，文件夹结构如图 1-122 所示。根据选题单指定题号，将题库中“DATA1”文件夹内相应的文件复制到考生文件夹中，将文件分别重命名为 A1、A3、A4、A5、A6、A7、A8，扩展名不变。第二单元的题需要考生在做题时自己新建一个文件。

如果考生的选题单如表 1-2 所列。

则应将题库中“DATA1”文件夹内的文件 TF1-11.docx、TF3-8.docx、TF4-7.docx、TF5-

18. docx、TF6－15. xlsx、TF7－11. xlsx、TF8－13. docx 复制到考生文件夹中，并分别重命名为 A1. docx、A3. docx、A4. docx、A5. docx、A6. xlsx、A7. xlsx、A8. docx。

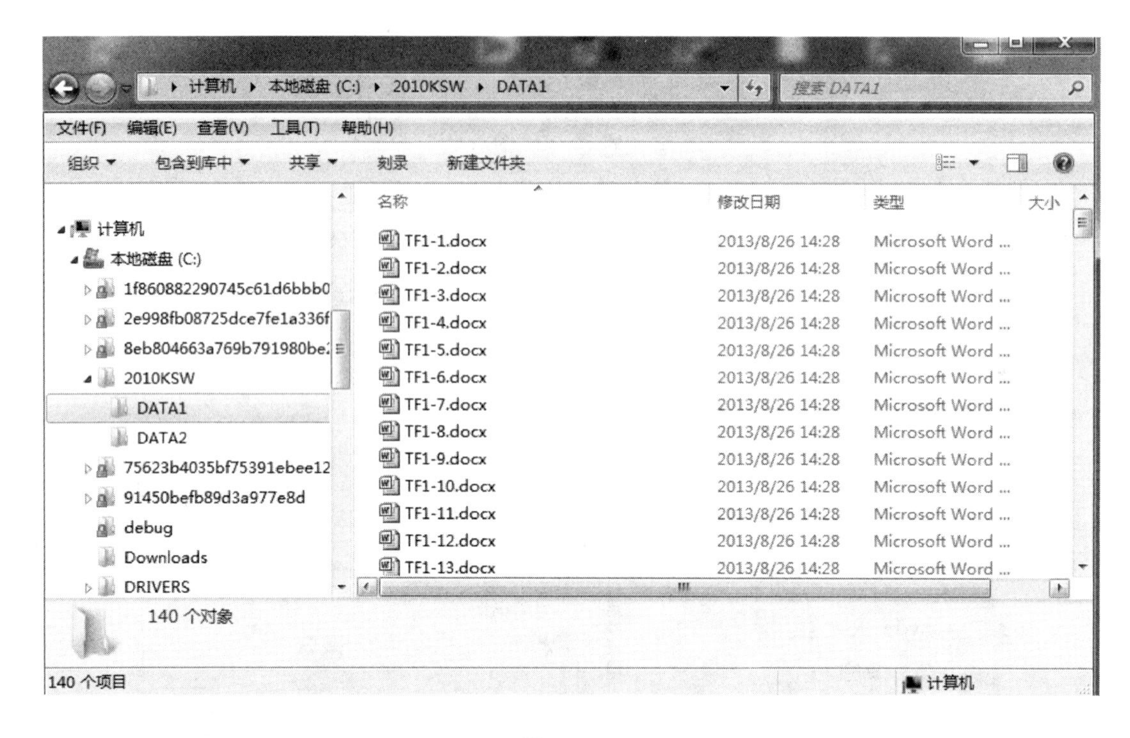

图 1－122

④ 删除语言栏中的“微软拼音－新体验 2010”输入法。

⑤ 在控制面板中将桌面背景更改为图片文件(C:\2010KSW\DATA2\TuPian1 -6. jpg)。

表 1－2

单元	一	二	三	四	五	六	七	八
题号	11	16	8	7	18	15	11	13

【解题步骤】

1. 启动“资源管理器”

第 1 步：进入 Windows 7 操作系统后，执行“开始”→“所有程序”→“附件”→“Windows 资源管理器”命令；或者右击“开始”按钮，在弹出的快捷菜单中选择“资源管理器”命令，均可打开资源管理器的窗口，如图 1－123 所示。

2. 创建文件夹

第 2 步：在资源管理器左侧窗格中选择“本地磁盘(C:)”，右击右侧窗格的空白位置，在弹出的快截菜单中执行“新建”→“文件夹”命令。

第 3 步：在右侧窗格中出现了一个新建的文件夹，并且该文件夹名处于可编辑状态，输入考生准考证后 7 位作为该文件夹名称，如图 1－124 所示。

图 1 - 123

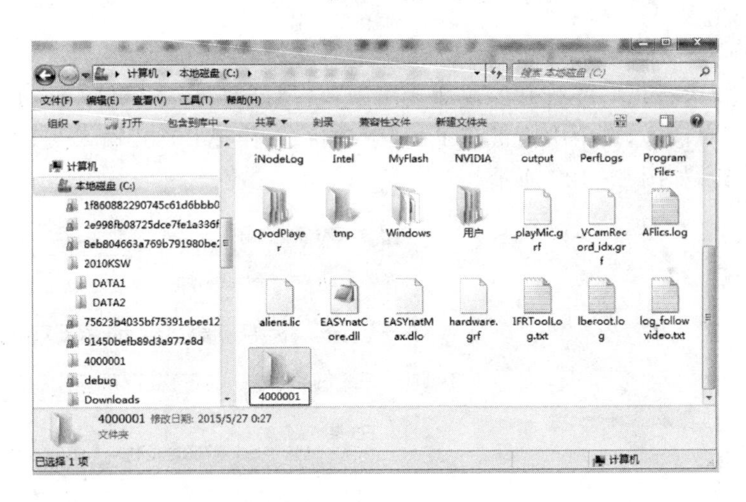

图 1 - 124

3. 复制文件、修改文件名

第 4 步:在资源管理器左侧窗格中依次打开 C:\2010KSW\DATA1 文件夹,根据选题单在右侧内容窗格中选择相应的文件,如图 1 - 125 所示。

第 5 步:执行“编辑”→“复制”命令,将选中的素材文件夹复制到剪贴板中。在资源管理器左侧文件夹窗口中,打开新建的考生文件夹。再执行“编辑”→“粘贴”命令,考题则被复制到考生文件夹中。

第 6 步:右击相应的考题,在弹出的快捷菜单中执行“重命名”命令,根据操作要求对文件进行重命名。重命名时注意不要改变原考题文件的扩展名。

图 1－125

4. 删除输入法

第 7 步:右击"语言栏",在打开的快捷菜单中执行"设置"命令(见图 1－126)。弹出"文本服务和输入语言"对话框,选中中文键盘下的"微软拼音-简捷 2010"输入法,单击"删除"按钮,再单击"确定"按钮,如图 1－127 所示。

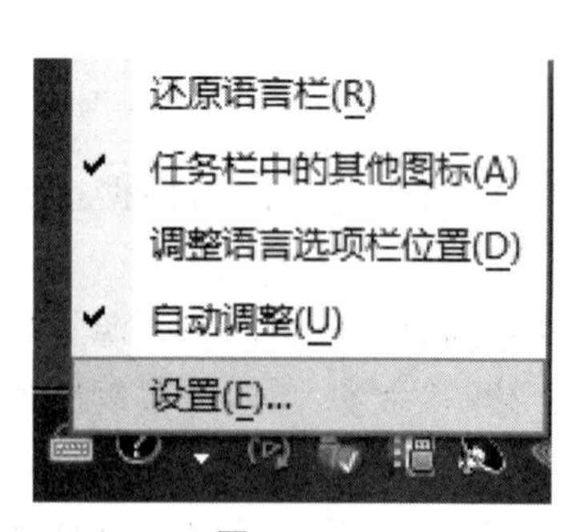

图 1－126

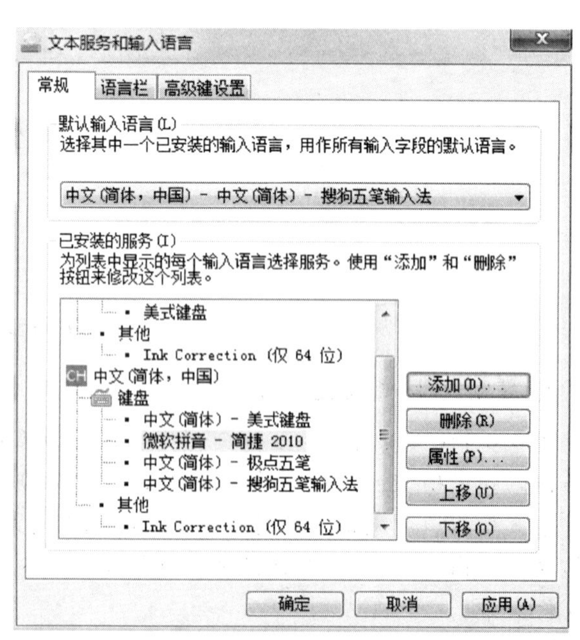

图 1－127

5. 创建快捷方式

第 8 步:执行“开始”→“控制面板”命令,单击“外观和个性化”选项下的“更改桌面背景”选项。

第 9 步:在“选择桌面背景”窗口中,单击“图片位置”后的“浏览”按钮,按照指定路径打开文件夹(C:\2010KSW\DATA2),在预览窗格中选择图片文件 TuPian1-6.jpg 作为桌面背景(见图 1-128)。单击“保存修改”按钮,即可完成对桌面背景的修改。

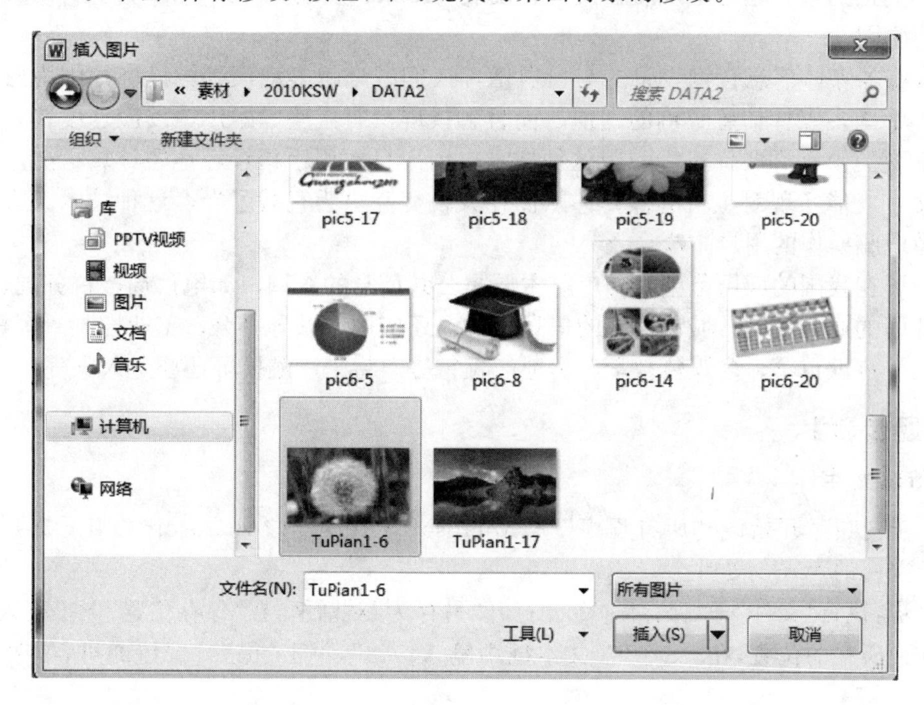

图 1-128

1.2.2　文字录入与编辑

【操作要求】

① 新建文件:在字处理软件中新建一个文档,命名为 A2.docx,保存至考生文件夹。

② 录入文本与符号:按照【样文 2-16A】录入文字、字母、标点符号、特殊符号等。

③ 复制、粘贴:将 C:\2010KSW\DATA2\TF2-16 中的所有文字复制到考生录入的文档中,将考生录入的文档作为第二段插入到复制文档中。

④ 查找、替换:将文档中所有“触屏”替换为“触摸屏”,结果如【样文 2-16B】所示。

【样文 2-16A】

➚随着多媒体信息查询设备的与日俱增,人们越来越多地谈到触摸屏,因为触摸屏不仅适用于中国多媒体信息查询的国情,而且触摸屏具有〖坚固耐用、反应速度快、节省空间、易于交流〗等许多优点。利用这种技术,用户只要用手指轻轻地碰计算机显示屏上的图符或文字就能实现对主机的操作,从而使人机交互更为直截了当,这种技术大大方便了那些不懂电脑操作的用户。➘

【样文 2-16B】

所谓触摸屏，从市场概念来讲，就是一种人人都会使用的计算机输入设备，或者说是人人都会使用的与计算机沟通的设备。不用学习，人人都会使用，是触摸屏最大的魔力，这一点无论是键盘还是鼠标，都无法与其相比。人人都会使用，也就标志着计算机应用普及时代的真正到来。这也是发展触摸屏、发展 KIOSK、发展 KIOSK 网络、努力形成中国触摸产业的原因。

➚随着多媒体信息查询设备的与日俱增，人们越来越多地谈到触摸屏，因为触摸屏不仅适用于中国多媒体信息查询的国情，而且触摸屏具有〖坚固耐用、反应速度快、节省空间、易于交流〗等许多优点。利用这种技术，用户只要用手指轻轻地碰计算机显示屏上的图符或文字就能实现对主机的操作，从而使人机交互更为直截了当，这种技术大大方便了那些不懂电脑操作的用户。➘

触摸屏在我国的应用范围非常广，主要是公共信息的查询，如电信局、税务局、银行、电力等部门的业务查询；城市街头的信息查询；还应用于领导办公、工业控制、军事指挥、电子游戏、点歌点菜、多媒体教学、房地产预售等。将来，触摸屏还要走入家庭。

【解题步骤】

1. 新建文件

第 1 步：执行“开始”→“所有程序”→“Microsoft Office”→“Microsoft Office 2010”命令，打开一个空白的 Word 文档。

第 2 步：执行“文件”→“保存”命令。打开“另存为”对话框，在“保存位置”下拉列表中选择考生文件夹所在的位置，在“文件名”文本框中输入“A2”，单击“保存”按钮即可，如图 1-129 所示。

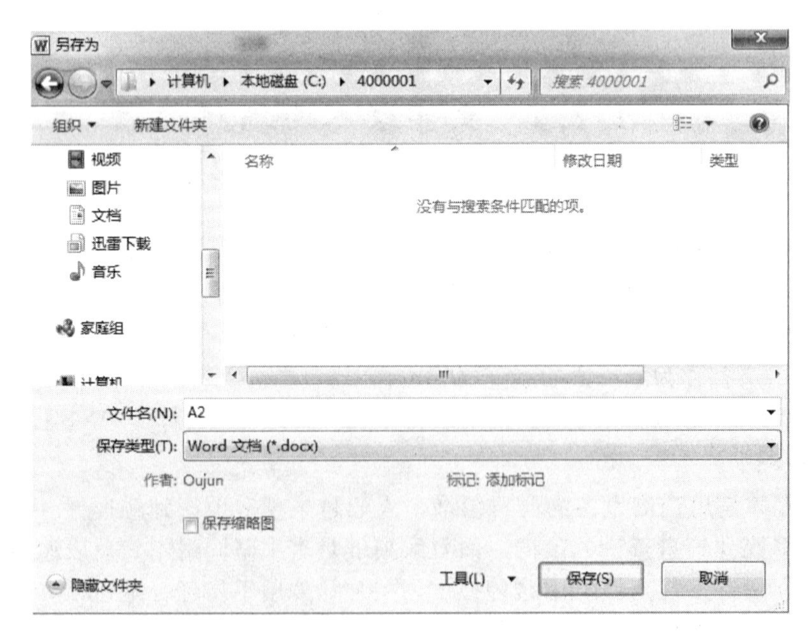

图 1-129

2. 录入文本与字符

第 3 步:选择一种常用的中文输入法,按【样文 2-16A】所示录入文字、数字、标点符号。

第 4 步:先将插入点定位在要插入符号的位置,然后在“插入”选项卡下单击“符号”下拉按钮,在弹出的下拉列表中执行“其他符号”命令,如图 1-130 所示。

图 1-130

第 5 步:打开“符号”对话框,在“符号”选项卡下的“字体”下拉列表框中选择相应的字体,在符号列表框中选择需要插入的特殊符号后,单击“插入”按钮即可,如图 1-131 所示。

3. 复制粘贴

第 6 步:执行“文件”→“打开”命令,打开“打开”对话框。在“查找范围”下拉列表中选择文件夹 C:\2010KSW\DATA2,在文件列表框中选择文件 TF2-16.docx,单击“打开”按钮即可打开该文档,如图 1-132 所示。

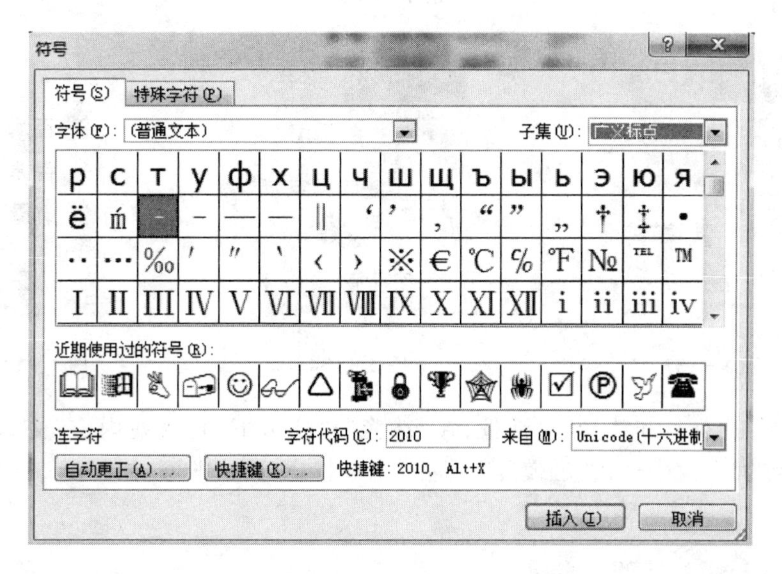

图 1-131

第 7 步:在 TF2-16.docx 文档中按 Ctrl+A 组合键,即可选中文档中的所有文字。在“开始”选项卡下“剪贴板”组中单击“复制”按钮(见图 1-133),即可将复制的内容暂时存放在剪贴板中。

第 8 步:切换至考生文档 A2.docx 中,将光标定位在录入的文档内容之后,在“开始”选项卡下“剪贴板”组中单击“粘贴”按钮(见图 1-134),即可将复制的内容粘贴至录入的文档内容之后。

4. 查找替换

第 9 步:在 A2.docx 文档中,将光标定位在文档的起始处,在“开始”选项卡下“编辑”组中单击“替换”按钮,如图 1-135 所示。

图 1 - 132

图 1 - 133　　　　图 1 - 134　　　　图 1 - 135

第 10 步：弹出“查找和替换”对话框，在“替换”选项卡下的“查找内容”文本框中输入“触屏”，在“替换为”文本框中输入“触摸屏”，单击“全部替换”按钮即可，如图 1 - 136 所示。

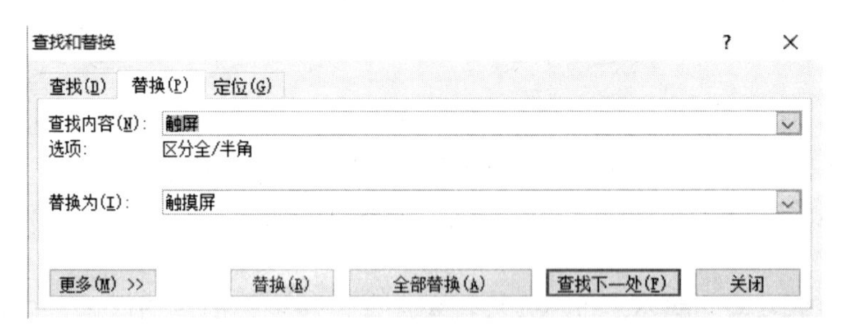

图 1 - 136

第 11 步：文档中的所有“触屏”文本均替换为“触摸屏”文本，并弹出确认对话框，单击该对话框中的“确定”按钮，如图 1 - 137 所示。最后，关闭“查找和替换”对话框即可。

第 12 步：执行“文件”→“保存”命令，保存当前文档。

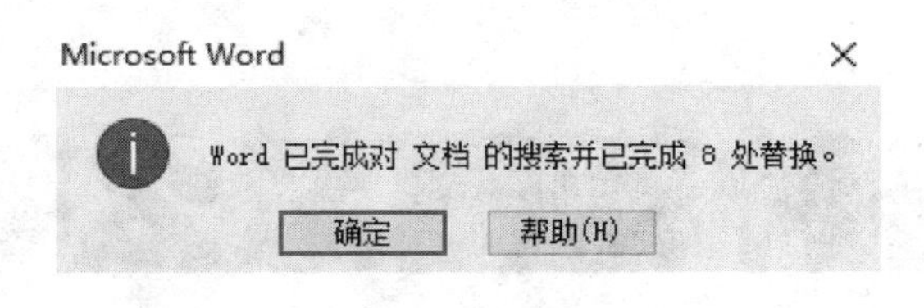

图 1 - 137

1.2.3　文档的格式设置与编排

【操作要求】

打开文档 A3.docx(C:\2010KSW\DATA1\TF3 - 8.docx),按下列要求设置、编排文档格式。

1. 设置【文本 3 - 8A】如【样文 3 - 8A】所示

(1) 字体格式

① 将文档标题行的字体设置为华文琥珀、小初,并为其添加“渐变填充—蓝色,强调文字颜色 1,轮廓—白色”的文本效果。

② 将正文第 1 段的字体设置为华文楷体、三号、加粗、标准色中的“浅蓝”色。

③ 将正文第 2～6 段的字体设置为微软雅黑、小四,并为文本“黑芝麻糊和豆浆兑着吃”“身体虚弱吃些藕粉”“杏仁霜润肺止咳”“燕麦促进肠蠕动”“玉米糊糊最易消化”的字体设置为加粗、添加粗线下画线。

④ 将文档最后一行的字体设置为黑体、小四、标准色中的“蓝色”。

(2) 段落格式

① 将文档的标题行居中对齐,最后一行文本右对齐。

② 将正文中第 1 段设置为首行缩进 2 字符,并设置行距为 1.5 倍行距。

③ 将正文第 2～6 段设置为首行缩进 2 字符,段落间距为段前 0.5 行,行间距为固定值 20 磅。

2. 设置【文本 3 - 8B】如【样文 3 - 8B】所示

(1) 拼写检查

改正【文本 3 - 8B】中拼写错误的单词。

(2) 设置项目符号或编号

按照【样文 3 - 8B】为文档段落添加项目符号。

3. 设置【文本 3 - 8C】如【样文 3 - 8C】所示

按照【样文 3 - 8C】所示,为【文本 3 - 8C】中的文本添加拼音,并设置拼音的对齐方式为“0 - 1 - 0”,偏移量为 2 磅,字体为微软雅黑。

【样文 3－8A】

各种糊糊怎么吃

目前市场上常见的糊状食品有芝麻糊、藕粉、杏仁霜、麦片、核桃粉、面茶等，这些食品食用方便、营养丰富，受到很多中老年人的喜爱。

黑芝麻糊和豆浆兑着吃：黑芝麻糊中的主要成分是黑芝麻粉和淀粉。黑芝麻粉的脂肪含量超过 60%，主要为不饱和脂肪，还富含钙、磷、铁以及维生素 E、卵磷脂、维生素 A、维生素 D 等营养物质，这些成分对中老年人有保健作用。黑芝麻糊中主要碳水化合物是淀粉和蔗糖，适合冲调，和豆浆、牛奶搭配，营养价值更高，方法是将豆浆或牛奶加热冲调黑芝麻糊，做成芝麻黑豆浆。这个组合适合大部分人作早餐，但血脂较高的老年人不宜长期食用。

身体虚弱吃些藕粉：藕粉中碳水化合物的基本成分是淀粉，还含有钙、铁等。食用后在胃肠中容易转化为葡萄糖等被人体吸收。适宜肠胃功能虚弱的产妇、儿童以及老人服用，特别适合高血压、肝病、食欲不振、缺铁性贫血、营养不良的人。为了营养更全面，可以做成蔬菜碎藕粉，即藕粉冲调好后，可依据个人口味加入焯熟切碎的小油菜、小白菜等蔬菜。

杏仁霜润肺止咳：杏仁霜含有蛋白质、脂肪、胡萝卜素以及 B 族维生素等。中医认为杏仁霜对因肺燥引起的咳嗽有很好的疗效。推荐食谱是豆渣杏仁霜，先将一点凉水倒入杏仁霜中，搅拌均匀，然后再加入磨细煮熟的豆渣用热汤冲饮。

燕麦促进肠蠕动：燕麦除了含有碳水化合物外，还富含膳食纤维，能促进肠道蠕动，帮助胆固醇排出体外。燕麦最好的吃法是将生燕麦片与大米一起煮成燕麦粥，很适合糖尿病患者和其他需要控制热量摄入的人吃。超市里单独小包装的“营养麦片”多是由小麦、玉米面等粮食加工而成，植脂末、糖分等添加剂很多，脂肪含量和热量都很高，不适合老年人食用。

玉米糊糊最易消化：玉米糊就是更稠一些的玉米粥。玉米中的纤维素含量很高，是大米的 10 倍，大量纤维素能刺激胃肠蠕动，加速粪便排泄，并把有害物质带出体外，对防治便秘、肠炎、直肠癌具有重要意义。而做成糊状，各种营养素更易被人体吸收，正餐、加餐都可以吃。

——摘自《大众科技报》

【样文 3-8B】

- There are moments in life when you miss someone so much that you just want to pick them from your dreams and hug them for real!
- Dream what you want to dream; go where you want to go; be what you want to be, because you have only one life and one chance to do all the things you wants to do.
- May you have enough happiness to make you sweet, enough trials to make you strong, enough sorrow to keep you human, enough hope to make you happy?

【样文 3-8C】

gù rén xī cí huáng hè lóu　yān huā sān yuè xià yáng zhōu
故人西辞黄鹤楼，烟花三月下扬州。

gū fān yuǎn yǐng bì kōng jìn　wéi jiàn cháng jiāng tiān jì liú
孤帆远影碧空尽，惟见长 江天际流。

【解题步骤】

执行“文件”→“打开”命令，在“查找范围”文本框中找到指定路径(C:\2010KSW\DATA1\TF3-8.docx)，选择 A3.docx 文件，单击“打开”按钮。

1. 设置【文本 3-8A】如【样文 3-8A】所示

(1) 设置字体格式

第 1 步：选中文章的标题行“各种糊糊怎么吃”，在“开始”选项卡下“字体”组中的“字体”下拉列表中选择“华文琥珀”，在“字号”下拉列表中选择“小初”，单击“文本效果”下拉按钮，在弹出的库中选择“渐变填充-蓝色，强调文字颜色 1，轮廓-白色”的文本效果，如图 1-138 所示。

第 2 步：选中正文第一段，在“开始”选项卡下“字体”组中的“字体”下拉列表中选择“华文楷体”，在“字号”下拉列表中选择“三号”，单击“加粗”按钮，在“字体颜色”下拉列表中选择标准色中的“浅蓝”色，如图 1-139 所示。

第 3 步：选中正文第 2～6 段，在“开始”选项卡下“字体”组中的“字体”下拉列表中选择“微软雅黑”，在“字号”下拉列表中选择“小四”。按 Ctrl 键的同时选中文本“黑芝麻糊和豆浆兑着吃”“身体虚弱吃些藕粉”“杏仁霜润肺止咳”“燕麦促进肠蠕动”“玉米糊糊最易消化”，在“开始”选项卡下“字体”组中，单击加粗按钮，然后单击下画线下拉按钮，在打开的线型列表中选择“粗线”。

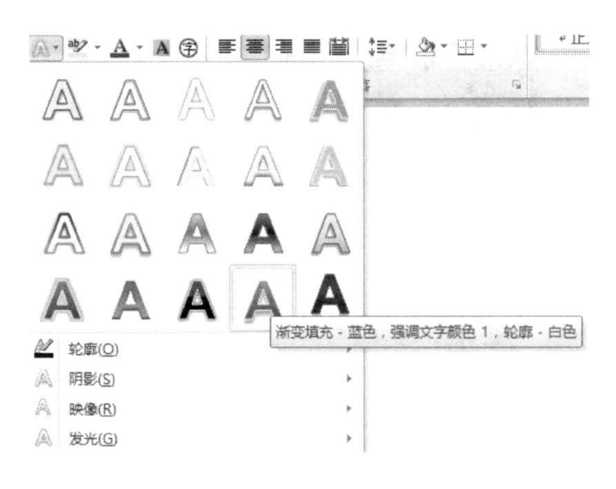

图 1 - 138

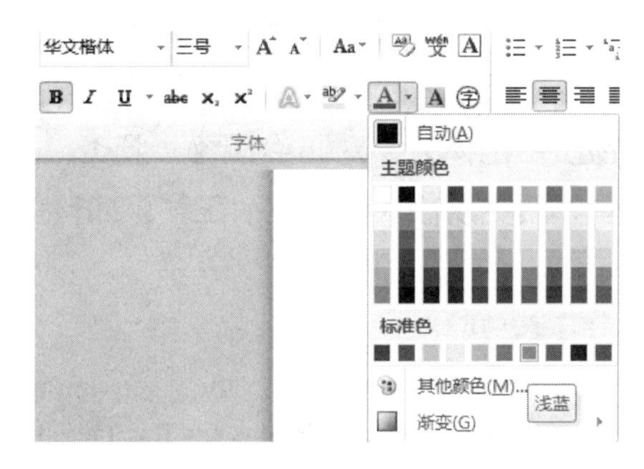

图 1 - 139

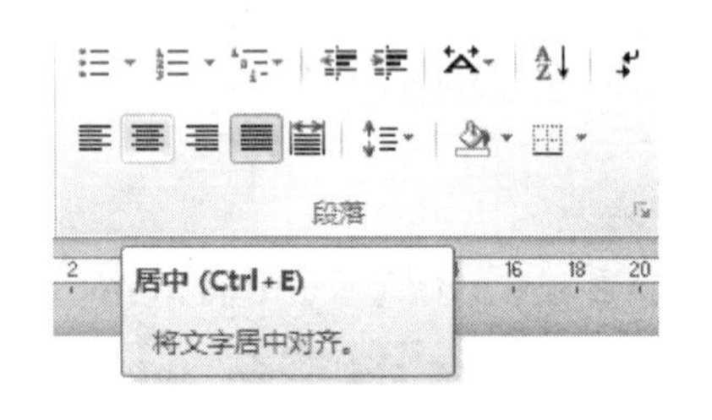

图 1 - 140

第 4 步：选中文章最后一行，在“开始”选项卡下“字体”组中的“字体”下拉列表中选择“黑体”，在“字号”下拉列表中选择“小四”，在“字体颜色”下拉列表中选择标准色中的“蓝”色。

（2）设置段落格式

第 5 步：选中文档标题行，在“开始”选项卡下“段落”组中单击“居中”按钮，如图 1 - 140 所示。

第 6 步：选中正文第一段，单击“开始”选项卡下“段落”组右下角的“对话框启动器”按钮，弹出“段落”对话框。在“缩进和间距”选项卡下的“特殊格式”下拉列表中选择“首行缩进”选项，在“磅值”文本框中选择或输入“2 字符”，在“行距”下拉列表中选择“1.5 倍行距”，单击“确定”按钮，如图 1 - 141 所示。

第 7 步：选中正文第 2～6 段，单击“开始”选项卡“段落”组右下角的“对话框启动器”按钮，弹出“段落”对话框。在“缩进和间距”选项卡下的“特殊格式”下拉列表中选择“首行缩进”选项，在“磅值”文本框中选择或输入“2 字符”，在“间距”区域的“段前”文本框中选择或输入“0.5 行”，在“行距”下拉列表中选择“固定值”，在“设置值”文本框中选择或输入“20 磅”，单击“确定”按钮，如图 1 - 142 所示。

2. 设置【文本 3 - 8B】如【样文 3 - 8B】所示

（1）拼写检查

第 8 步：将光标定位在【文本 3 - 8B】的起始处，在“审阅”选项卡下“校对”组中单击“拼写和语法”按钮（见图 1 - 143），弹出“拼写和语法”对话框。

第 9 步：在“拼写和语法”对话框的“不在词典中”文本框中，红色的单词为错误的单词，在“建议”文本框中选择正确的单词，单击“更改”按钮，如图 1 - 144 所示。系统会自动在文档中查找下一个拼写错误的单词，并以红色显示在“不在词典中”文本框中，在“建议”文本框中选择正确的单词，直至文本中所有错误的单词更改完毕，最后单击“关闭”按钮。

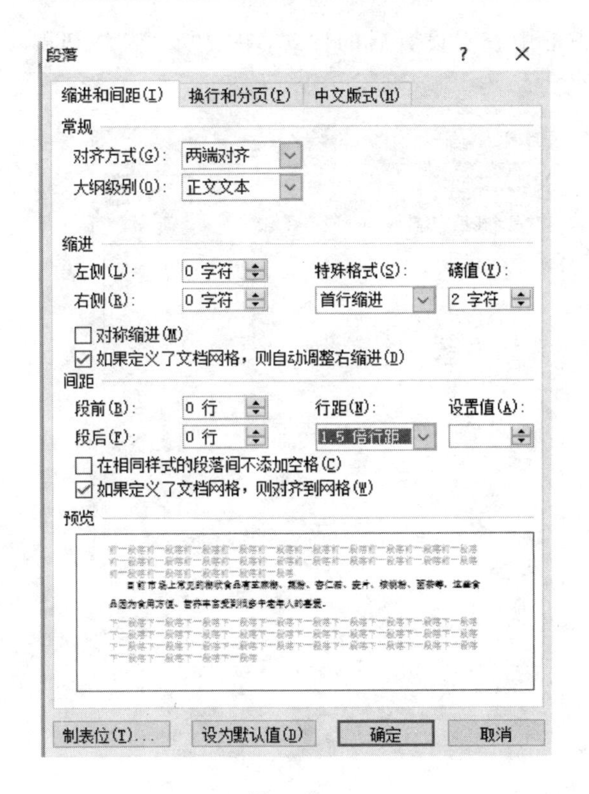

图 1－141

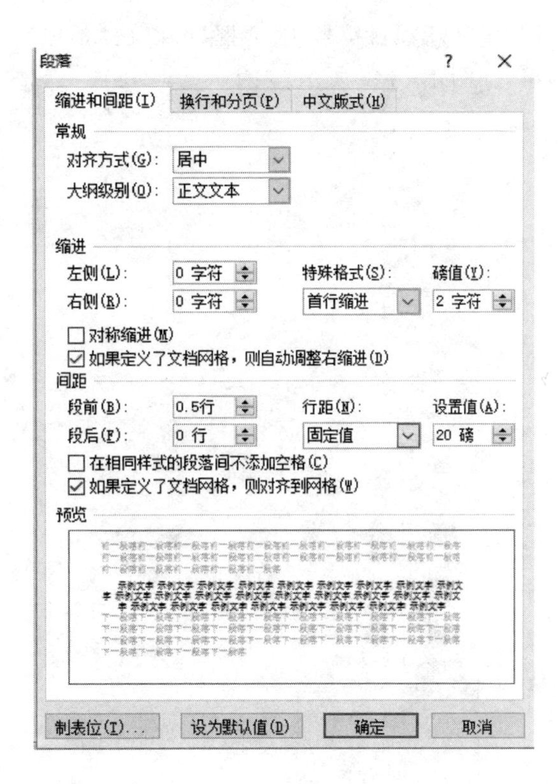

图 1－142

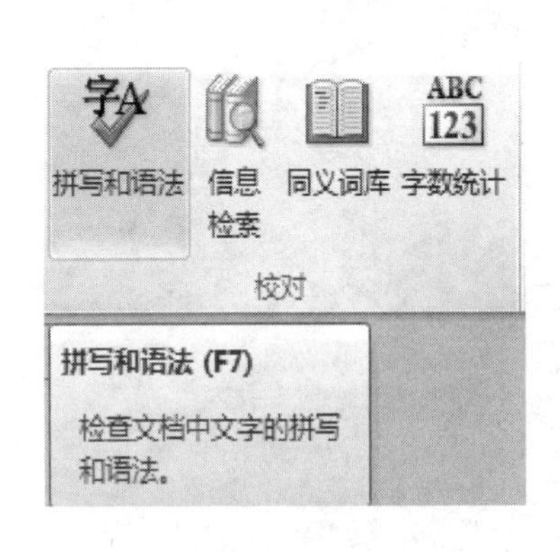

图 1－143

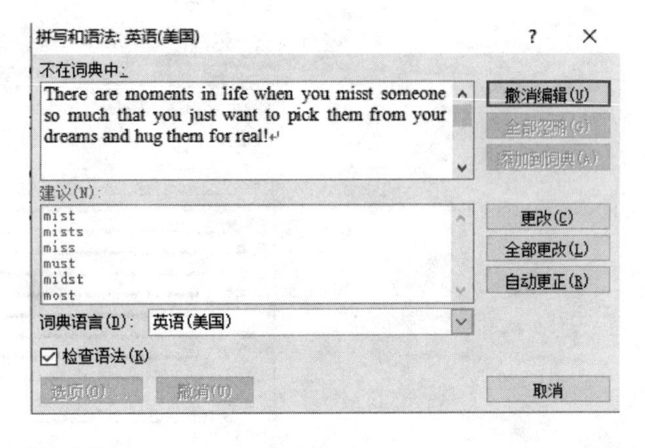

图 1－144

(2) 设置项目符号或编号

第 10 步:选中【文本 3－8B】下的所有英文文本,在“开始”选项卡下“段落”组中单击“项目符号”下拉按钮,在打开的下拉列表中执行“定义新项目符号”命令,打开“定义新项目符号”对话框,如图 1－145 所示。

第 11 步:在“定义新项目符号”对话框中单击“图片”按钮,打开“图片项目符号”对话框,从中选择【样文 3－8B】所示的符号样式作为项目符号,单击“确定”按钮,如图 1－146 所示。返回"定义新项目符号"对话框,可以从"预览"列表框中查看设置后的样式,单击"确定"按钮即可,如图 1-147 所示。

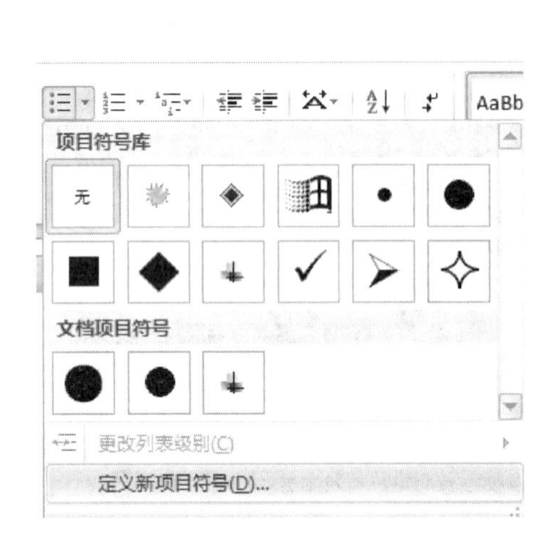

图 1-145

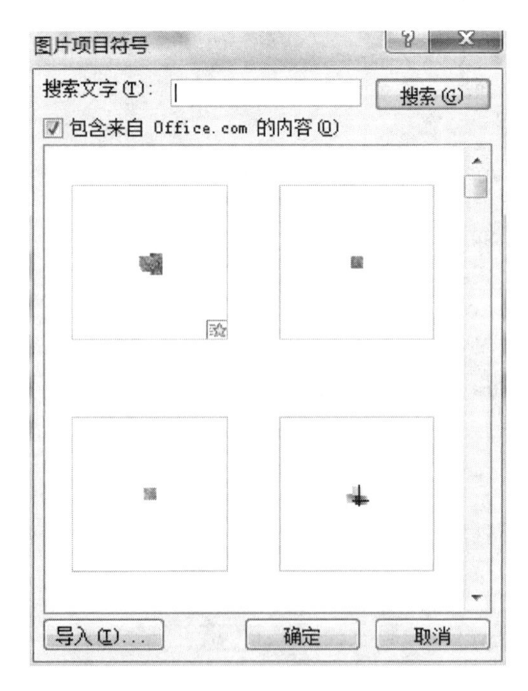

图 1-146

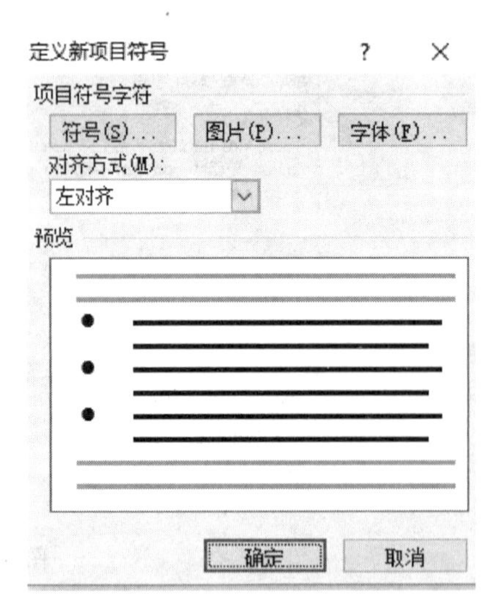

图 1-147

3. 设置【文本 3-8C】如【样文 3-8C】所示

第 12 步:选中【文本 3-8C】下面的所有诗句内容,在"开始"选项卡下"字体"组中单击"拼音指南"按钮,如图 1-148 所示。

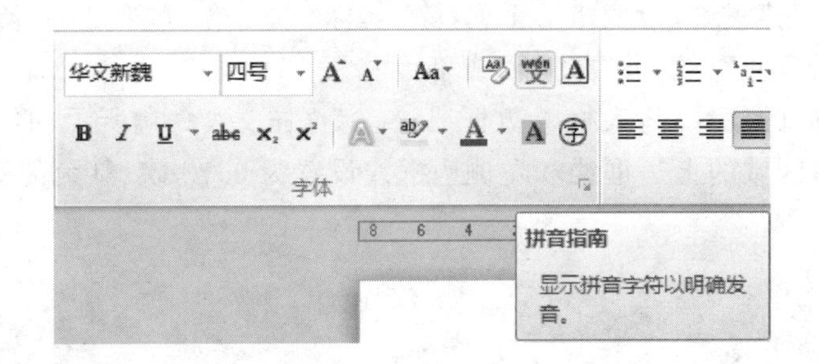

图 1 - 148

第 13 步:在打开的“拼音指南”对话框中,在“对齐方式”下拉列表中选择“0 - 1 - 0”选项,在“偏移量”文本框中选择输入“2”磅,在“字体”下拉列表中选择“微软雅黑”,单击“确定”按钮,即可完成对文本添加拼音,如图 1 - 149 所示。

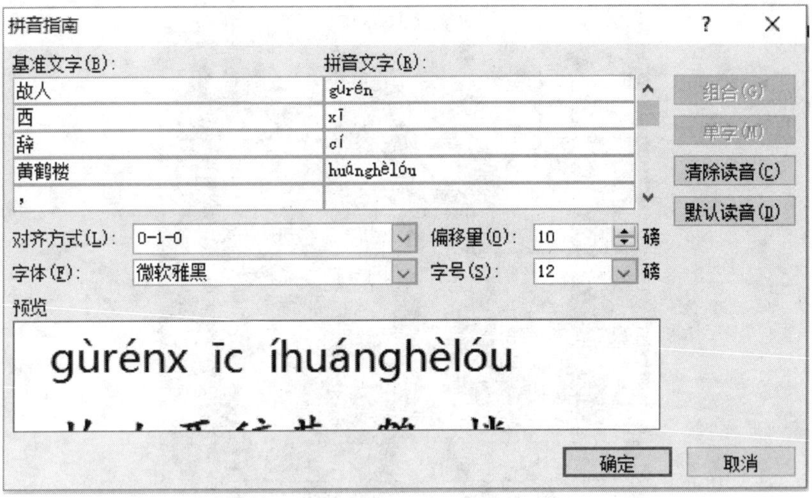

图 1 - 149

第 14 步:执行“文件”→“保存”命令。

1.2.4　文档表格的创建与设置

打开文档 A4. docx(C:\2010KSW\DATA1\TF4 - 7. docx),按下列要求创建、设置表格如【样文 4 - 7】所示。

① 创建表格并自动套用格式:在文档的开头创建一个 5 行 6 列的表格,并为新创建的表格自动套用“彩色网格-强调文字颜色 5”的表格样式。

② 表格的基本操作:将表格中“类别”单元格与其右侧的单元格合并为一个单元格,删除“KGX”行下面的空行;将表格中“页数”一列与“单价”一列的位置互换;将表格第一行的行高设置为 1 厘米,其他各行的行高设置为 0.7 厘米,第二列的列宽设置为 3 厘米。

③ 表格的格式设置:将整个表格中的文字对齐方式设置为“水平居中”;为表格的第 1 行

填充标准色中的"橙色"底纹，为表格第 1 列(除"名称"单元格)和第 2 列(除"类别"单元格)填充标准色中的"浅绿"色底纹，将数值区域单元格的字体设置为 Arial，并为其填充淡紫色(RGB:178,161,199)的底纹；将表格外边框线设置为【样文 4－7】所示的线型，颜色为标准色中的"蓝色"，将数值区域的上边框线和左侧边框线设置为 0.75 磅、红色的双实线。

【样文 4－7】

某出版社上半年出版图书情况

名称	类别	单价	页数	册数
HLBT	儿童读物	1000	56	10.5
RL	时尚杂志	12000	68	12.7
KGX	历史文化	2500	123	11.2
TSSC	历史文化	3400	215	20.5
XBZG	儿童读物	5000	53	7.5
GSH	时尚杂志	8500	75	6.5
JHY	风景名胜	13000	143	15.6
SRF	天文地理	5400	452	21.8
DUJ	儿童读物	6200	68	13.6
LIM	天文地理	7500	324	18.5
YLB	风景名胜	4500	256	14.7
ZG	历史文化	3800	405	19.7

【解题步骤】

执行"文件"→"打开"命令，在"查找范围"文本框中找到指定路径，选择 A4.docx 文件，单击"打开"按钮。

1. 创建表格并自动套用格式

第 1 步：将光标定位在的文档开头处，在"插入"选项卡下"表格"组中单击"表格"按钮，在打开的下拉列表中执行"插入表格"命令，如图 1－150 所示。

第 2 步：弹出"插入表格"对话框，在"列数"文本框中输入"6"，在"行数"文本框中输入"5"，单击"确定"按钮，如图 1－151 所示。

第 3 步：选中整个表格，打开"表格工具"的"设计"选项卡，在"表格样式"组中单击"表格样式"右侧的"其他"按钮，在打开的列表框中"内置"区域选择"彩色网格-强调文字颜色 5"的表格样式，如图 1－152 所示。

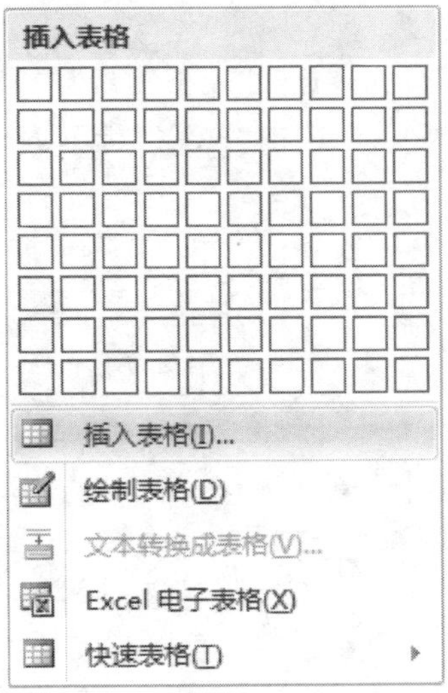

插入表格

插入表格(I)...
绘制表格(D)
文本转换成表格(V)...
Excel 电子表格(X)
快速表格(T)

图 1－150

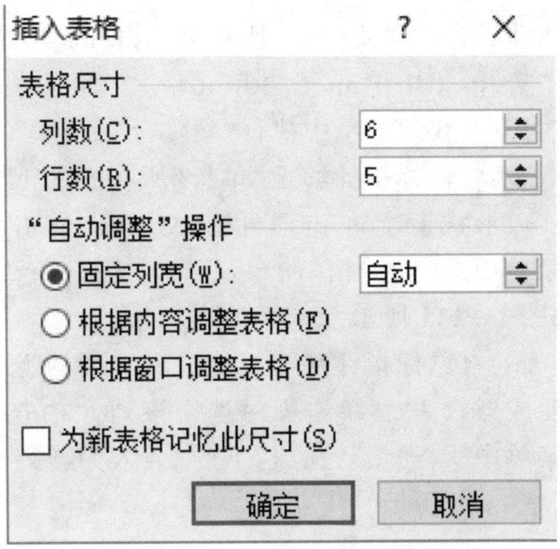

插入表格 ? ×
表格尺寸
列数(C): 6
行数(R): 5
“自动调整”操作
◉ 固定列宽(W): 自动
○ 根据内容调整表格(F)
○ 根据窗口调整表格(D)
☐ 为新表格记忆此尺寸(S)
确定　取消

图 1－151

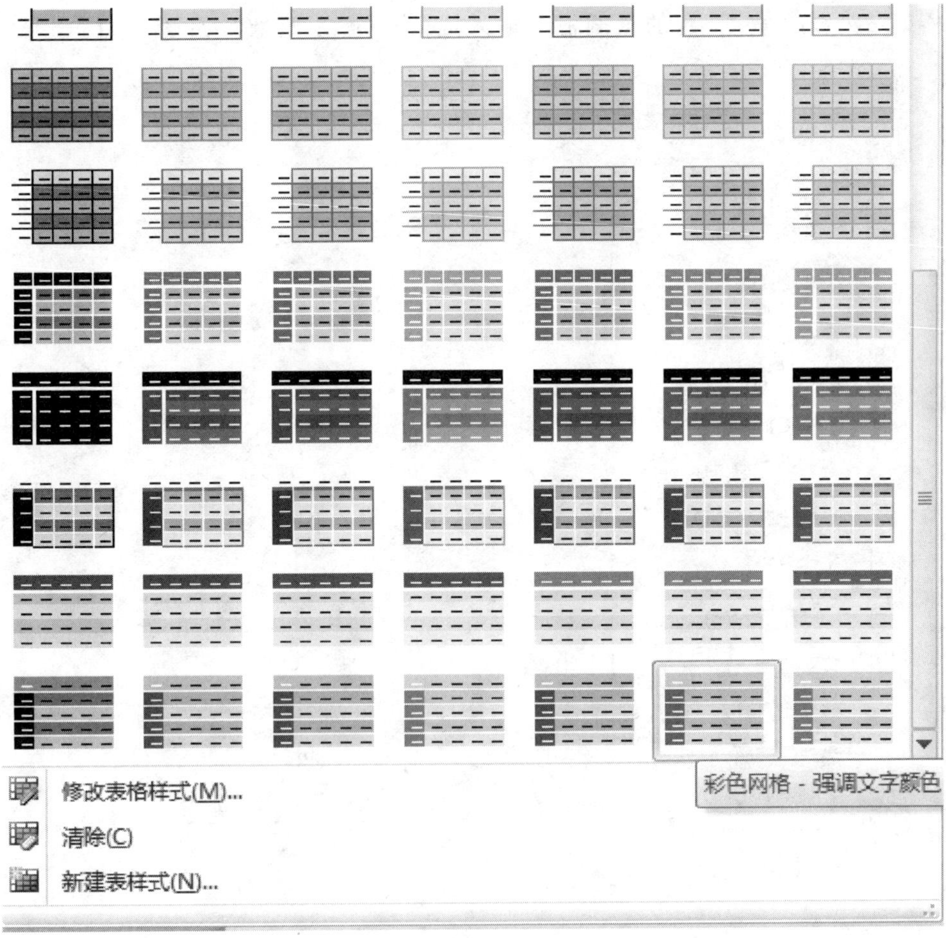

彩色网格 - 强调文字颜色
修改表格样式(M)...
清除(C)
新建表样式(N)...

图 1－152

2. 表格的基本操作

第 4 步:选中“类别”文本所在单元格和其右边的空白单元格,打开“表格工具”的“布局”选项卡,在“合并”组中单击“合并单元格”按钮,如图 1-153 所示。选中“KGX”行下面的空行,右击,在打开的快捷菜单中执行“删除行”命令即可。

第 5 步:将鼠标指针移至“单价”所在列的上方,当鼠标指针变成形状⬇时,单击即可选中该列。右击,在打开的快捷菜单中执行“剪切”命令,将内容暂时存放在剪贴板上,如图 1-154 所示。

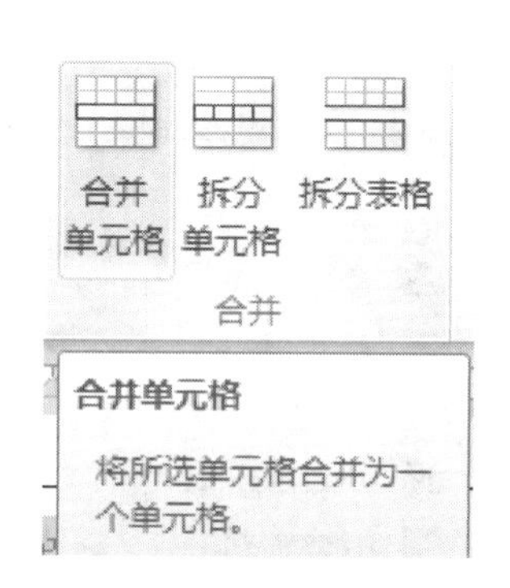

图 1-153

第 6 步:将鼠标指针移至“页数”所在列的上方,当鼠标指针变成形状⬇时,单击即可选中该列。右击,在打开的快捷菜单中执行“粘贴选项”下的“插入为新列”命令即可,如图 1-155 所示。

第 7 步:选中表格第 1 行,打开“表格工具”的“布局”选项卡,在“单元格大小”组中“高度”后的微调框中输入或微调至“1 厘米”。选中表格第 2～13 行,在“高度”后的微调框中输入或微调至“0.7 厘米”;选中表格第 2 列,在“宽度”后的微调框中输入或微调至“3 厘米”,如图 1-156～图 1-158 所示。

图 1-154

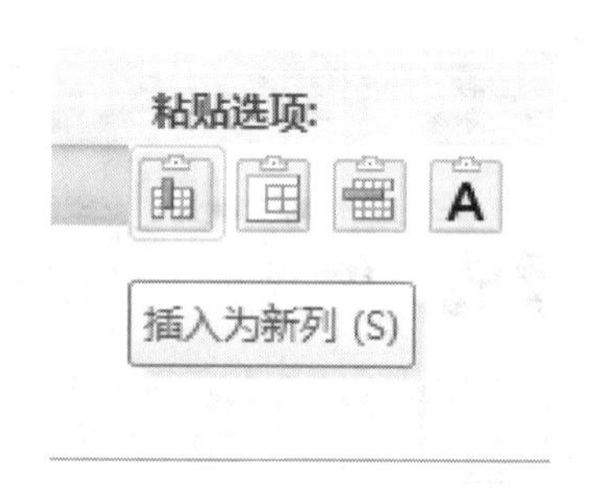

图 1-155

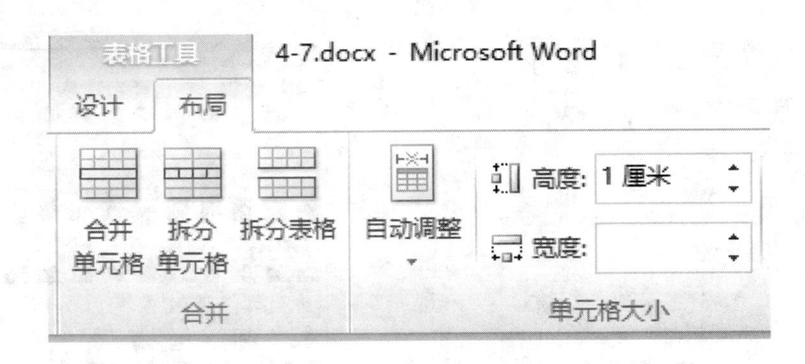

图 1－156

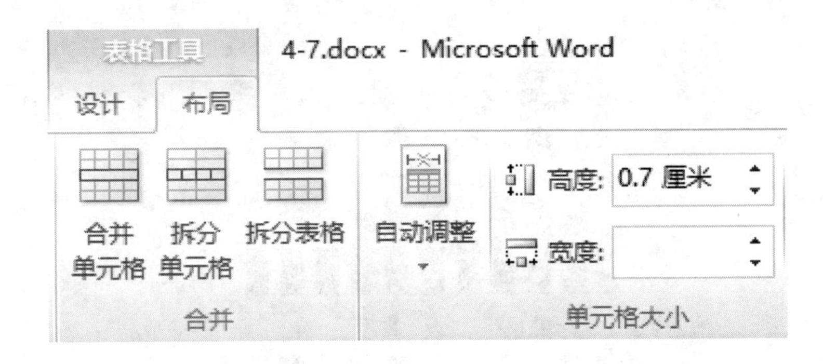

图 1－157

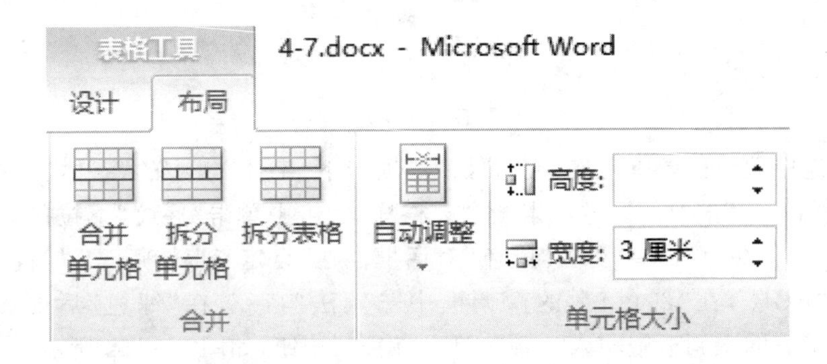

图 1－158

3. 表格的格式设置

第 8 步:选中整个表格,打开“表格工具”的“布局”选项卡,在“对齐方式”组中单击“水平居中”按钮,如图 1－159 所示。

第 9 步:选中表格第 1 行,打开“表格工具”的“设计”选项卡,在“表格样式”组中单击“底纹”下拉按钮,在打开的下拉列表中选择标准色中的“橙色”,如图 1－160 所示。

第 10 步:选中表格第 1 列(除“名称”单元格)和第 2 列(除“类别”单元格)单击“底纹”下拉按钮,在打开的下拉列表中选择标准色中的“浅绿”色,如图 1－161 所示。

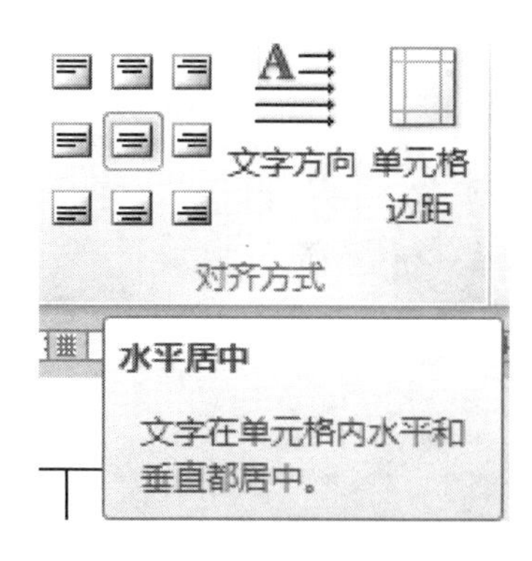

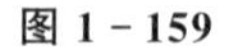

图 1-159

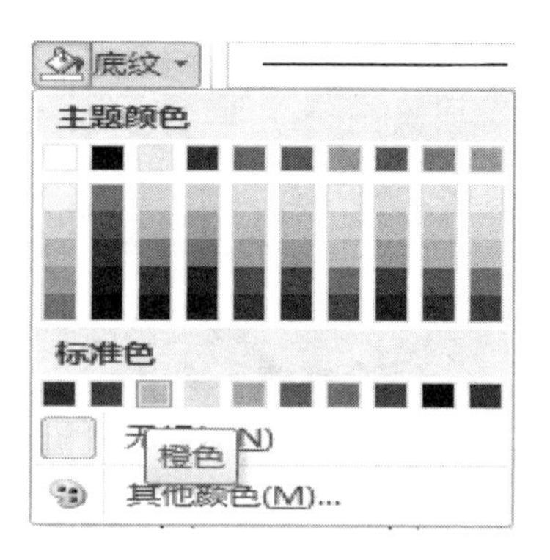

图 1-160

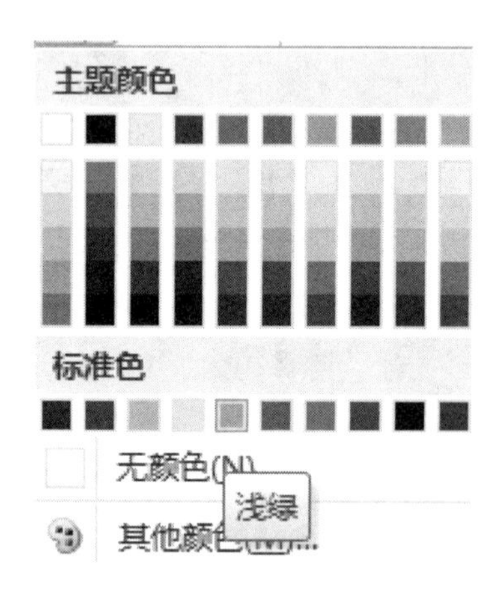

图 1-161

第 11 步:选中数值区域单元格,在“开始”选项卡下“字体”组中的“字体”下拉列表中选择 Arial,打开“表格工具”的“设计”选项卡,在“表格样式”组中单击“底纹”下拉按钮,在打开的下拉列表中执行“其他颜色”命令,弹出“颜色”对话框。在“自定义”选项卡下“颜色模式”后的下拉列表中选择“RGB”,在“红色”后的微调框中输入法“178”,在“绿色”后的微调框中输入“161”,在“蓝色”后的微调框中输入“199”,单击“确定”按钮,如图 1-162 所示。

第 12 步:选中整个表格,打开“表格工具”的“设计”选项卡,单击“绘图边框”组右下角的“对话框启动器”按钮,在弹出的“边框和底纹”对话框的“边框”选项卡中,单击“设置”区域的“方框”按钮,在“样式”下拉列表中选择【样文 4-7】中的线型,在“颜色”下拉列表中选择标准色中的“蓝”色,最后单击“确定”按钮,如图 1-163 所示。

第 13 步:选中数值区域单元格,打开“表格工具”的“设计”选项卡,单击“绘图边框”组右下角的“对话框启动器”按钮,在弹出的“边框和底纹”对话框的“边框”选项卡中,单击“设置”区域的“自定义”按钮,在“样式”下拉列表中选择“双实线”,在“颜色”下拉列表中选择标准色中的“红”色,在“宽度”下拉列表中选择“0.75 磅”,在“预览”区域中单击上框线按钮与左框线按钮,最后单击“确定”按钮,如图 1-164 所示。

第 14 步:执行“文件”→“保存”命令。

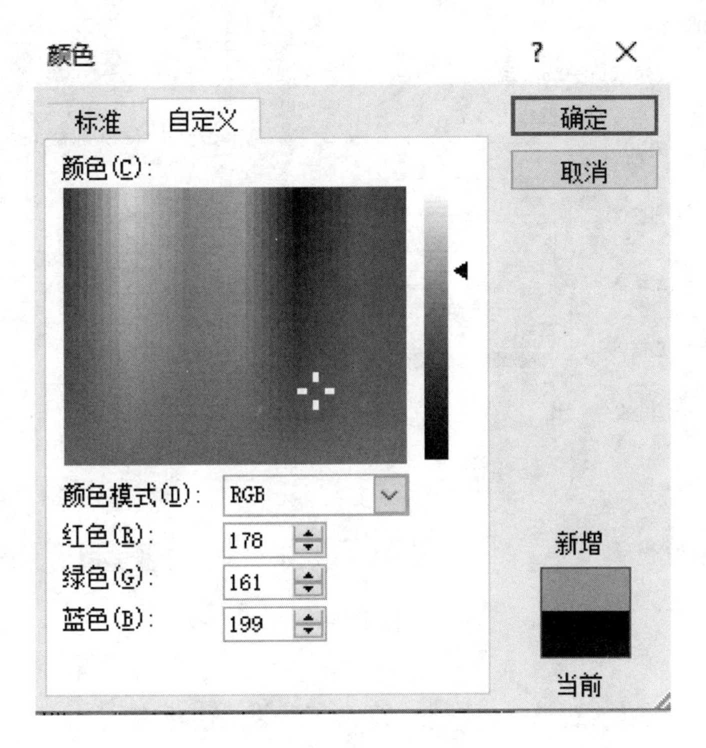
颜色
?
标准
自定义
确定
取消
颜色(C):
颜色模式(D):
RGB
红色(R):
178
绿色(G):
161
蓝色(B):
199
新增
当前

图 1 - 162

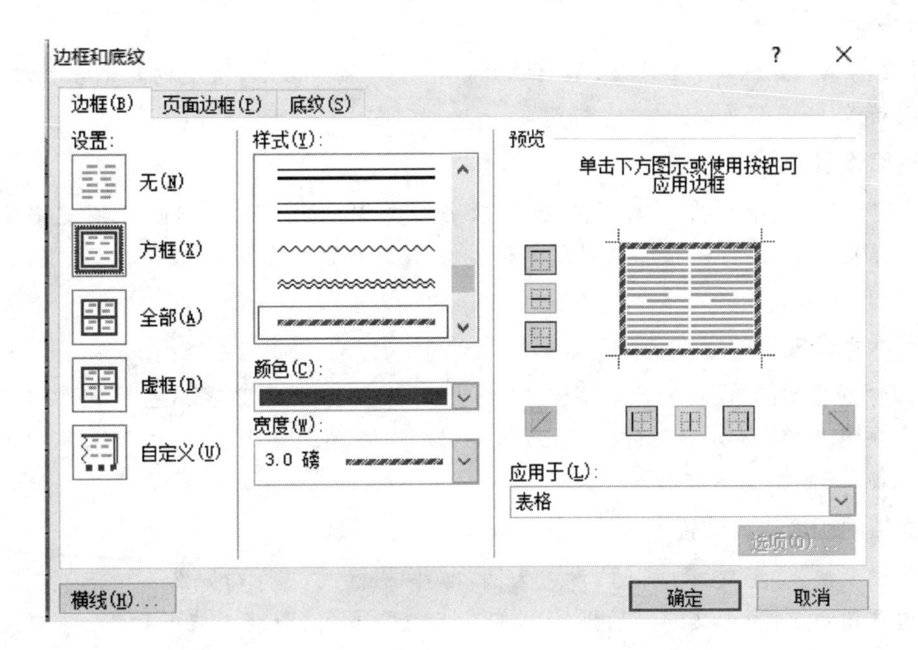
边框和底纹
?
边框(B)
页面边框(P)
底纹(S)
设置:
无(N)
方框(X)
全部(A)
虚框(D)
自定义(U)
样式(Y):
颜色(C):
宽度(W):
3.0 磅
预览
单击下方图示或使用按钮可
应用边框
应用于(L):
表格
选项(O)...
横线(H)...
确定
取消

图 1 - 163

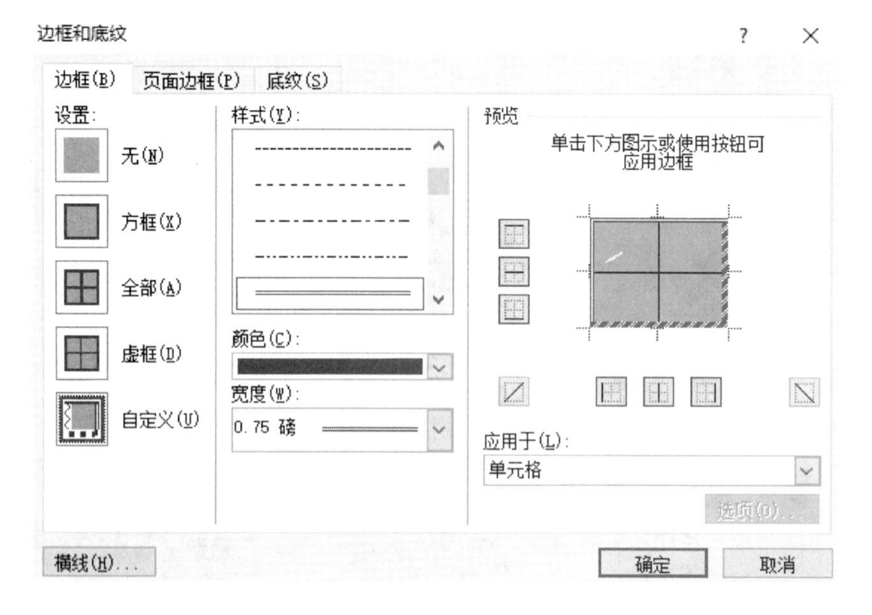

图 1 - 164

1.2.5 文档的版面设置与编排

【操作要求】

打开文档 A5.docx(C:\2010KSW\DATA1\TF5 - 18.docx),按下列要求设置,编排文档的版面如【样文 5 - 18】所示。

1. 页面设置

① 自定义纸张大小为:宽 20 厘米、高 28 厘米,设置页边距为上、下各 1.8 厘米,左、右各 3 厘米。

② 按样文所示,为文档添加页眉文字和页码,并设置字体为华文琥珀、小四、浅蓝色,边框线为 1.5 磅的虚线。

2. 艺术字设置

将标题"赛里木湖"设置为艺术字样式"渐变填充-蓝色,强调文字颜色 1,轮廓-白光,发光-强调文字颜色 2";字体为华文行楷,字号为 80 磅;文字环绕方式为"嵌入型",并为艺术字添加"内部左侧"的阴影文本效果。

3. 文档的版面格式设置

① 分栏设置:将正文第 1～4 段设置为偏右的两栏格式,显示分隔线。

② 边框和底纹:为正文的最后两段添加 0.75 磅、橙色、双波浪线的边框,并填充水绿色(RGB:182,221,232)的底纹。

4. 文档的插入设置

① 插入图片:在样文中所示位置插入图片(C:\2010KSW\DATA 2\pic5 - 18.jpg),设置图片的缩放比例为 40%,环绕方式为"四周型环绕",并为图片添加"柔化边缘矩形"的外观样式。

② 插入尾注:为正文最后一段的"蒙古族"三个字插入尾注"蒙古族:是中国北方主要民族

之一,也是蒙古国的主体民族。”

【样文 5-18】

中国湖泊

赛里木湖

赛里木湖，古称“净海”，位于中国新疆博尔塔拉州博乐市境内的北天山山脉中，紧邻伊犁州霍城县，是一个风光秀美的高山湖泊。湖面海拔2071.9 米，东西长 30 千米，南北宽 25 千米，面积 453 平方千米，平均水深 46.4 米，最深处达 106 米，蓄水量 210 亿立方米。

赛里木湖是中国新疆维吾尔自治区西部湖泊，是天山博乐霍洛山脉的断隔湖。海拔 2073 米，面积 454 平方千米，最深处可达 92 米。湖四周是倾斜低岸，水草丰美，为优良牧场。无大河注入湖内，流域内也少冰川和永久积雪，湖水主要来源为雨水补给和地下水。20 世纪 50 年代曾测得赛里木湖东侧水位明显上涨，原因可能为湖盆的抬升运动。湖水于 12 月下旬封冻，冰厚 1～2 米，次年 5 月份解冻。

赛里木湖湖滨水草丰富，为优良牧场。每年入冬，这里雪涌水凝，略呈椭圆形的湖面镶在冰山雪原之中，宛若洁白松软的丝绵上搁置着一块碧绿的翡翠。到了夏季，湖畔林茂涧清，草茂花繁，辽阔的草原上，幕帐点点，炊烟袅袅，牛羊成群，牧马奔驰，构成了一幅动人的牧场风景画。

环湖气候湿润，年均降水量近 400 毫米，年均气温 1.1 摄氏度，冬季较长，夏季凉爽，春秋相连。湖周植被以草原和森林广布为特征。云杉林是湖周主要森林，树干笔直、苍劲挺拔，层层叠叠，织成塔林。林荫之内，伴有桦林、花楸、山楂等树种；林下浅草平铺，野菇丛生；林中还栖息马鹿、雪鸡、金雕、啄木鸟等异兽珍禽，湖中天鹅、斑头雁、白眉鸭等水禽畅游嬉戏。

凄美传说

赛里木湖传说是由一对为爱殉情的年轻的蒙古族[i]恋人的泪水汇集而成的。在很久很久以前，在还没有赛里木湖的时候，这里是一个盛开鲜花的美丽草原。草原上，有一位叫切丹的姑娘与叫做雪得克的蒙古族青年男子彼此深深相爱，可是凶恶的魔鬼贪婪切丹姑娘的美色，将切丹抓入魔宫，切丹誓死不从，伺机逃出魔宫，在魔鬼的追赶下，切丹被迫跳进一个深潭。当雪得克勇拼后赶来相救时发现切丹已经死去，万分悲痛中也跳入潭中殉情而死，刹时，潭里涌出滚滚涛水，于是，这对恋人的真诚至爱和悲痛泪水，化成了赛里木湖。

[i]蒙古族：是中国北方主要民族之一，也是蒙古国的主体民族。

【解题步骤】

执行“文件”→“打开”命令，在“查找范围”文本框中找到指定路径，选择 A5. docx 文件，单击“打开”按钮。

1. 页面设置

第 1 步：将光标定位在文档中的任意位置，单击“页面布局”选项卡中“页面设置”组右下角的“对话框启动器”按钮，弹出“页面设置”对话框。在“纸张”选项卡中“纸张大小”区域的“宽度”文本框中选择或输入“20 厘米”，在“高度”文本框中选择或输入“28 厘米”，如图 1－165 所示。

第 2 步：单击“页边距”选项卡，在“上”“下”文本框中选择或输入“1.8 厘米”。在“左”“右”文本框中选择或输入“3 厘米”，单击“确定”按钮，如图 1－166 所示。

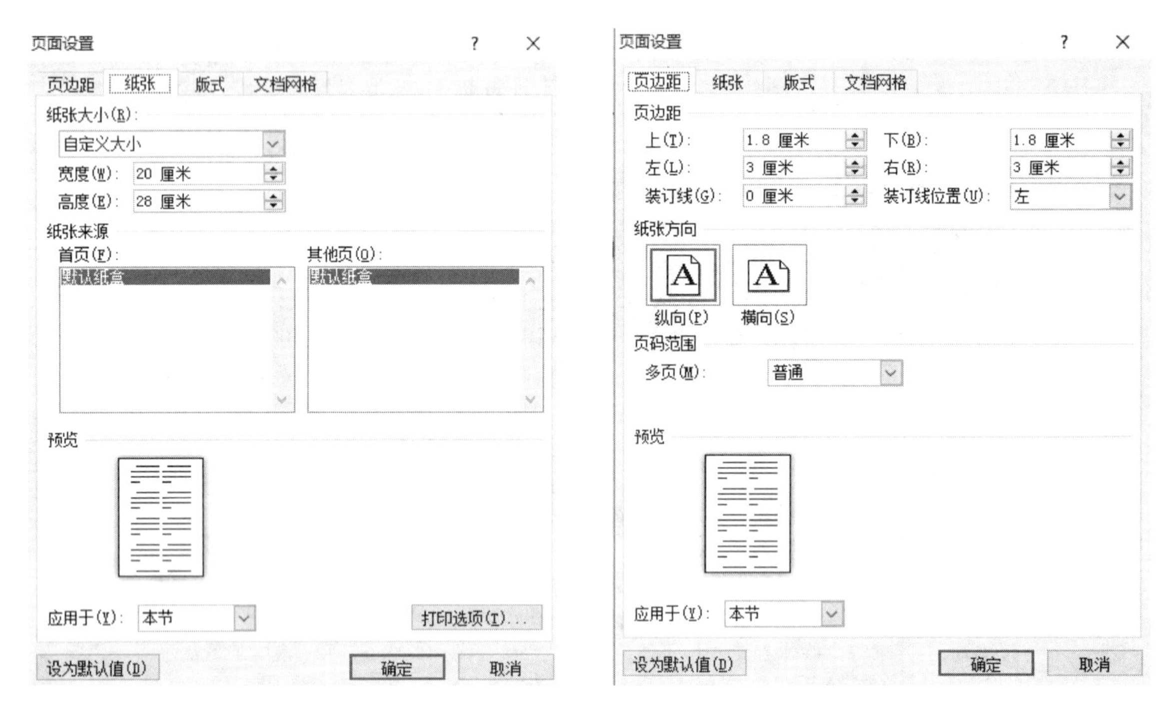

图 1－165　　　　**图 1－166**

第 3 步：将光标定位在文档中的任意位置，单击“插入”选项卡下的“页眉和页脚”组中的“页眉”按钮，如图 1－167 所示。

第 4 步：在打开的下拉列表中执行“空白”命令，进入页眉，如图 1－168 所示。在“页眉”处的左端输入文本“中国湖泊”。在“页眉”处的右端双击，使光标定位于右端，在“页眉和页脚工具”的“设计”选项卡中，单击“页眉和页脚”组中“页码”按钮，在弹出的下拉列表中选择“当前位置”选项卡下的“普通数字”，系统自动插入相应页码，如图 1－169 所示。

第 5 步：选中页眉文本，在“开始”选项卡下“字体”组中的“字体”下拉列表中选择“华文琥珀”，在“字号”下拉列表中选择“小四”，在“字体颜色”下拉列表中选择“标准色”中的“浅蓝”色，如图 1－170 所示。

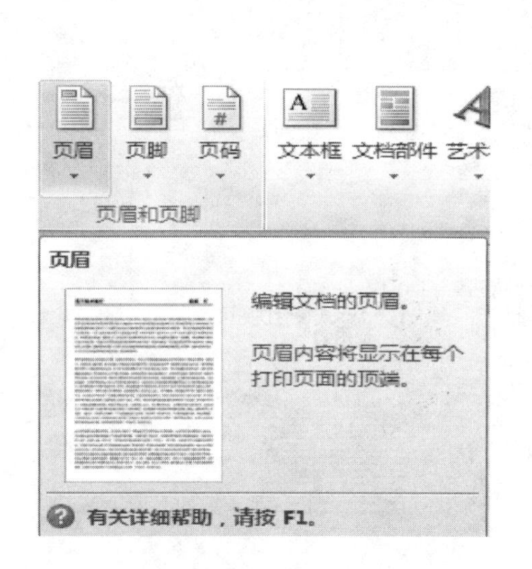

图 1 - 167

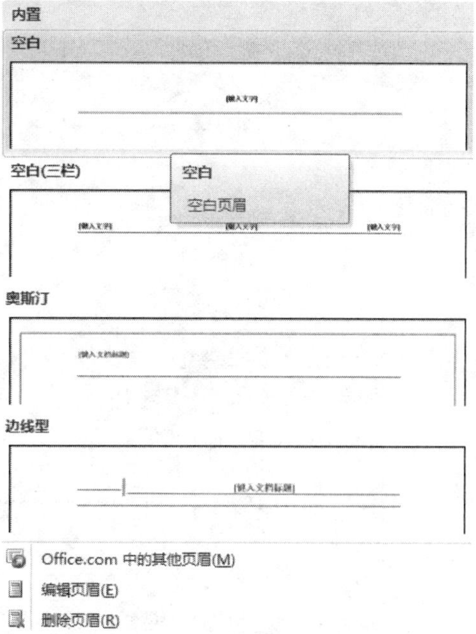

图 1 - 168

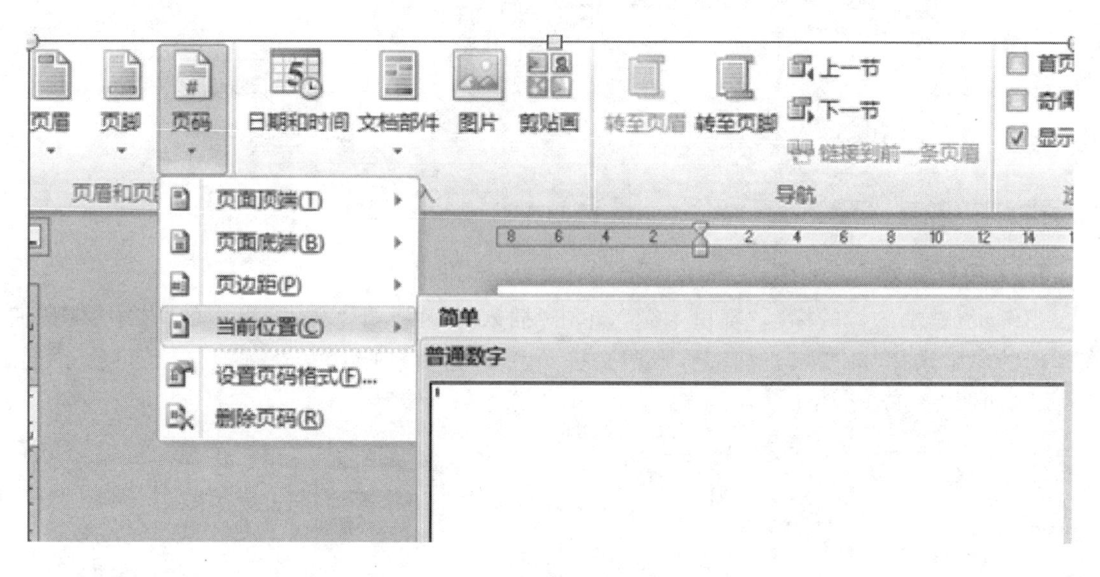

图 1 - 169

第 6 步:在“开始”选项卡“段落”组中单击“边框线”下拉按钮,在弹出的下拉列表中执行“边框和底纹”命令。打开“边框和底纹”对话框的“边框”选项卡,单击“设置”区域的“自定义”按钮,在“样式”下拉列表中选择“虚线”,在“宽度”下拉列表中选择“1.5 磅”,在“预览”区域中单击“下框线”按钮,在“应用于”下拉列表中选择“段落”选项,单击“确定”按钮,最后单击“关闭页眉和页脚”按钮,如图 1 - 171 所示。

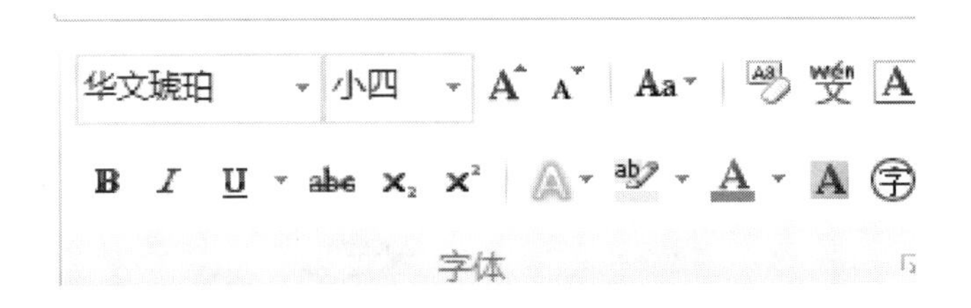

图 1－170

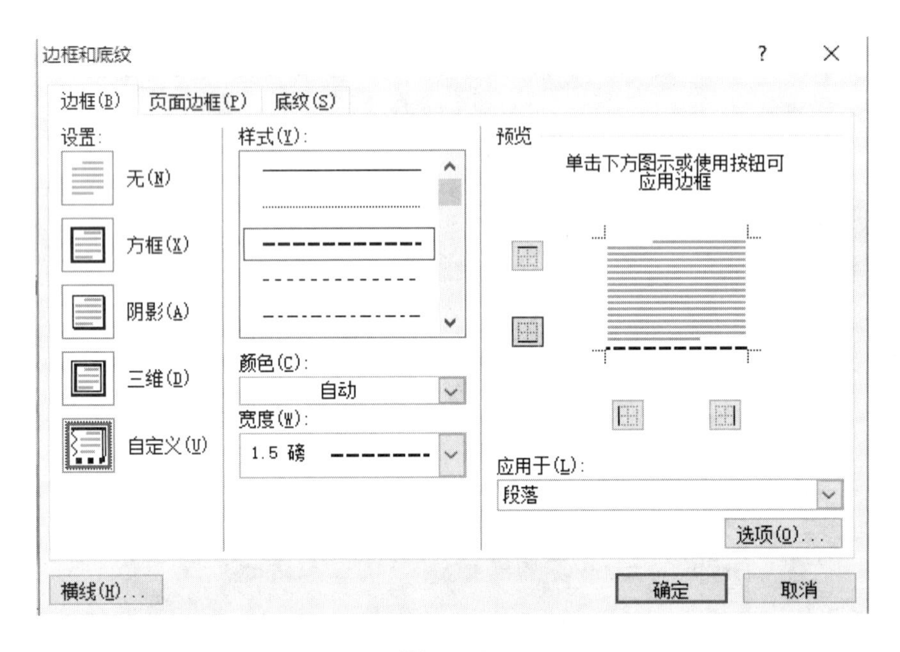

图 1－171

2. 艺术字设置

第 7 步:选中文档的标题“赛里木湖”,单击“插入”选项卡下“文本”组中的“艺术字”按钮。在弹出的库中选择“渐变填充-蓝色,强调文字颜色 1,轮廓-白光,发光-强调文字颜色 2”艺术字样式,如图 1－172 所示。

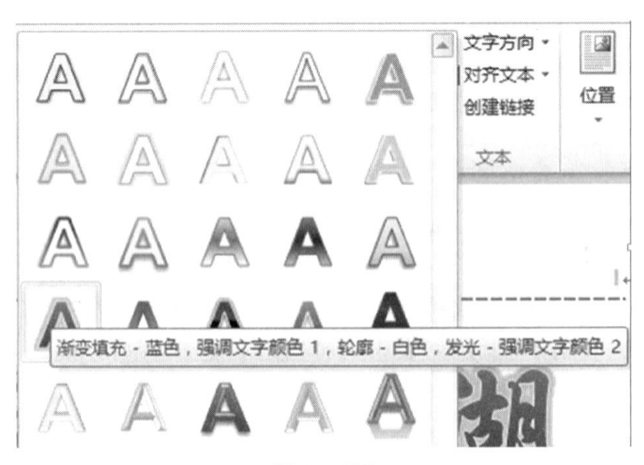

图 1－172

第 8 步:选中新插入的艺术字,在“开始”选项卡下“字体”组中的“字体”下拉列表中选择“华文行楷”,在“字号”文本框中输入“80”磅。

第 9 步:在“绘图工具”的“格式”选项卡下“排列”组中单击“自动换行”下拉按钮,从弹出的列表中选择“嵌入型”,如图 1-173 所示。

第 10 步:在“绘图工具”的“格式”选项卡下“艺术字样式”组中单击“文本效果”按钮,在弹出的下拉列表中选择“阴影”选项卡下的“内部左侧”,如图 1-174 所示。

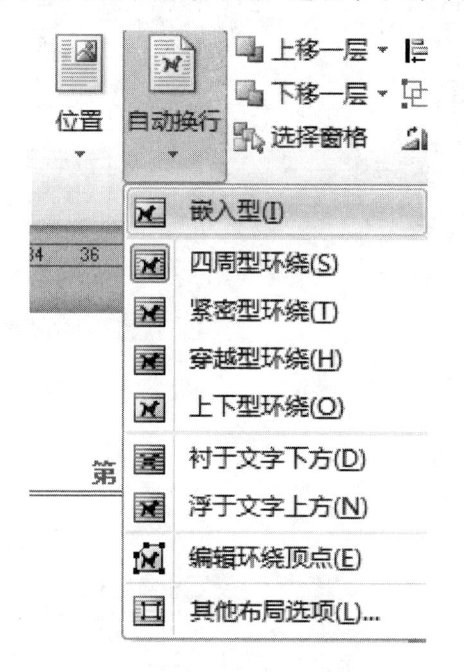

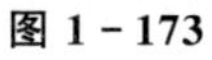
图 1-173

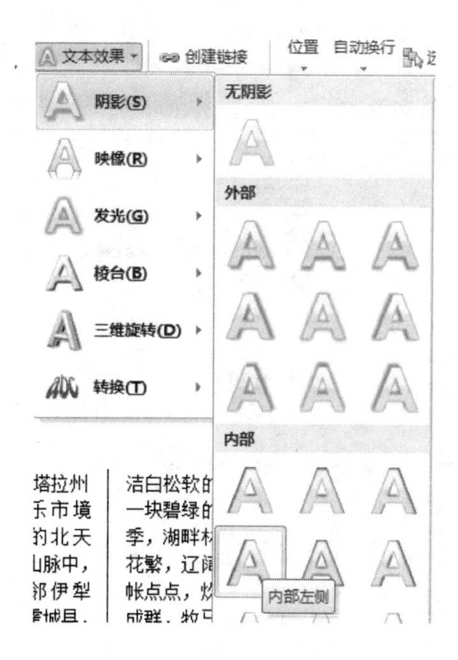

图 1-174

3. 分栏设置

第 11 步:选中除第 1～4 段的正文,单击“页面布局”选项卡下“页面设置”组中的“分栏”按钮,在弹出的下拉列表中执行“更多分栏”命令,如图 1-175 所示。

第 12 步:打开“分栏”对话框,在“预设”区域中单击“右”格式,勾选“分隔线”复选框,单击“确定”按钮,如图 1-176 所示。

4. 设置边框和底纹

第 13 步:选中正文最后两段,在“开始”选项卡下的“段落”组中单击“边框线”下拉按钮,在弹出的下拉列表中执行“边框和底纹”命令,如图 1-177 所示。

第 14 步:打开“边框和底纹”对话框的“边框”选项卡,在“设置”区域选择“方框”按钮,在“样式”列表中选择“双波浪线”,在“颜色”下拉列表中选择“标准色”中的橙色,在“宽度”下拉列表中选择“0.75 磅”,在“应用于”下拉列表中选择“段落”选项,如图 1-178 所示。

第 15 步:选择“底纹”选项卡,在“填充”下拉列表中单击“其他颜色”按钮,弹出“颜色”对话框。在“自定义”选项卡下的“颜色模式”下拉列表中选择“RGB”,在“红色”后的微调框中输入“182”,在“绿色”后的微调框中输入“221”,在“蓝色”后的微调框中输入“232”,单击“确定”按钮,在“应用于”下拉列表中选择“段落”选项,如图 1-179 所示。

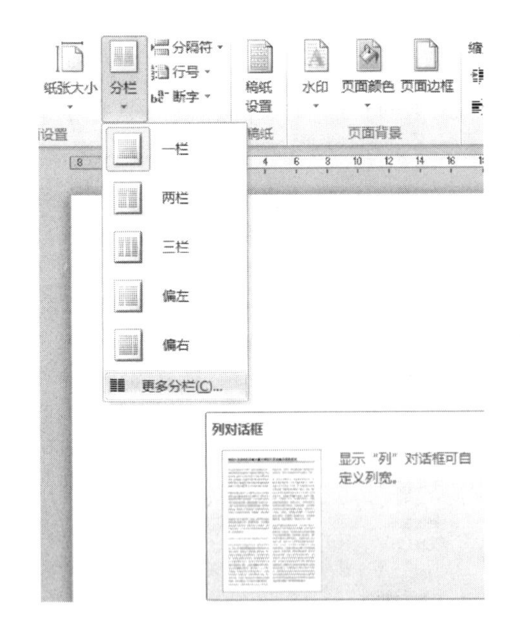

图 1 - 175

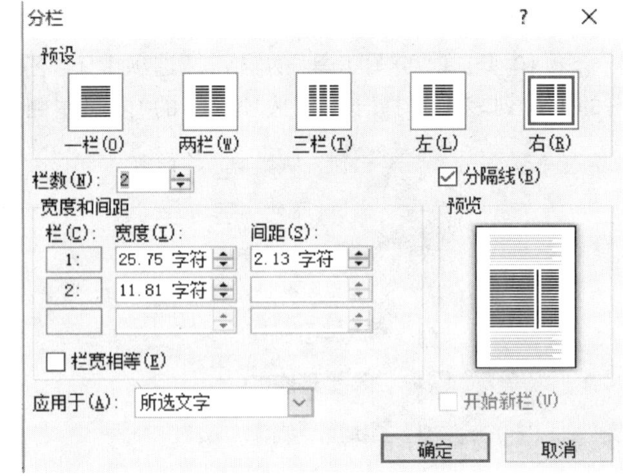

图 1 - 176

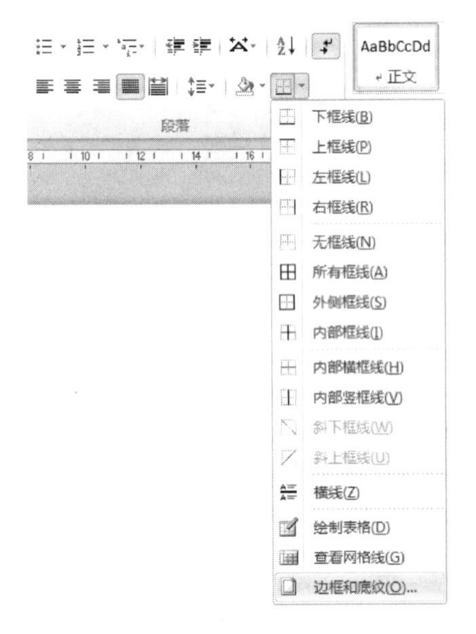

图 1 - 177

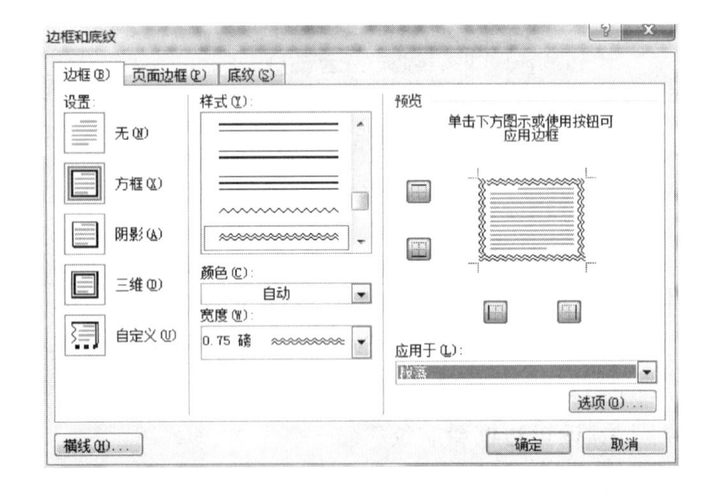

图 1 - 178

5. 插入图片

第 16 步：将光标定位在样文所示位置，单击“插入”选项卡下“图片”按钮，如图 1 - 180 所示。

第 17 步：打开“插入图片”对话框，在指定路径 C:\2010KSW\DATA2 文件夹中选择 pic5 - 18.jpg，单击“插入”按钮，如图 1 - 181 所示。

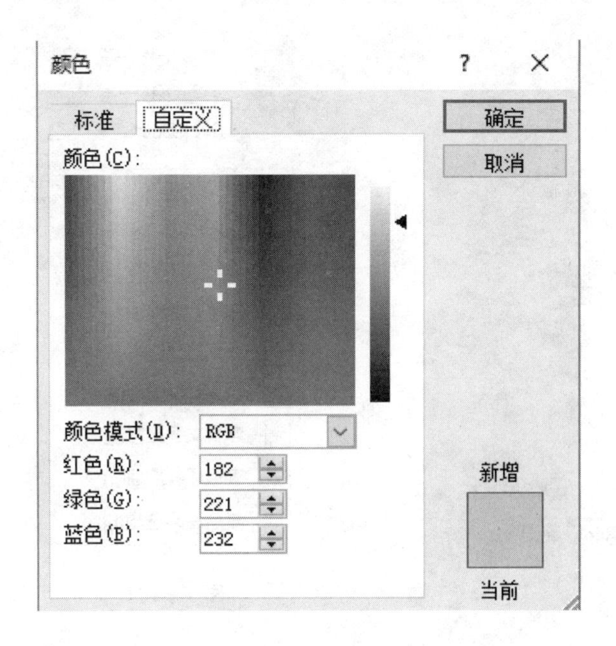

图 1-179

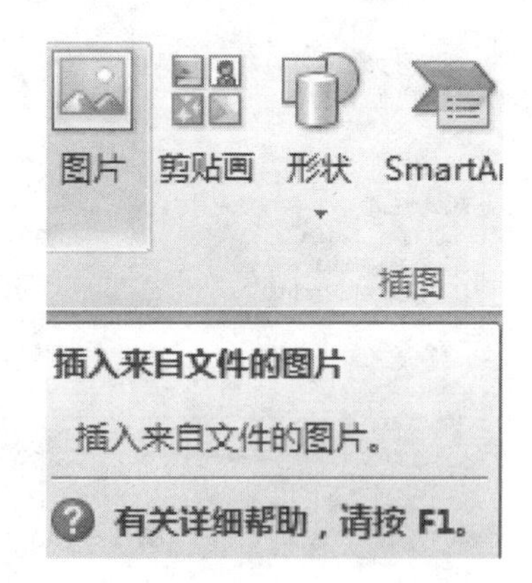

图 1-180

第 18 步:单击选中插入的图片,选择“图片工具”下的“格式”选项卡,单击“大小”组右下角的“对话框启动器”按钮,如图 1-182 所示。

图 1-181

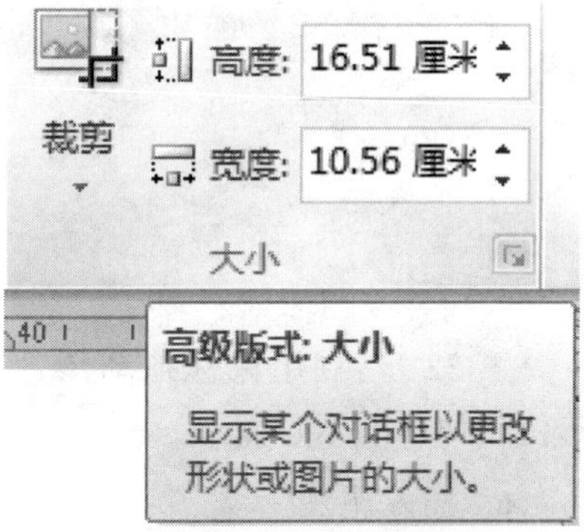

图 1-182

第 19 步:打开“布局”对话框,选择“大小”选项卡,在“缩放”区域中“高度”和“宽度”文本框中选择或输入“40%”,单击“确定”按钮,如图 1-183 所示。

第 20 步:选择“图片工具”下的“格式”选项卡,在“排列”组中单击“自动换行”下拉按钮,在弹出的下拉列表中选择“四周型环绕”,如图 1-184 所示。

第 21 步:选择“图片工具”下的“格式”选项卡,在“图片样式”组中单击“其他”按钮,在弹出的库中选择“柔化边缘矩形”外观样式,如图 1-185 所示。

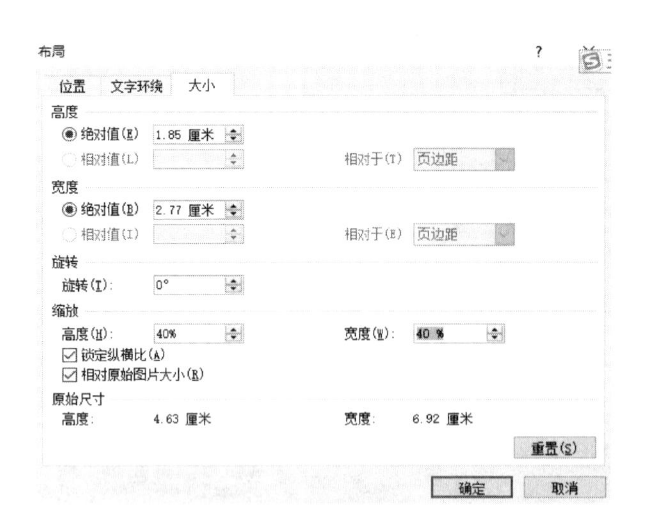

图 1-183

图 1-184

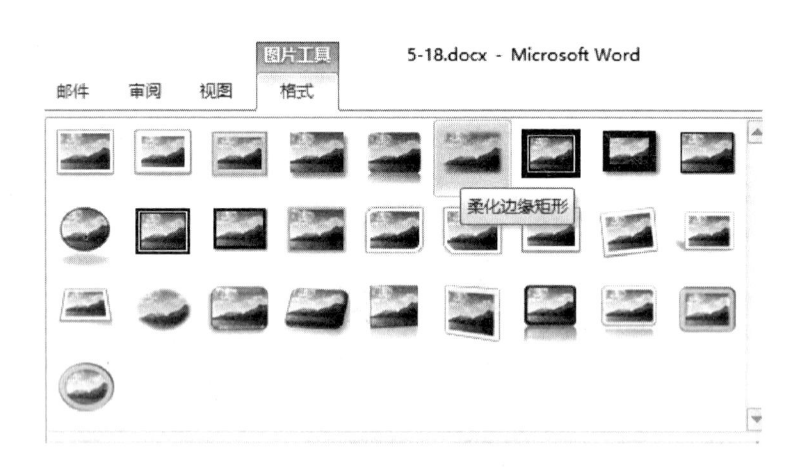

图 1-185

第 22 步：利用鼠标拖动图片移动图片位置，使其位于样本所示位置。

6. 插入尾注

第 23 步：选择正文最后一段中的“蒙古族”文本，单击“引用”选项卡下“脚注”组中的“插入尾注”按钮，如图 1-186 所示。

第 24 步：在光标所在区域内输入内容“蒙古族：是中国北方主要民族之一，也是蒙古国的主体民族。”

第 25 步：执行“文件”→“保存”命令。

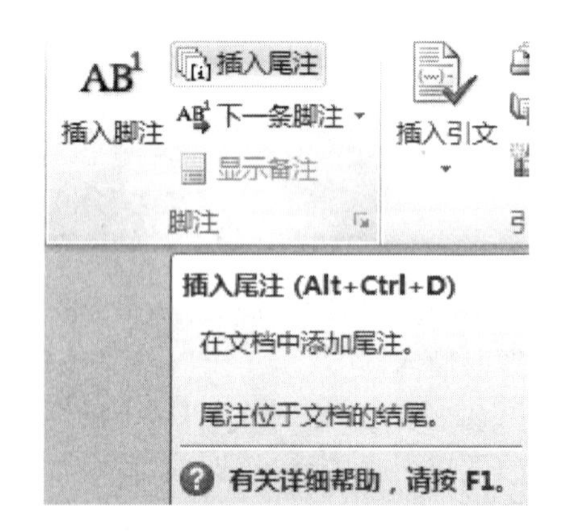

图 1-186

1.2.6　电子表格工作簿的操作

【操作要求】

在 Excel2010 中打开文件 A6.xlsx(C:\2010KSW\DATA1\TF6-15.xlsx),并按下列要求进行操作。

1. 设置工作表及表格,结果如【样文 6-15A】所示

(1) 工作表的基本操作

① 将 Sheet1 工作表中的所有内容复制到 Sheet2 工作表中,并将 Sheet2 工作表重命名为“车辆费用统计表”,将此工作表标签的颜色设置成标准色中的“黄色”。

② 在“车辆费用统计表”工作表中,将“5 月 8 日”一行移至“5 月 15 日”一行的上方,将“C”列(空列)删除,设置“日期”所在行的行高为 25,整个表格的列宽均为 11。

(2) 单元格格式的设置:

① 在“车辆费用统计表”工作表中,将单元格区域 A1:G1 合并后居中,设置字体为华文隶书、28 磅、浅蓝色,并为其填充黄色底纹。

② 将单元格区域 A2:A11 的字体设置为华文中宋、12 磅,并为其填充粉红色(RGB:255,153,204)底纹。

③ 设置整个表格中文本的对齐方式均为水平居中、垂直居中。

④ 将单元格区域 A1:G11 的外边框设置为绿色的粗实线,内部框线均设置为浅绿色的细实线。

(3) 表格的插入设置:

① 在“车辆费用统计表”工作表,为“0”(C6)单元格插入批注“今日车辆状态良好”。

② 在“车辆费用统计表”工作表中表格的下方建立如【样文 6-15A】下方所示的公式,形状样式为“彩色填充-蓝色,强调颜色 1”并为其应用“蓝色,5pt 发光,强调文字颜色 1”。

2. 建立图表,结果如【样文 6-15B】所示

① 使用“车辆费用统计表”工作表中的相关数据在 Sheet3 工作表中创建一个折线图。

② 按【样文 6-15B】所示为图表添加图表标题及坐标标题。

3. 工作表的打印设置

① 在“车辆费用统计表”工作表第 7 行的上方插入分页符。

② 设置表格的标题行为顶端打印标题,打印区域为单元格区域 A1:G15,设置完成后进行打印预览。

【样文 6－15A】

五月份车辆费用统计表						
日期	加油费（元）	维修费（元）	洗车费（元）	过路费（元）	停车费（元）	合计（元）
5月2日	200	150	20	15	10	395
5月5日	300	100	20	5	10	435
5月8日	220	50	20	15	5	310
5月15日	300	0	20	30	10	360
5月20日	250	30	20	5	10	315
5月21日	200	100	20	5	10	335
5月22日	100	50	20	5	10	185
5月25日	250	80	20	15	2	367
5月30日	400	120	20	20	15	575

$$(\log_a x)'=\frac{1}{x\ln a}$$

【样文 6－15B】

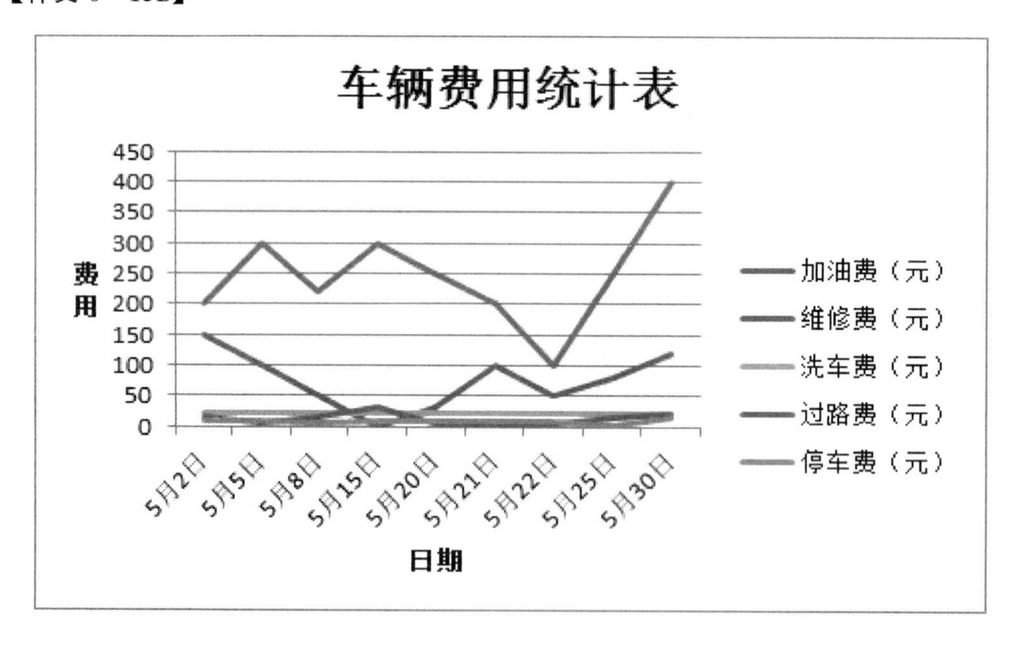

【解题步骤】

在“文件”选项卡下执行“打开”命令，在“查找范围”文本框中找到指定路径（C:\2010KSW\DATA1\TF6－15.xlsx），选择 A6.xlsx 文件，单击“打开”按钮。

1. 设置工作表及表格

(1) 工作表的基本操作

第 1 步:在 Sheet1 工作表中,按下 Ctrl+A 组合键选中整个工作表,单击“开始”选项卡中“剪贴板”组中的“复制”按钮,切换至 Sheet2 工作表,选中 A1 单元格,单击“剪贴板”中的“粘贴”按钮。

第 2 步:在 Sheet2 工作表的标签上右击,在弹出的快捷菜单中执行“重命名”命令,此时的标签会显示黑色背景,然后输入新的工作表名称“车辆费用统计表”。再次在标签上右击,在弹出的快捷菜单中执行“工作表标签颜色”命令,在打开的列表中选择标准色中的“黄色”,如图 1-187所示。

第 3 步:在“车辆费用统计表”工作表中的文本“5 月 8 日”所在的行号上右击,在弹出的快捷菜单中执行“剪切”命令,将该行内容暂时存放在剪贴板上。在文本“5 月 15 日”所在行的行号上右击,再在弹出的快捷菜单中执行“插入剪切的单元格”命令,即可完成行的插入操作,如图 1-188 所示。

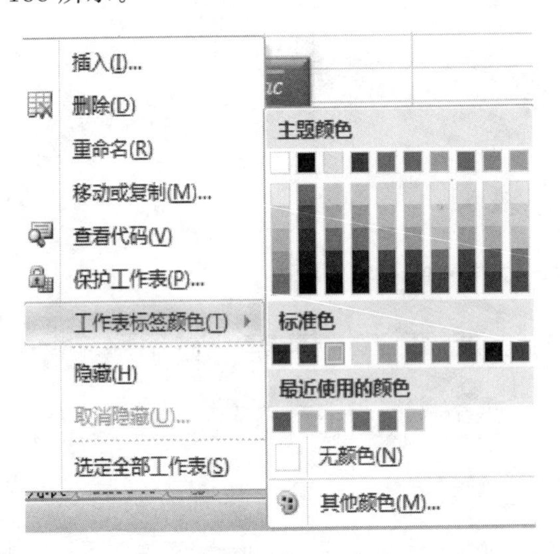

图 1-187

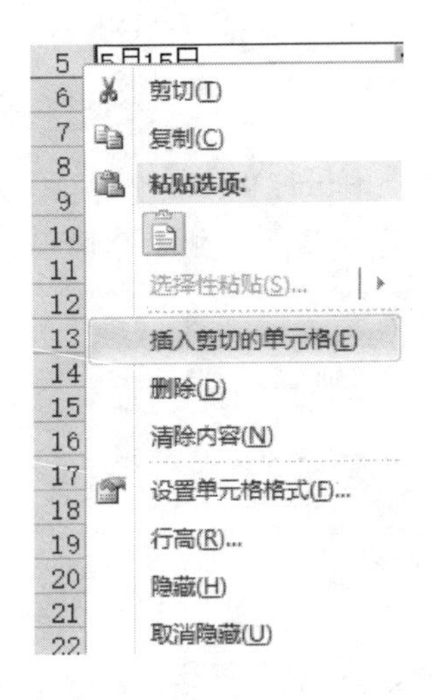

图 1-188

第 4 步:在第 C 列的列标上右击,在弹出的快捷菜单中执行“删除”命令,即可删除“空列”,如图 1-189 所示。

第 5 步:在第 2 行的行号上右击,在弹出的快捷菜单中执行“行高”命令,打开“行高”对话框,在“行高”文本框中输入数值“25”,单击“确定”按钮,如图 1-190 所示。

第 6 步:在“车辆费用统计表”工作表中,选中单元格区域 A1:G11,单击“开始”选项卡下的“单元格”组中的“格式”按钮,在弹出的下拉列表中执行“列宽”命令,打开“列宽”对话框,在“列宽”文本框中输入数值“11”,单击“确定”按钮,如图 1-191 所示。

(2) 单元格格式的设置

第 7 步:在“车辆费用统计表”工作表中,选中单元格区域 A1:G1,单击“开始“选项卡下“对齐方式”组中的“合并后居中”按钮,如图 1-192 所示。

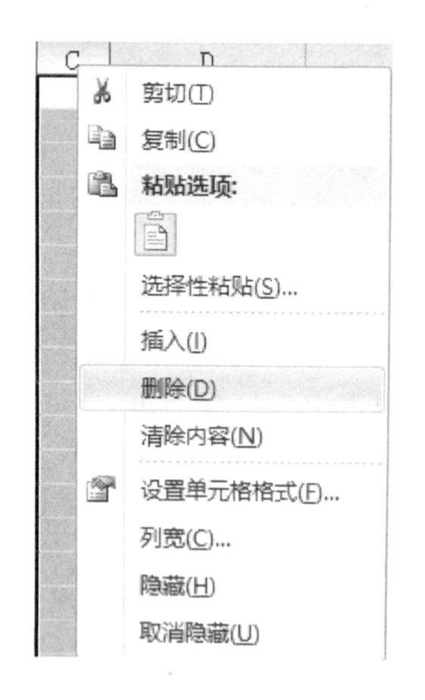

图 1-189

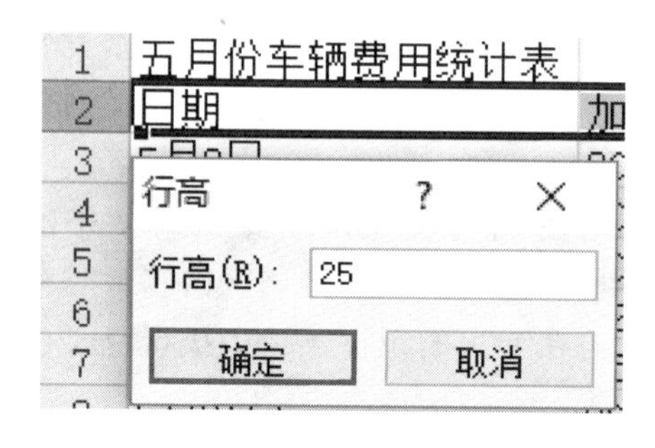

图 1-190

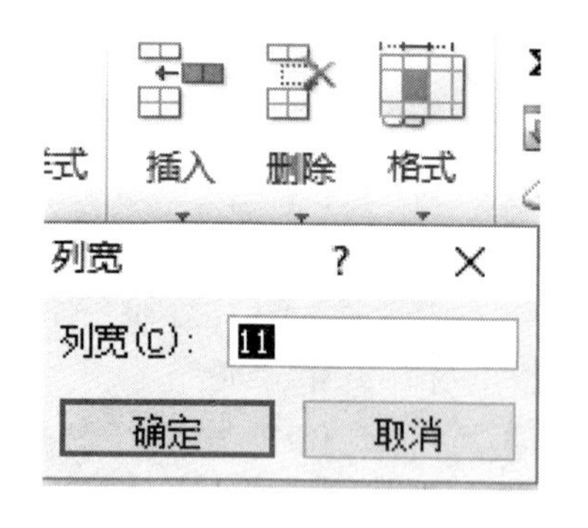

图 1-191

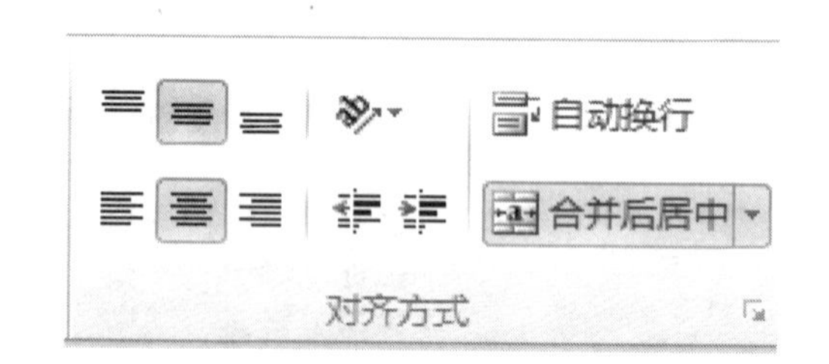

图 1-192

第 8 步：在“开始”选项卡下单击“字体”组右下角的“对话框启动器”按钮，弹出如图 1-193所示的“设置单元格格式”对话框。在“字体”选项卡下的“字体”列表框中选择“华文隶书”，在“字号”列表框中选择“28”磅，在“颜色”列表框中选择标准色中的“浅蓝”色。

第 9 步：在“设置单元格格式”对话框的“填充”选项卡下，在背景区域中选择“黄色”，单击“确定”按钮。

第 10 步：选中单元格区域 A2:A11，打开“设置单元格格式”对话框，在“字体”选项卡中的“字体”列表框中选择“华文中宋”，在“字号”列表框中选择“12”磅，在“填充”选项卡下，单击“其他颜色”按钮，弹出“颜色”对话框，在“自定义”选项卡中的“颜色模式”下拉列表框中选择“RGB”，在“红色”后的微调框中输入“255”，在“绿色”后的微调框中输入“153”，在“蓝色”后的微调框中输入“204”，单击“确定”按钮。返回到“设置单元格格式”对话框，单击“确定”按钮。

第 11 步：选中单元格区域 A1:G11，在“开始”选项卡中，单击“对齐方式”组中的“居中”按钮和“垂直居中”按钮。

第 12 步：选中单元格区域 A1:G11，打开“设置单元格格式”对话框，在“边框”选项卡中的

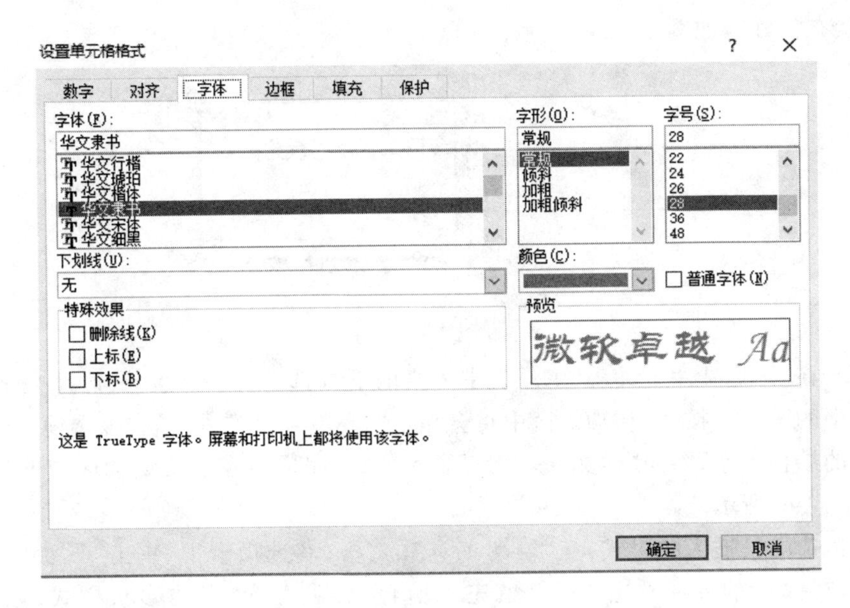

图 1 - 193

“线条”选项区域中的“颜色”列表中选择标准色中的“绿色”,在“样式”列表框中选择粗实线(第 5 行第 2 列)。在“预置”选项区域单击“外边框”按钮;在“线条”选项区域中的“颜色”列表框中选择标准色中的“浅绿”色,在“样式”列表框中选择细实线(第 7 行第 1 列),在“预置”选项区域单击“内部”按钮,单击“确定”按钮,如图 1 - 194 所示。

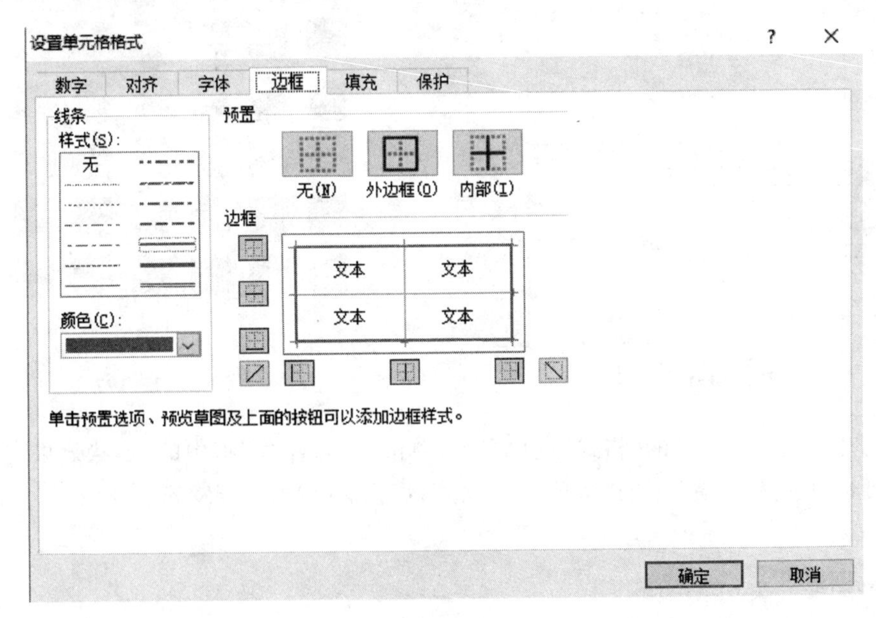

图 1 - 194

(3) 表格的插入设置

第 13 步:在“车辆费用统计表”工作表中选中文本“0”所在的单元格(C6),单击“审阅”选项卡中“批注”组中的“新建批注”按钮,即可在该单元格附近打开一个批注框,在框内输入文本

“今日车辆状态良好”，如图 1－195 所示。

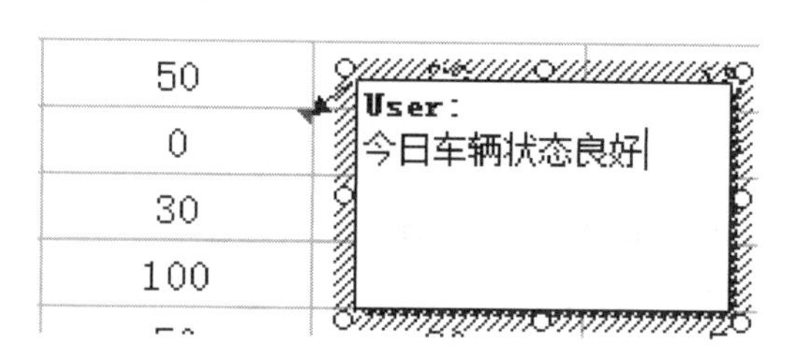

图 1－195

第 14 步：在“车辆费用统计表”工作表中表格的下方选中任一单元格，单击“插入”选项卡中“符号”组中的“公式”按钮，在功能区中将会显示“公式工具”选项卡，在该选项卡的“结构”组中选择正确的结构关系，参照【样文 6－15A】输入公式，完成后在公式编辑区域外的任意位置单击，如图 1－196 所示。

第 15 步：选中已插入的公式，在“绘图工具”的“格式”选项卡下，单击“形状样式”组中的“其他”按钮，在弹出的库中选择“彩色填充－蓝色，强调颜色 1”的形状样式，如图 1－197 所示。

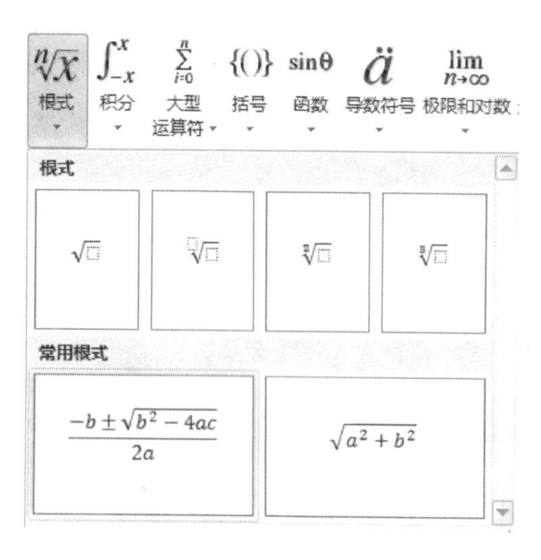

图 1－196

图 1－197

第 16 步：在“绘图工具”的“格式”选项卡下，单击“形状样式”组中的“形状效果”按钮，在弹出的下拉列表中选择“发光”下的“蓝色，5pt 发光，强调文字颜色 1”发光变体效果，如图 1－198 所示。

2. 建立图表

第 17 步：在“车辆费用统计表”工作表中选中单元格区域 A2:F11，单击“插入”选项卡下“图表”组的“折线图”按钮，在弹出的下拉列表中选择“折线图”，如图 1－199 所示。

第 18 步：选中所创建的图表，在“图表工具”的“设计”选项卡下单击“位置”组中的“移动图表”按钮，在弹出的“移动图表”对话框中，在“对象位于”下拉列表中选择 Sheet3 工作表，单击“确定”按钮，如图 1－200 所示。

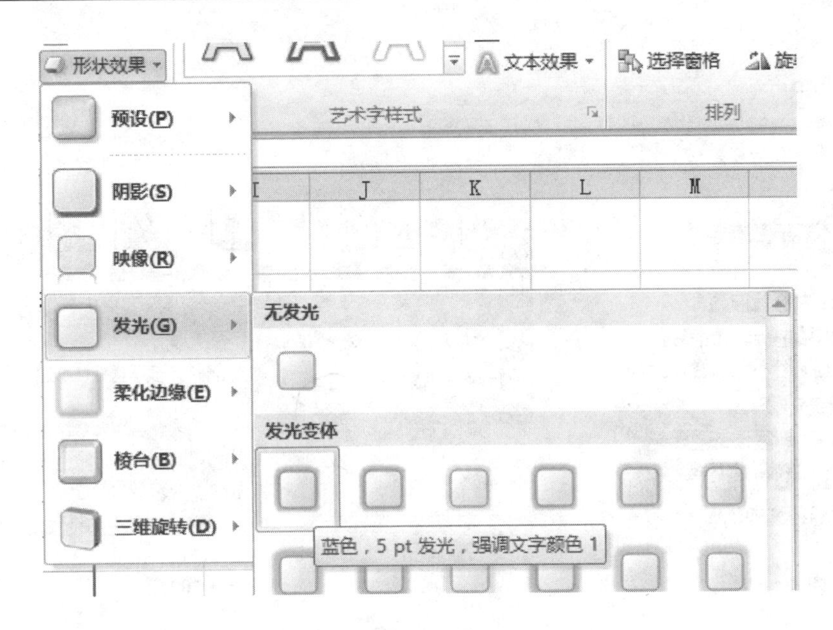

图 1 - 198

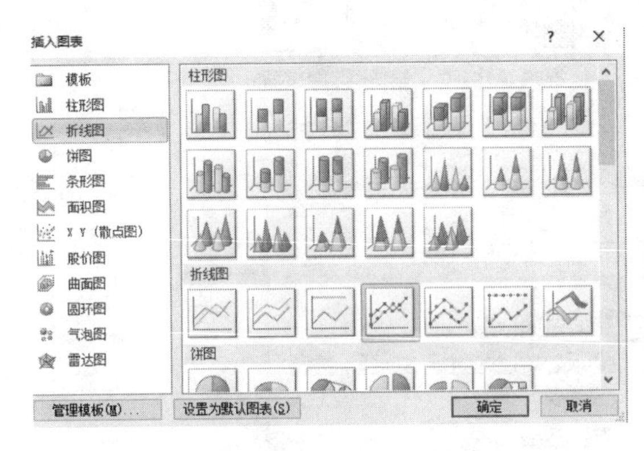

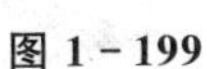

图 1 - 199

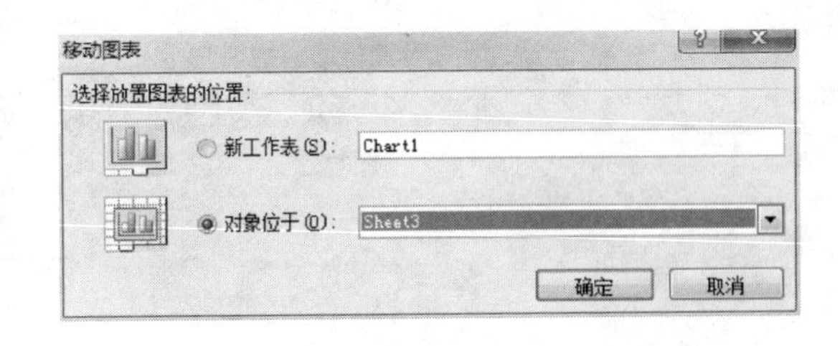

图 1 - 200

第 19 步:在“图表工具”的“布局”选项卡下单击“标签”组中的“图表标题”按钮,在弹出的下拉列表中选择“图表上方”,如图 1 - 201 所示。在图表标题中输入文本“车辆费用统计表”。

第 20 步:在“图表工具”的“布局”选项卡下单击“标签”组中的“坐标轴标题”按钮,在弹出的下拉列表中选择“主要横坐标轴标题”选项下的“坐标轴标题下方”,如图 1 - 202 所示。然后在横坐标轴标题中输入文本“日期”。

第 21 步:在“图表工具”的“布局”选项卡下单击“标签”组中的“坐标轴标题”按钮,在弹出的下拉列表中选择“主要纵坐标轴标题”选项下的“竖排标题”,如图 1 - 203 所示。然后在纵坐标抽标题中输入文本“费用”。

3，工作表的打印设置

第 22 步:在“车辆费用统计表”工作表中选中第 7 行,单击“页面布局”选项卡下“页面设置”组中的“分隔符”按钮,在弹出的下拉列表中执行“插入分页符”命令,即可在该行的上方插入分页符。

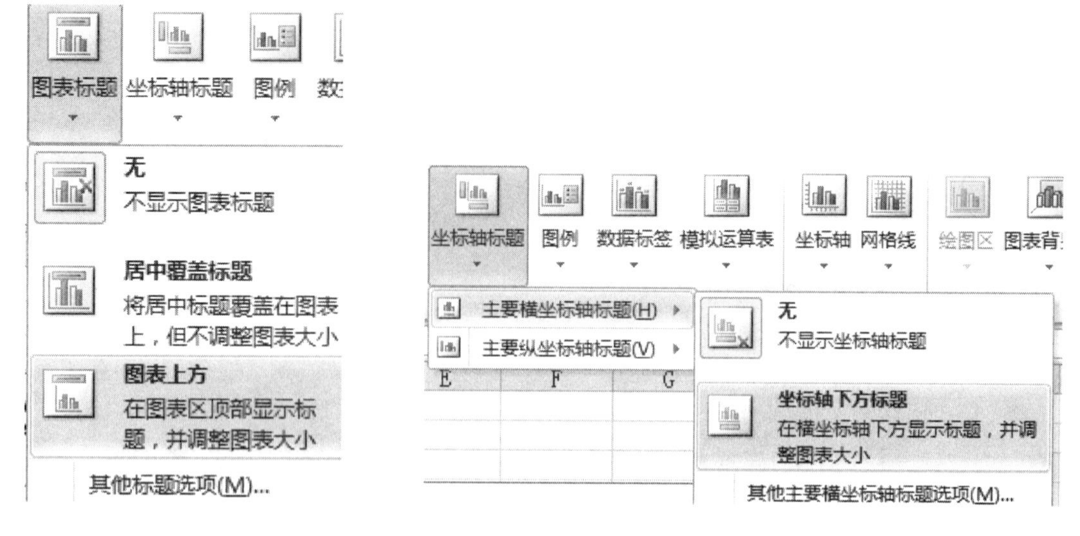

图 1－201　　图 1－202

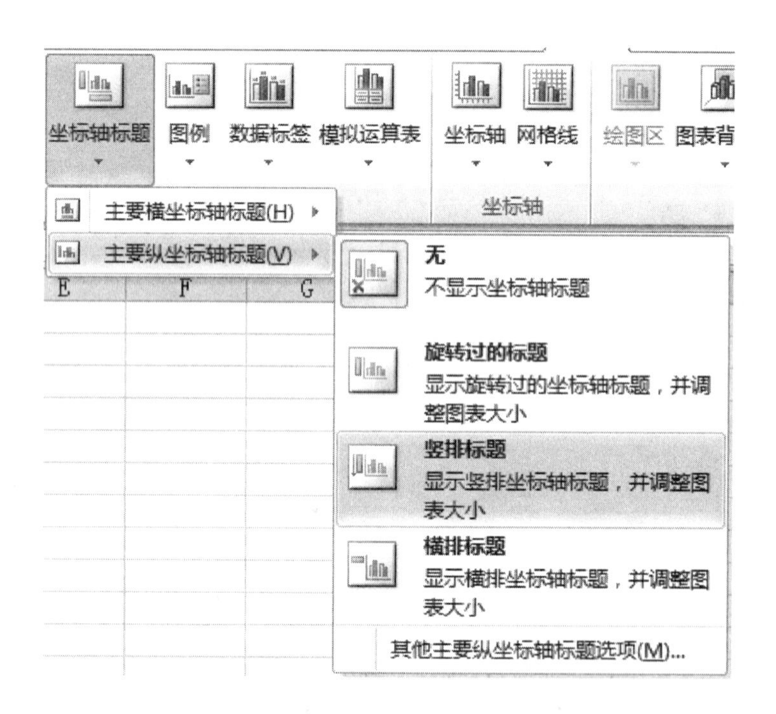

图 1－203

第 23 步：在“车辆费用统计表”工作表中单击“页面布局”选项卡下“页面设置”组中的“打印标题”按钮，弹出“页面设置”对话框。

第 24 步：在“页面设置”对话框的“工作表”选项卡下，单击“顶端标题行”后的折叠按钮，在工作表中选择表格的标题区域；返回至“页面设置”对话框，再单击“打印区域”后的折叠按钮，在工作表中选择单元格区域 A1:G15；返回至“页面设置”对话框，单击“打印预览”按钮进入到预览界面，如图 1－204 所示。

第 25 步：退出打印预览界面，单击“快速访问工具栏”中的“保存”按钮。

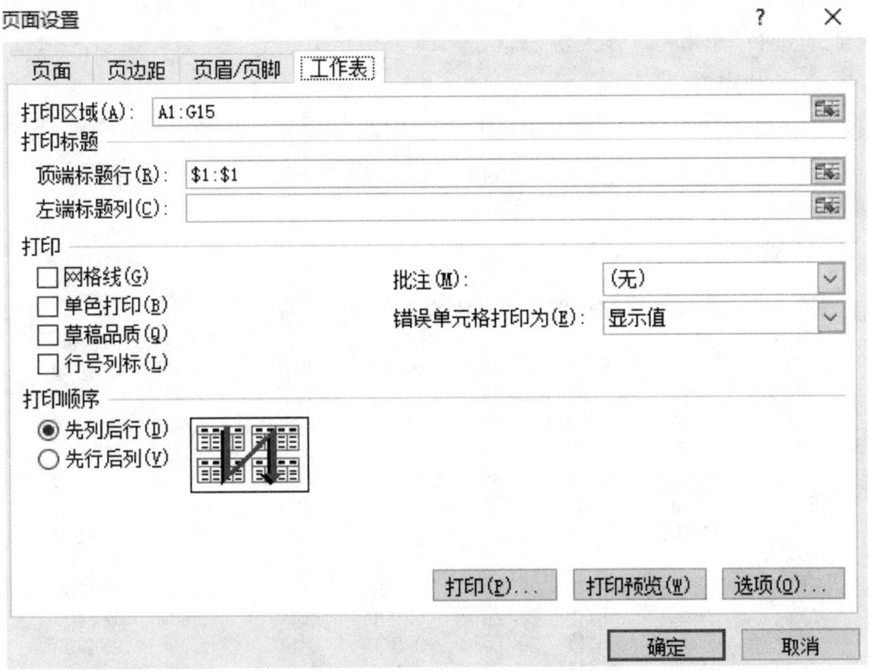

图 1-204

1.2.7　电子表格中的数据处理

【操作要求】

打开文档 A7.xlsx(C:\2010KSW\DATA1\TF7-11.xlsx),按下列要求操作。

(1) 数据的查找与替换

按【样文 7-11A】所示,在 Sheet1 工作表中查找出所有的数值“64500”,并将其全部替换为“65000”。

(2) 公式、函数的应用

按【样文 7-11A】所示,使用 Sheet1 工作表中的数据,应用函数公式统计出各班的“总销售额”,并将结果填写在相应的单元格中。

(3) 基本数据分析

① 数据排序及条件格式的应用:按【样文 7-11B】所示,使用 Sheet2 工作表中的数据,以“总销售额”为主要关键字、“三月份”为次要关键字进行降序排序,并对相关数据应用“图标集”中“三色旗”的条件格式,实现数据的可视化效果。

② 数据筛选:按【样文 7-11C】所示,使用 Sheet3 工作表中的数据,筛选出各月份均大于 80000 的记录。

③ 合并计算:按【样文 7-11D】所示,使用 Sheet4 工作表中“某电器公司一月份销售额报表”“某电器公司二月份销售额报表”和“某电器公司三月份销售额报表”表格中的数据,在“某电器公司一月份销售额报表”的表格中进行求“销售总额”的合并计算操作。

④ 分类总汇:按【样文 7-11E】所示,使用 Sheet5 工作表中的数据,以“部门”为分类字段,对各月销售业绩进行“求和”的分类汇总。

(4) 数据的透视分析

按【样文 7-11F】所示,使用“数据源”工作表中的数据,以“职务”为报表筛选项,以“姓名”为行标签,以“部门”为列标签,以“全年销售额”为求和项,从 Sheet6 工作表的 A1 单元格起建立数据透视表。

【样文 7-11A】

某电器公司一季度销售业绩统计表						
编号	姓名	部门	一月份	二月份	三月份	总销售额
AX12	王小月	销售(1)部	66500	92500	95000	254000
SC15	李梅	销售(1)部	73500	91500	65000	230000
AX1	张艳	销售(1)部	85500	62500	93400	241400
AX10	李鑫	销售(1)部	82400	86000	84200	252600
SC10	彭阳	销售(1)部	78000	81000	92000	251000
SC1	王丽新	销售(1)部	85200	89000	90000	264200
AX9	曹丽丽	销售(1)部	83450	87400	78450	249300
AX5	郭欢	销售(2)部	99500	72000	74500	246000
AX11	王志鹏	销售(2)部	69000	65000	87500	221500
AX8	段军	销售(2)部	62000	55000	65400	182400
SC6	刘小辉	销售(2)部	87500	84500	82000	254000
SC2	王雪	销售(2)部	78500	74500	65000	218000

【样文 7-11B】

某电器公司一季度销售业绩统计表						
编号	姓名	部门	一月份	二月份	三月份	总销售额
SC1	王丽新	销售(1)部	85200	89000	90000	264200
AX12	王小月	销售(1)部	66500	92500	95000	254000
SC6	刘小辉	销售(2)部	87500	84500	82000	254000
AX10	李鑫	销售(1)部	82400	86000	84200	252600
SC10	彭阳	销售(1)部	78000	81000	92000	251000
AX9	曹丽丽	销售(1)部	83450	87400	78450	249300
AX5	郭欢	销售(2)部	99500	72000	74500	246000
AX1	张艳	销售(1)部	85500	62500	93400	241400
SC15	李梅	销售(1)部	73500	91500	64500	229500
AX11	王志鹏	销售(2)部	69000	64500	87500	221000
SC2	王雪	销售(2)部	78500	74500	64500	217500
AX8	段军	销售(2)部	62000	55000	65400	182400

【样文 7-11C】

某电器公司一季度销售业绩统计表					
编号	姓名	部门	一月份	二月份	三月份
AX10	李鑫	销售(1)部	82400	86000	84200
SC1	王丽新	销售(1)部	85200	89000	90000
SC6	刘小辉	销售(2)部	87500	84500	82000

【样文 7-11D】

某电器公司一季度销售额报表	
姓名	销售总额
王小月	254000
李梅	229500
张艳	241400
李鑫	252600
彭阳	251000
王丽新	264200
曹丽丽	249300
郭欢	246000
王志鹏	221000
段军	182400
刘小辉	254000
王雪	217500

【样文 7-11E】

		某电器公司一季度销售业绩统计表			
编号	姓名	部门	一月份	二月份	三月份
		销售（1）部 汇总	554550	589900	597550
		销售（2）部 汇总	396500	350500	373900
		总计	951050	940400	971450

【样文 7-11F】

职务	高级销售顾问			
求和项:全年销售额	列标签			
行标签	销售（1）部	销售（2）部	销售（3）部	总计
郭欢		398000		398000
李知明			357600	357600
刘淮		366000		366000
王丽新	340800			340800
王小月	366000			366000
总计	**706800**	**764000**	**357600**	**1828400**

【解题步骤】

执行“文件”→“打开”命令，在“查找范围”文本框中找到指定路径，选择 A7. xlsx 文件，单击“打开”按钮。

1. 数据的查找与替换

第 1 步：在 Sheet1 工作表中，单击“开始”选项卡下“编辑”组中的“查找与选择”按钮，在弹出的下拉列表中执行“替换”命令，如图 1-205 所示。

第 2 步：弹出“查找和替换”对话框，在“查找内容”文本框中输入“64500”，在“替换为”文本框中输入“65000”，单击“全部替换”按钮，如图 1-206 所示。

第 3 步：Sheet1 工作表中的所有数值 64500 均被替换为 65000，并弹出确认对话框，单击该对话框中的“确定”按钮，如图 1-207 所示。最后，关闭“查找和替换”对话框即可。

2. 公式、函数的应用

第 4 步：在 Sheet1 工作表中选中 G3 单元格，单击“开始”选项卡中“编辑”组中的“自动求和”下拉按钮。在弹出的下拉列表中执行“求和”命令，如图 1-208 所示。

图 1 - 205　　　　图 1 - 206

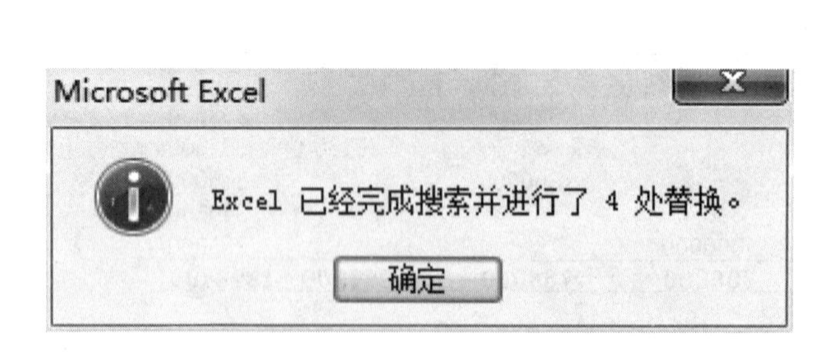

图 1 - 207

图 1 - 208

第 5 步：在 Sheet1 工作表的 G3 单元格中会自动插入 SUM 求和函数，根据试题要求调整求和区域为 C3:F3 单元格区域，按 Enter 键，如图 1 - 209 所示。

某电器公司一季度销售业绩统计表						
编号	姓名	部门	一月份	二月份	三月份	总销售额
AX12	王小月	销售（1）部	66500	92500	95000	=SUM(D3:F3)
SC15	李梅	销售（1）部	73500	91500	65000	SUM(number1, [number2], ...)
AX1	张艳	销售（1）部	85500	62500	93400	
AX10	李鑫	销售（1）部	82400	86000	84200	
SC10	彭阳	销售（1）部	78000	81000	92000	
SC1	王丽新	销售（1）部	85200	89000	90000	
AX9	曹丽丽	销售（1）部	83450	87400	78450	
AX5	郭欢	销售（2）部	99500	72000	74500	
AX11	王志鹏	销售（2）部	69000	65000	87500	
AX8	段军	销售（2）部	62000	55000	65400	
SC6	刘小辉	销售（2）部	87500	84500	82000	
SC2	王雪	销售（2）部	78500	74500	65000	

图 1 - 209

第 6 步:将光标置于 Sheet1 工作表中 G3 单元格的右下角处,当指针变为十形状时,按住鼠标左键不放拖拽至 G14 单元格处,释放鼠标左键,即可完成 G3:G14 单元格函数的复制填充操作,如图 1-210 所示。

某电器公司一季度销售业绩统计表						
编号	姓名	部门	一月份	二月份	三月份	总销售额
AX12	王小月	销售(1)部	66500	92500	95000	254000
SC15	李梅	销售(1)部	73500	91500	65000	230000
AX1	张艳	销售(1)部	85500	62500	93400	241400
AX10	李鑫	销售(1)部	82400	86000	84200	252600
SC10	彭阳	销售(1)部	78000	81000	92000	251000
SC1	王丽新	销售(1)部	85200	89000	90000	264200
AX9	曹丽丽	销售(1)部	83450	87400	78450	249300
AX5	郭欢	销售(2)部	99500	72000	74500	246000
AX11	王志鹏	销售(2)部	69000	65000	87500	221500
AX8	段军	销售(2)部	62000	55000	65400	182400
SC6	刘小辉	销售(2)部	87500	84500	82000	254000
SC2	王雪	销售(2)部	78500	74500	65000	218000

图 1-210

3. 基本数据分析

(1) 数据排序及条件格式的应用

第 7 步:在 Sheet2 工作表中,选定数据区域的任意单元格,单击“开始”选项卡中“编辑”组中的“排序和筛选”按钮,在弹出的下拉列表中执行“自定义排序”命令,如图 1-211 所示。

第 8 步:在弹出的“排序”对话框中,单击“添加条件”按钮,下方显示区域会增加“次要关键字”列。在“主要关键字”下拉列表中选择“总销售额”选项,在“次要关键字”下拉列表中选择“三月份”选项,在“次序”下拉列表中均选择“降序”选项,单击“确定”按钮,如图 1-212 所示。

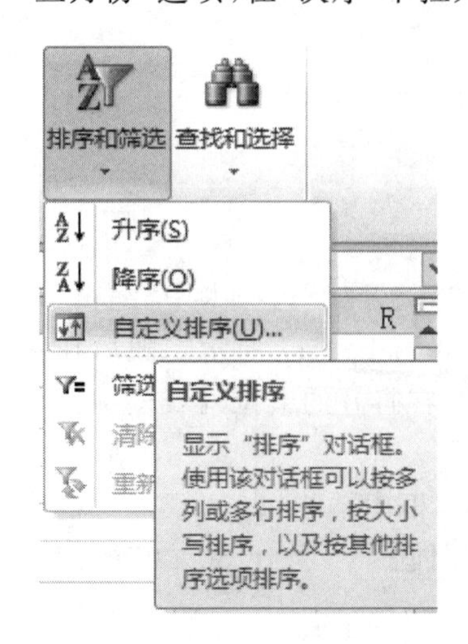

图 1-211

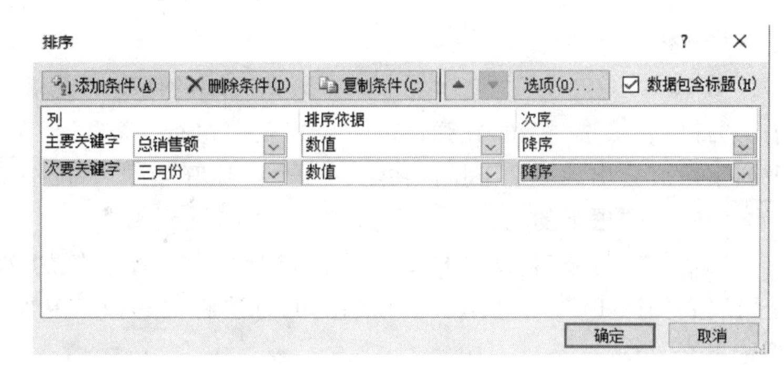

图 1-212

第 9 步：在 Sheet2 工作表中选中 D3:G14 单元格区域，单击“开始”选项卡中“样式”组中的“条件格式”按钮，在弹出的下拉列表中选择“图标集”选项下的“三色旗”条件格式，如图 1－213所示。

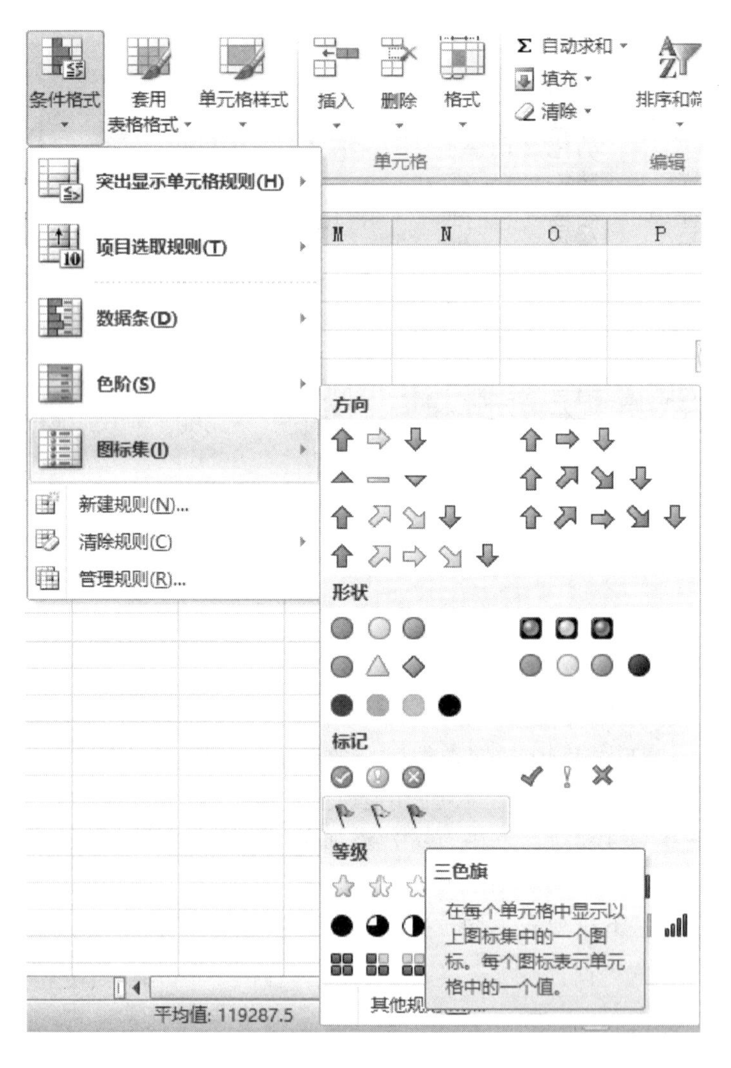

图 1－213

(2) 数据筛选

第 10 步：在 Sheet3 工作表中选定数据区域的任意单元格，单击“开始”选项卡中“编辑”组中的“排序和筛选”按钮，在弹出的下拉列表中执行“筛选”命令，如图 1－214 所示。随后在每个列字段后会出现一个下拉按钮，单击“一月份”后的下拉按钮，在打开的下拉列表框中执行“数字筛选”选项下的“大于”命令，如图 1－215 所示。

第 11 步：打开“自定义自动筛选方式”对话框，在右侧的文本框中输入“80000”，单击“确定”按钮，如图 1－216 所示。使用相同的方法将“二月份”和“三月份”中“大于 80000”的记录筛选出来。

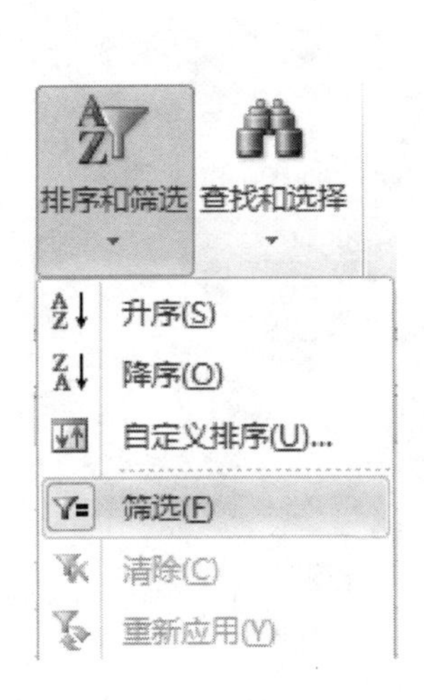

图 1-214

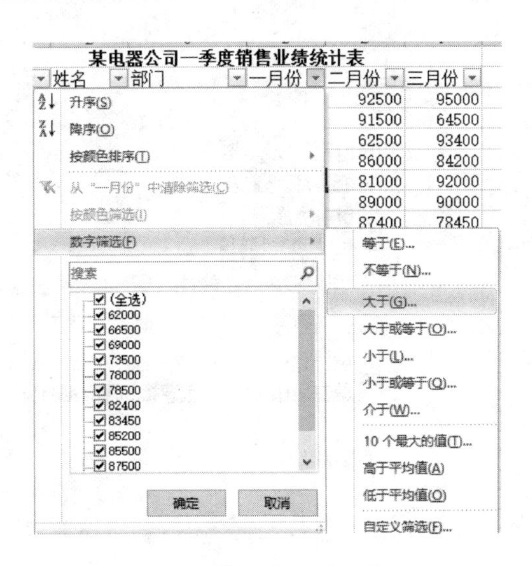

图 1-215

图 1-216

(3) 合并计算

第 12 步:在 Sheet4 工作表中选中 B19 单元格,单击"数据"选项卡中"数据工具"组中的"合并计算"按钮,打开"合并计算"对话框,如图 1-217 所示。在"函数"下拉列表中选择"求和"选项,单击"引用位置"文本框后面的折叠按钮,选定要进行合并计算的数据区域 B3:B14 并返回,单击"添加"按钮,并将其添加到"所有引用位置"下面的文本框中。再次单击"引用位置"文本框后面的折叠按钮,选定要进行合并计算的数据区域 F3:F14 并返回,单击"添加"按钮,并将其添加到"所有引用位置"下面的文本框中。继续单击"引用位置"文本框后面的折叠按钮,选定要进行合并计算的数据区域 J3:J14 并返回,单击"添加"按钮,并将其添加到"所有引用位置"下面的文本框中。最后单击"确定"按钮,如图 1-218 所示。

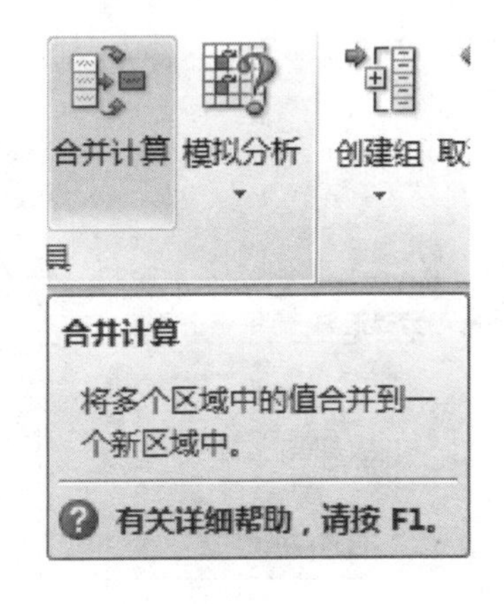

图 1-217

(4) 分类汇总

第 13 步;在 Sheet5 工作表中选中"部门"所在列的任意单元格,单击"开始"选项卡下"编

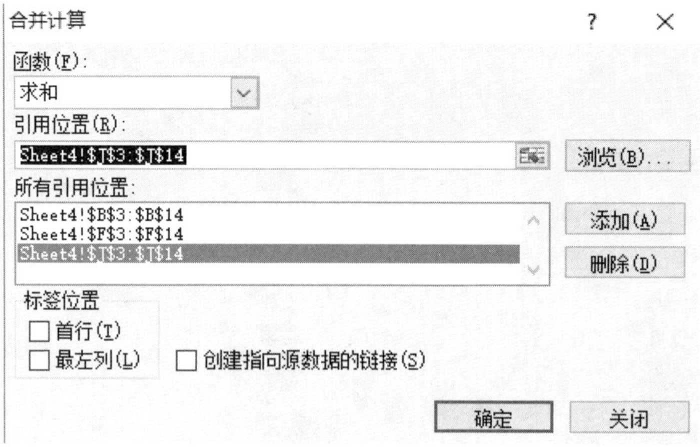

合并计算
函数(F):
求和
引用位置(R):
Sheet4!$J$3:$J$14
浏览(B)...
所有引用位置:
Sheet4!$B$3:$B$14
Sheet4!$F$3:$F$14
Sheet4!$J$3:$J$14
添加(A)
删除(D)
标签位置
首行(T)
最左列(L)
创建指向源数据的链接(S)
确定
关闭

图 1-218

辑”组中的“排序和筛选”按钮，在弹出的下拉列表中执行“升序”命令，将“部门”字段列进行升序排列。

第 14 步：在“数据”选项卡中的“分级显示”组中单击“分类汇总”按钮，打开“分类汇总”对话框如图 1-219 所示。在“分类字段”下拉列表中选择“部门”选项，在“汇总方式”下拉列表中选择“求和”选项，在“选定汇总项”列表中选中“一月份”“二月份”“三月份”三个选项，勾选“汇总结果显示在数据下方”复选框最后，单击“确定”按钮即可，如图 1-220 所示。

显示明细数据
隐藏明细数据
分类汇总
分级显示
分类汇总
通过为所选单元格自动插入小计和合计，汇总多个相关数据行。
有关详细帮助，请按 F1。

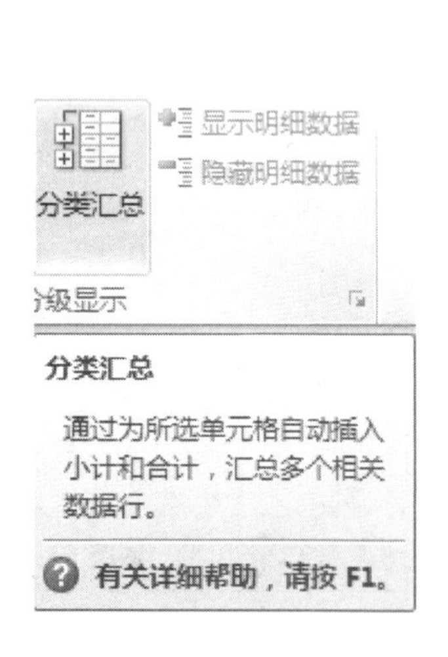

图 1-219

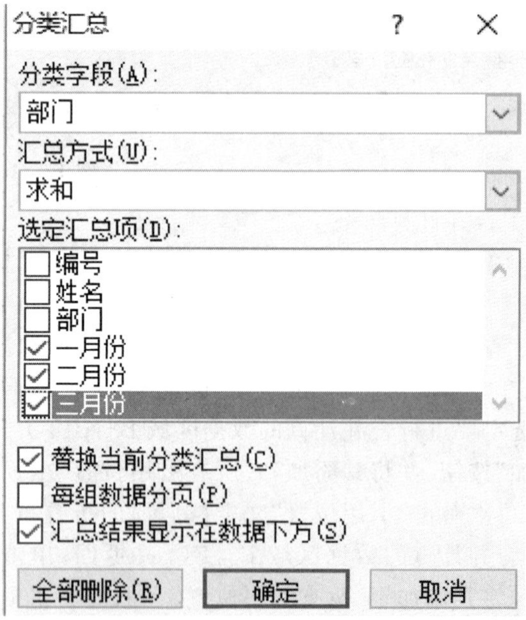

分类汇总
分类字段(A):
部门
汇总方式(U):
求和
选定汇总项(D):
编号
姓名
部门
一月份
二月份
三月份
替换当前分类汇总(C)
每组数据分页(P)
汇总结果显示在数据下方(S)
全部删除(R)
确定
取消

图 1-220

4. 数据的透视分析

第 15 步：在 Sheet6 工作表中选中 A1 单元格，单击“插入”选项卡中“表格”组中的“数据透视表”按钮，如图 1-221 所示。打开“创建数据透视表”对话框，单击“表/区域”文本框后面的折叠按钮,选择要分析的数据为“数据源”工作表中的 A2:D24 单元格区域并返回,单击“确定”按钮,如图 1-222 所示。

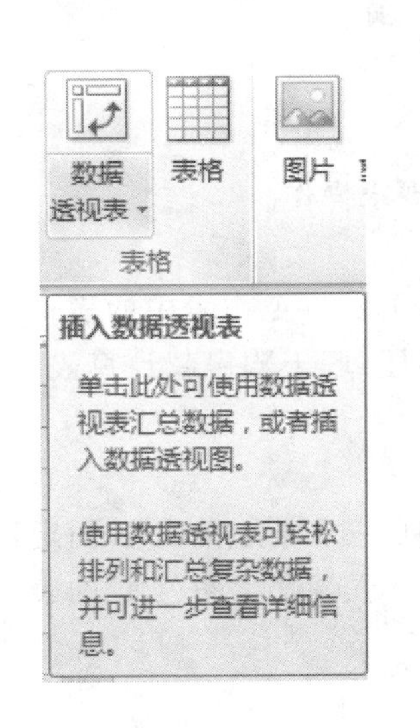

图 1-221

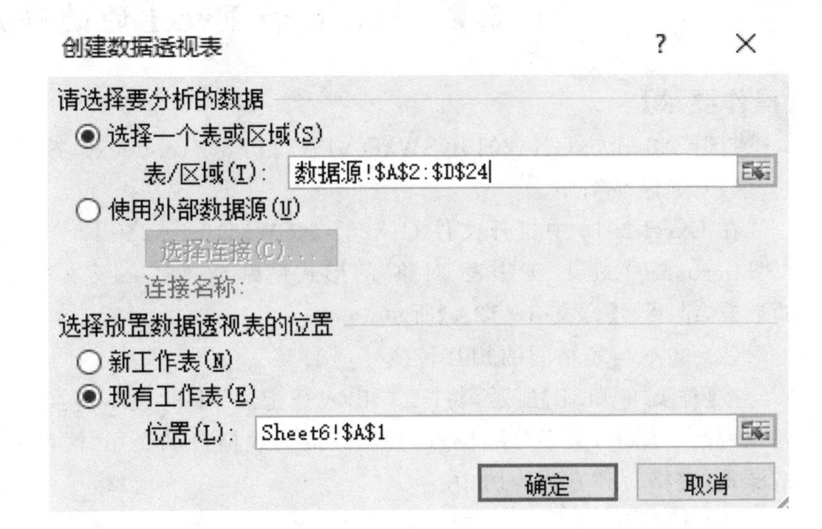

图 1-222

第 16 步:在 Sheet6 工作表中,将自动创建新的空白数据透视表,表格右侧会显示“数据透视表字段列表”任务窗格。在“选择要添加到报表的字段”列表中拖动“职务”字段至“报表筛选”列表框中,将“部门”字段拖动至“列标签”列表框中,将“姓名”字段拖动至“行标签”列表框中,将“全年销售额”字段拖动至“数值”列表框中,如图 1-223 所示。

第 17 步:根据试题样张调整显示项目,单击文本“职务(全部)”后面的下拉按钮,在打开的列表中选择“高级销售顾问”选项,单击“确定”按钮,如图 1-224 所示,

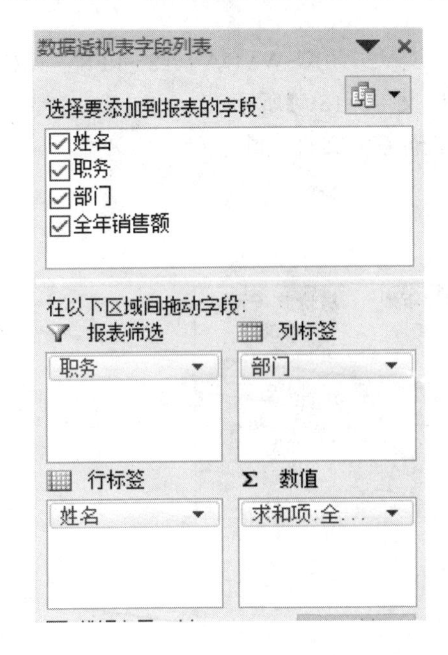

图 1-223

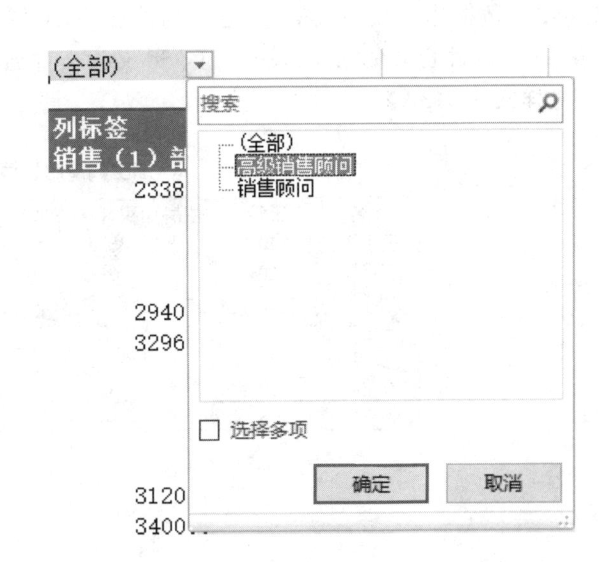

图 1-224

第 18 步：执行“文件”→“保存”命令。

1.2.8　Word 和 Excel 的进阶应用

【操作要求】

打开 A8. docx(C:\2010KSW\DATA1\TF8 - 13. docx)，按下列要求操作。

(1) 选择性粘贴

在 Excel 2010 中打开文件 C:\2010KSW\DATA2\TF8－13A. xlsx，将工作表中的表格以“Microsoft Excel 工作表 对象”的形式粘贴至 A8. docx 文档中标题“职工购房款计算表”的下方，结果如【样文 8 - 13A】所示。

(2) 文本与表格间的相互转换

按【样文 8 - 13B】所示，将“工厂出入登记表”下的文本转换成 5 列 7 行的表格形式，固定列宽为 2.5 厘米，文字分隔位置为制表符；为表格自动套用“浅色底纹－强调文字颜色 4”的表格样式，表格对齐方式为居中。

(3) 录制新宏

① 在 Excel 2010 中新建一个文件，在该文件中创建一个名为 A8A 的宏，将宏保存在当前工作簿中，用 Ctrl＋Shift＋F 作为快捷键，功能为将所选单元格的文本对齐方式为水平居中、垂直居中。

② 完成以上操作后，将该文件以“启用宏的工作簿”类型保存至考生文件夹中，文件名为 A8 - A。

(4) 邮件合并

① 在 Word 2010 中打开文件 C:\2010KSW\DATA2\TF8 - 13B. docx，以 A8 - B. docx 为文件名保存至考生文件夹中。

② 选择“信函”文档类型，使用当前文档，使用文件 C:\2010KSW\DATA2\TF8 - 13C. xlsx 中的数据作为收件人信息，进行邮件合并，结果如【样文 8 - 13C】所示。

③ 将邮件合并的结果以 A8－C. docx 为文件名保存至考生文件夹中。

【样文 8 - 13A】

职工购房款计算表

姓名	工龄	住房面积（平方米）	房屋年限	房价款（元）
王小梦	10	43.6	10	44886.2
李可军	20	61	12	51301
李丽	22	62.5	15	45493.75
张春学	18	52	12	45089.2
窦君	15	45.3	10	43680.53
黄明明	10	52	12	50518
薛志强	15	50	11	46762.5

【样文 8－13B】

工厂出入登记表

日期	姓名	工号	进门时间	出门时间
5月3日	王红雨	001	上午8时	上午11时
5月3日	王明辉	002	上午7时	上午8时
5月3日	李小明	004	下午2时	下午6时
5月4日	刘美丽	008	下午3时	下午4时
5月4日	邓明明	005	下午2时	下午6时
5月5日	李旭东	003	下午2时	下午6时

【样文 8－13C】

驾校考试考生基本情况卡

准考证号	姓名	性别	学历	工作单位
1	周小美	女	中专	北京科远开发公司

驾校考试考生基本情况卡

准考证号	姓名	性别	学历	工作单位
2	李红迪	女	本科	北京市光明中学

驾校考试考生基本情况卡

准考证号	姓名	性别	学历	工作单位
3	王川	男	大专	北京市顺友医院

驾校考试考生基本情况卡

准考证号	姓名	性别	学历	工作单位
4	高莉	女	本科	北京友大通信公司

驾校考试考生基本情况卡

准考证号	姓名	性别	学历	工作单位
5	杨鹏	男	大专	北京市新开发区

【解题步骤】

执行“文件”→“打开”命令，在“查找范围”文本框中找到指定路径(C:\2010KSW\DATA1\TF8－13.docx)，选择 A8.docx 文件，单击“打开”按钮。

1. 选择性粘贴

第 1 步：打开文件 C:\2010KSW\DATA2\TF8－13A.xlsx，选中 Sheet1 工作表中的表格区域 B2:F9，单击“开始”选项卡下“剪贴板”组中的“复制”按钮，如图 1－225 所示。

第 2 步：在 A8.docx 文档中，将光标定位在文本“职工购房款计算表”下，在“开始”选项卡下的“剪贴板”组中单击“粘贴”下拉按钮，在打开的下拉菜单中执行“选择性粘贴”命令，如图 1－226所示。

第 3 步：在弹出的“选择性粘贴”对话框中点选“粘贴”单选按钮，然后在“形式”列表中选中“Microsoft Excel　工作表 对象”选项，单击“确定”按钮，如图 1－227 所示。

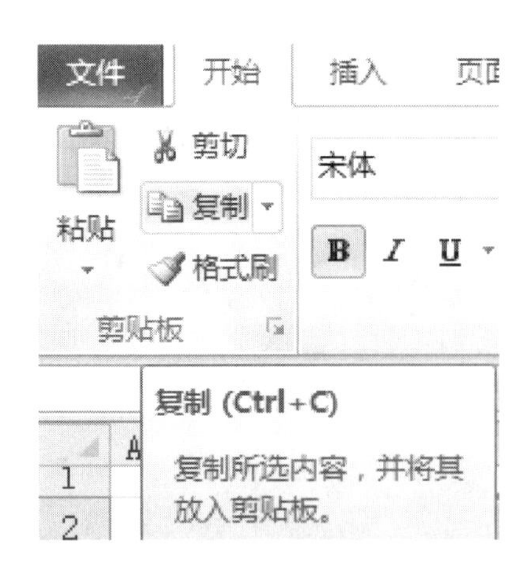

图 1－225

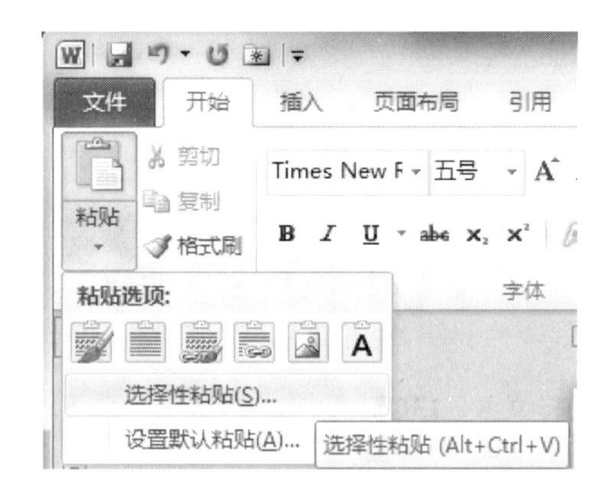

图 1－226

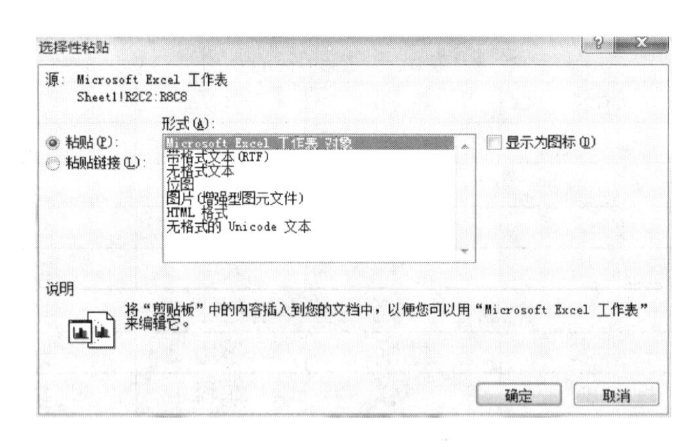

图 1－227

2. 文本与表格间的相互转换

第 4 步：在 A8.docx 文档中，选中"工厂出入登记表"下要转换为表格的所有文本，在"插入"选项卡下的"表格"组中单击"表格"按钮，在打开的下拉列表中执行"文本转换成表格"命令，如图 1－228 所示。

第 5 步：弹出"将文本转换成表格"对话框，在"列数"文本框中调整或输入"5"，在"行数"文本框中系统会根据所选定的内容自动设置数值；在"'自动调整'操作"选项区域选择"固定列宽"单选按钮，然后在其后面文本框中调整或输入"2.5 厘米"；在"文字分隔位置"选项区域点选"制表符"单选按钮，单击"确定"按钮，如图 1－229 所示。

第 6 步：选择整个表格，打开"表格工具"的"设计"选项卡，在"表格样式"组中单击"其他"按钮，在弹出的库中选择"色浅底纹-强调文字颜色 4"表格样式，如图 1－230 所示。

第 7 步：选择整个表格，打开"表格工具"的"布局"选项卡，在"表"组中单击"属性"按钮，打开"表格属性"对话框，如图 1－231 所示。

第 8 步：在"表格属性"对话框的"表格"选项卡中，在"对齐方式"选项区域选中"居中"，单击"确定"按钮。

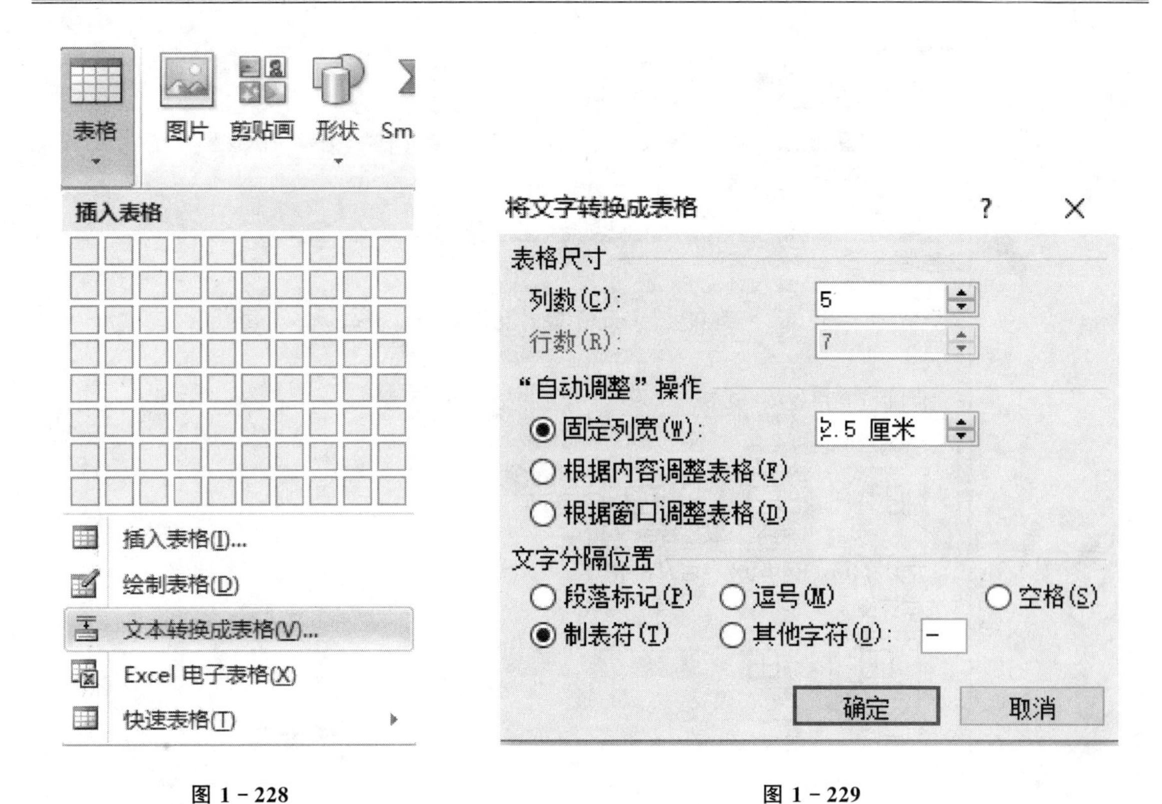

图 1 - 228　　　　图 1 - 229

图 1 - 230

3. 录制新宏

第 9 步:执行“开始”→“所有程序”→“Microsoft Office”→“Microsoft Excel 2010”命令,创建一个新的 Excel 文件。

第 10 步:选中任意单元格,在“视图”选项卡中的“宏”组中,单击“宏”下拉按钮,在打开的列表中选择“录制宏”选项,如图 1 - 232 所示。

图 1－231

图 1－232

第 11 步：弹出的“录制新宏”对话框，在“宏名”文本框中输入新录制宏的名称 A8A，将鼠标定位在“快捷键”下面的空白文本框中。同时按下 shift＋F 键，在“保存在”下拉列表中选择

“当前工作薄”选项,单击“确定”按钮,如图 1 - 233 所示。

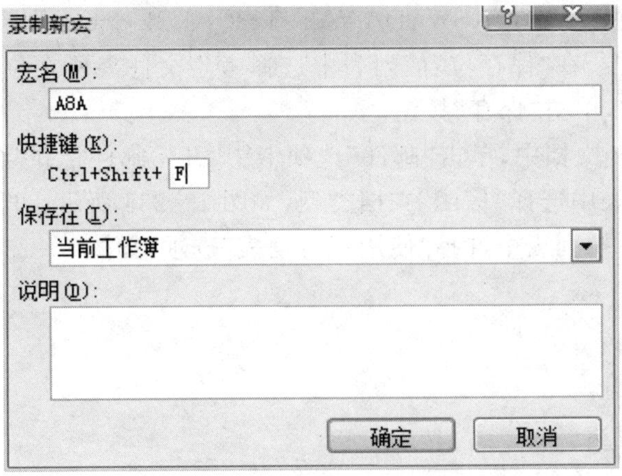

图 1 - 233

第 12 步:开始录制宏,在开始选项卡中的“对齐方式”组中分别单击“居中”按钮和“垂直居中”按钮。

第 13 步:录制完毕后,在“视图”选项卡中的“宏”组中,单击“宏”下拉按钮,在打开的列表中执行“停止录制”命令。

第 14 步:执行“文件”→“另存为”命令,弹出“另存为”对话框,在“保存位置”列表中选择考生文件夹所在位置,在“文件名”文本框中输入文件名“A8 - A”,在“保存类型”列表中选择“Excel 启用宏的工作薄”选项,单击“保存”按钮,如图 1 - 234 所示。

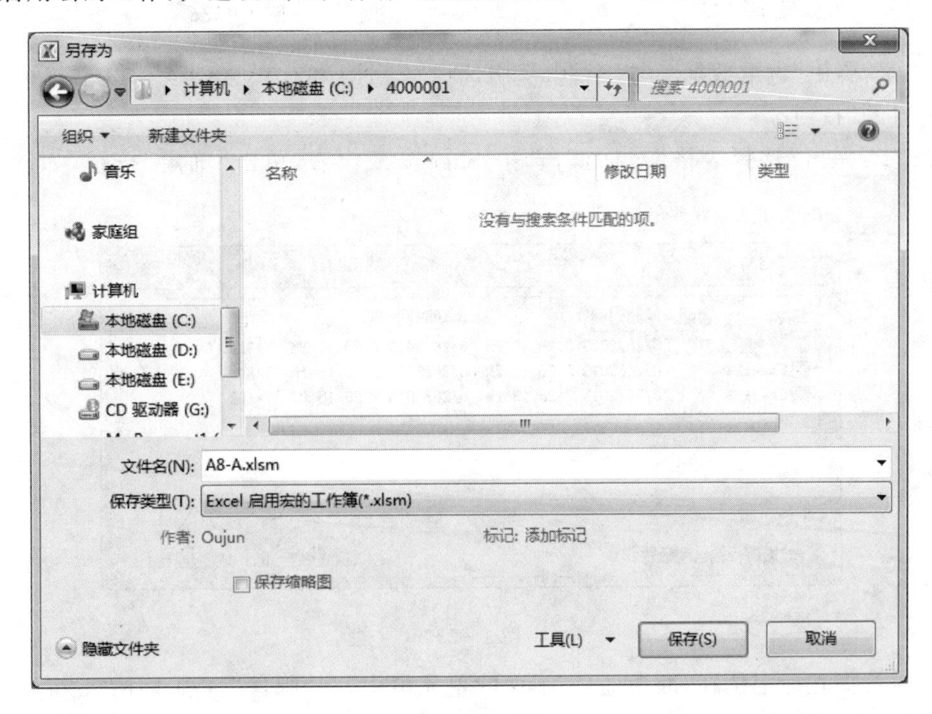

图 1 - 234

4. 邮件合并

第15步：打开文件C:\2010KSW\DATA2\TF8－13B.docx，执行“文件”→“另存为”命令，弹出“另存为”对话框，在“保存位置”列表中选择考生文件夹所在位置，在“文件名”文本框中输入文件名“A8－B”，单击“保存”按钮。

第16步：在A8－B文档中，单击“邮件”选项卡中“开始邮件合并”组中的“开始邮件合并”按钮，在打开的下拉列表中选择“信函”文档类型，如图1－235所示。再单击该组中的“选择收件人”按钮，在打开的下拉列表中选择“使用现有列表”选项，如图1－236所示。

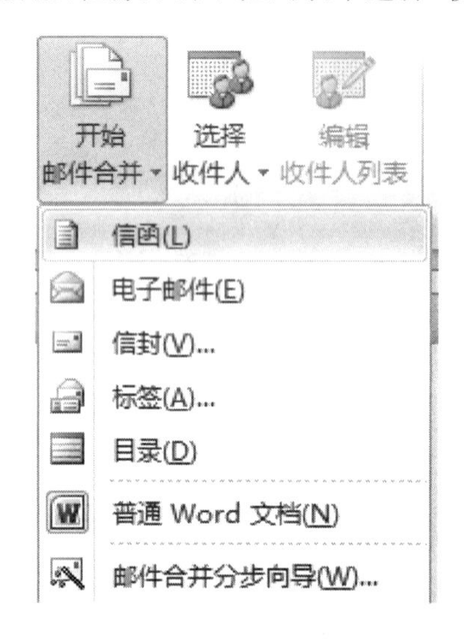

图1－235

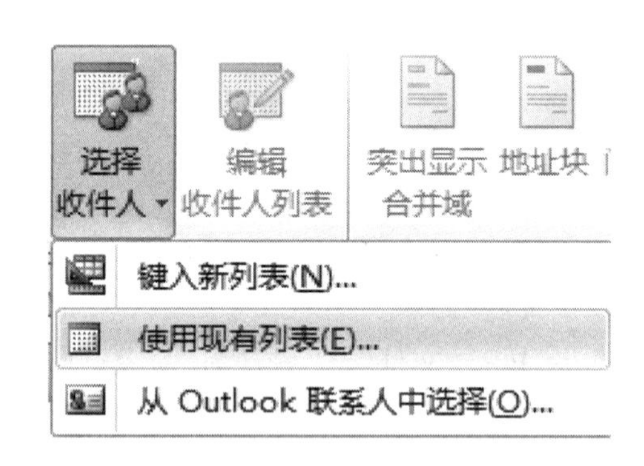

图1－236

第17步：弹出“选取数据源”对话框，从中选择C:\2010KSW\DATA2\TF8－13C.xlsx文件，单击“打开”按钮。

第18步：弹出“选择表格”对话框，选中Sheet1工作表，单击“确定”按钮，如图1－237所示。

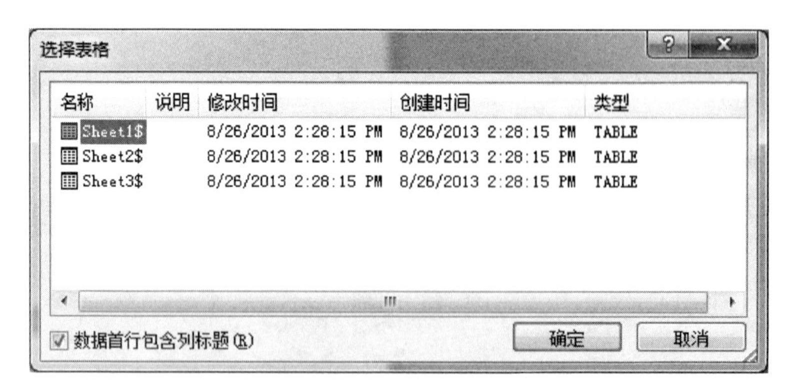

图1－237

第19步：将光标定位在“准考证号”下面的单元格中，在“邮件”选项卡下“编写和插入域”组中单击“插入合并域”下拉按钮，从拉开的下拉列表中选择“准考证号”，如图1－238所示。

依次类推,分别将“姓名”“性别”“学历”和“工作单位”插入到相应的位置处。

第 20 步:完成“插入合并域”操作,通过预览功能核对邮件内容无误后,在“邮件”选项下的“完成”组中单击“完成并合并”按钮,在打开的下拉列表中执行“编辑单个文档”命令,如图 1－239所示。

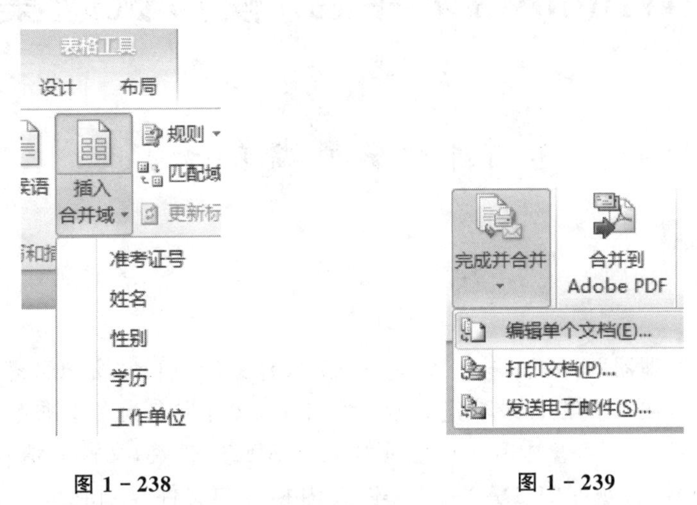

图 1－238　　　　图 1－239

第 21 步:弹出“合并到新文档”对话框,选择“全部”单选按钮,单击“确定”按钮,如图 1－240所示,即可完成邮件合并操作,并自动生成新文档“信函 1”。

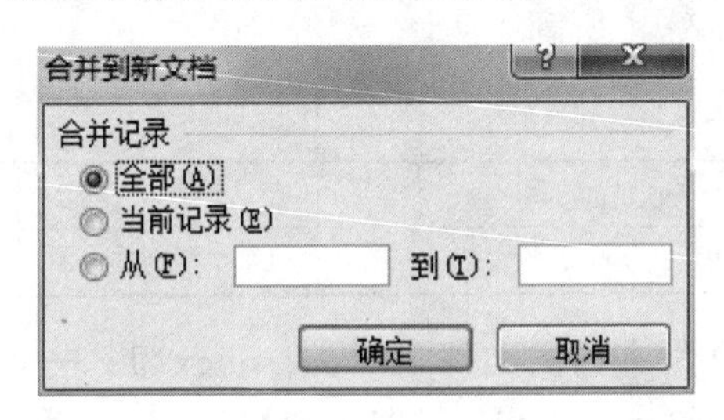

图 1－240

第 22 步:在新文档“信函 1”中,执行“文件”→“另存为”命令,弹出“另存为”对话框,在“保存位置”列表中选择考生文件夹所在位置,在“文件名”文本框中输入文件名“A8－C”,单击“保存”按钮。

第2章　办公软件应用(Windows 7平台)模拟试题集

考前冲刺模拟试卷(一)

第一题

【操作要求】

① 启动“资源管理器”:开机,进入 Windows 7 操作系统,启动“资源管理器”。

② 创建文件夹:在C盘根目录下建立考生文件夹,文件夹名为考生准考证后7位。

③ 复制、重命名文件:C盘中有考试题库“2010KSW”文件夹,文件夹结构如图1-1所示。根据选题单指定题号,将题库中“DATA1”文件夹内相应的文件复制到考生文件夹中,将文件分别重命名为A1、A3、A4、A5、A6、A7、A8,扩展名不变。第二单元的题需要考生在做题时自己新建一个文件。

如果考生的选题单如表2-1所列。

表2-1

单元	一	二	三	四	五	六	七	八
题号	2	2	2	2	2	2	2	2

应将题库中“DATA1”文件夹内的文件 TF1-2. docx、TF3-2. docx、TF4-2. docx、TF5-2. docx、TF6-2. xlsx、TF7-2. xlsx、TF8-2. docx 复制到考生文件夹中,并分别重命名为 A1. docx、A3. docx、A4. docx、A5. docx、A6. xlsx、A7. xlsx、A8. docx。

④ 在控制面板中隐藏“微软雅黑”字体。

⑤ 在控制面板中将桌面背景更改为“Windows 桌面背景”下“建筑”类中的第3张图片。

第二题

【操作要求】

① 新建文件:在 Microsoft Word 2010 程序中,新建一个文档,以 A2. docx 为文件名保存至考生文件夹。

② 录入文本与符号:按照【样文2-2A】,录入文字、标点符号、特殊符号等。

③ 复制粘贴:将 C:\2010KSW\DATA2\TF2-2. docx 中全部文字复制到考生文档中,将考生录入的文档作为第2段插入到复制文档中。

④ 查找替换:将文档中所有的“网购”替换为“网上购物”,结果如【样文2-2B】所示。

【样文 2-2A】

▼〖购物搜索〗，也称“比较购物”。随着“比较购物”网站的发展，其作用不仅表现在为在线消费者提供方便，也为在线销售上推广产品提供了机会，实际上类似于一个搜索引擎的作用。并且出于网上购物的需要，从“比较购物”网站获得的搜索结果比通用搜索引擎获得的信息更加集中，信息也更全面。▲

【样文 2-2B】

网上购物，就是通过互联网检索商品信息，并通过电子订购单发出购物请求，然后填上私人支票账号或信用卡的号码，厂商通过邮购的方式发货，或是通过快递公司送货上门。国内的网上购物，一般付款方式是款到发货（直接银行转账、在线汇款），担保交易（淘宝支付宝、百度百付宝、腾讯财付通等的担保交易）、货到付款等。

▼〖购物搜索〗，也称“比较购物”。随着“比较购物”网站的发展，其作用不仅表现在为在线消费者提供方便，也为在线销售上推广产品提供了机会，实际上类似于一个搜索引擎的作用。并且出于网上购物的需要，从“比较购物”网站获得的搜索结果比通用搜索引擎获得的信息更加集中，信息也更全面。▲

据统计，美国 70%以上的网上购物是通过购物搜索完成的；英国的比价搜索产业也发展很成熟，除了日常用品外，保险证券等金融产品占了相当多的市场比重。

第三题

【操作要求】

打开文档 A3.docx(C:\2010KSW\DATA1\TF3-2.docx)，按下列要求设置、编排文档格式。

1. 设置【文本 3-2A】如【样文 3-2A】所示

(1) 设置字体格式

① 将文章标题行的字体设置为华文中宋，字号为小初，并为其添加“渐变填充-紫色，强调文字颜色 4，映像”的文本效果。

② 将文档副标题的字体设置为隶书，字号为四号，并为其添加“红色，8px 发光，强调文字颜色 2”的发光文本效果。

③ 将正文歌词部分的字体设置为楷体_GB2312，字号为四号，字形为加粗。

④ 将文档最后一段的字体设置为微软雅黑，字号为小四，并为文本“《北京精神》”添加着重符。

(2) 设置段落格式

① 将文档的标题居中对齐，副标题文本右对齐。

② 将正文中歌词部分左、右侧均缩进 10 个字符，对齐方式为分散对齐，行间距为 1.5 倍行距。

③ 将正文最后一段的首行缩进 2 个字符，并设置段前间距 1 行，行距为单倍行距。

2. 设置【文本 3－2B】如【样文 3－2B】所示

（1）拼写检查

改正【文本 3－2B】中拼写错误的单词。

（2）设置项目符号或编号

按照【样文 3－2B】为文档段落添加项目符号。

3. 设置【文本 3－2C】如【样文 3－2C】所示

按照【样文 3－2C】所示，为【文本 3－2C】中的文本添加拼音，并设置拼音的对齐方式为"1－2－1"，偏移量为 2 磅，字号为 16 磅。

【样文 3－2A】

歌曲《北京精神》

（作词：云剑　作曲：鹏来　演唱：韩琳）

北 京 精 神 ， 爱 国 见 行 动

北 京 精 神 ， 创 新 拓 前 程

北 京 精 神 ， 包 容 促 和 谐

北 京 精 神 ， 厚 德 树 新 风

爱 国　创 新　包 容　厚 德

北 京 精 神 好 ， 永 远 记 心 中

《北京精神》这首歌曲由著名词作家云剑、著名曲作家鹏来以及青年歌手韩琳共同打造而成，其旋律简洁大气，歌词朴实深邃，演唱优美亲切。参加歌曲合唱的有老红军、工人、教师，他们都是精神文明和物质文明的缔造者，他们通过自身的典型精神风貌以及澎湃的激情表演来阐释北京这座古城的文化和精神底韵。

【样文 3－2B】

✧ Youth is not a time of life; it is a state of mind; it is not a matter of rosy cheeks, red lips and supple knees; it is a matter of the will, a quality of the imagination, a vigor of the emotions; it is the freshness of the deep springs of life.

✧ Youth means a temperamental predominance of courage over timidity, of the appetite for adventure over the love of ease. This often exists in a man of 60 more than a boy of 20. Nobody grows old merely by a number of years. We grow old by deserting our ideals.

✧ Years may wrinkle the skin, but to give up enthusiasm wrinkles the soul. Worry, fear, self-distrust bows the heart and turns the spirit back to dust.

【样文 3－2C】

guó pò shān hé zài　chéng chūn cǎo mù shēn

国破山河在，城春草木深。

gǎn shí huā jiàn lèi　hèn bié niǎo jīng xīn

感时花溅泪，恨别鸟惊心。

第四题

【操作要求】

打开文档 A4.docx(C:\2010KSW\DATA1\TF4－2.docx)，按下列要求创建、设置表格如【样文 4－2】所示。

① 创建表格并自动套用格式：在文档的开头创建一个 4 行 6 列的表格，并为新创建的表格自动套用“浅色网格-强调文字颜色 5”的表格样式。

② 表格的基本操作：在表格最右侧插入一行空列，并在该列的第 1 个单元格中输入文本“备注”，其他单元格中均输入文本“已结算”；根据窗口自动调整表格，设置表格的行高为固定值 1 厘米；将单元格“12 月 22 日”和“差旅费”分别与其下方的单元格合并为一个单元格。

③ 表格的格式设置：为表格的第 1 行填充茶色(RGB:196,188,150)的底纹，文字对齐方式为“水平居中”；其他各单元格中的字体均设置为方正姚体、四号、对齐方式为“中部右对齐”；将表格的外边框线设置为 1.5 磅、深蓝色的单实线，所有内部网格线均设置为 1 磅的点画线。

【样文 4－2】

第四季度部门费用管理

日期	费用科目	说明	金额	备注
10月2日	办公费	购买圆珠笔20支	270	已结算
10月5日	宣传费	制作宣传画报	900	已结算
11月8日	通信费	购买电话卡	100	已结算
11月15日	交通费	出差	2800	已结算
11月18日	办公费	购买记事本10本	300	已结算
12月22日	差旅费	交通	520	已结算
		住宿	180	已结算

第五题

【操作要求】

打开文档A5.docx(C:\2010KSW\DATA1\TF5-2.docx),按下列要求设置,编排文档的版面如【样文5-2】所示。

1. 页面设置

① 设置纸张大小为信纸,将页边距设置为上、下各2.5厘米,左、右各3.5厘米。

② 按【样文5-2】所示,在文档的页眉处添加页眉文字,页脚处添加页码,并设置相应的格式。

2. 艺术字设置

将标题"大熊猫简介"设置为艺术字样式"填充-红色,强调文字颜色2,暖色粗糙棱台";字体为黑体,字号为48磅,文字环绕方式为"嵌入型";为艺术字添加"红色,8pt发光,强调文字颜色2"的发光文本效果。

3. 文档的版面格式设置

① 分栏设置:将正文第4段至结尾设置为栏宽相等的三栏格式,显示分隔线。

② 边框和底纹:为正文的第1段添加1.5磅、深红色、单实线边框,并为其填充天蓝色(RGB:100,255,255)底纹。

4. 文档的插入设置

① 插入图片:在样文中所示位置插入图片C:\2010KSW\DATA2\pic5-2.jpg,设置图片的缩放比例为55%,环绕方式为"四周型环绕",并为图片添加"棱台矩形"的外观样式。

② 插入尾注:为正文第6段的"钻石"两个字插入尾注"钻石:是指经过琢磨的金刚石,金刚石是一种天然矿物,是钻石的原石。"

【样文 5－2】

湖泊之最

大熊湖简介

大熊湖（Great Bear Lake）位于加拿大西北地区，是该地区第一大湖，也是北美第四大湖和世界第八大湖。因湖区栖息众多北极熊而命名。湖形不规则，长约 322 千米，宽约 40～177 千米，湖面面积 31,153 平方千米，总水量为 2,236 立方千米，平均深度是 72 米，最深处达 446 米。湖岸线长达 2,719 千米，集水区总面积有 114,717 平方千米。

大熊湖好似一个真正的地中海，其长与宽包括了好几个纬度。湖的形状很不规则，中央部分由两个夹岬角扼住，北面扩开，像个三角形大喇叭。总体形状差不多是一张皮撑开、没有头的大反刍动物的兽皮。

大熊湖的水温在各个大湖中是最低的，一年中有 8~9 个月是封冻期，7 月中旬以后始可通航。大熊湖的支流不多，湖水向西经过大熊河流向麦肯锡河，由于气候严寒，大熊河附近很荒凉。

矿产

大熊湖的东岸有个雷钉港的居民点，曾经是加拿大有名的镭产区。20 世纪初东岸地区发现沥青铀矿，1930 年开始开采，从矿砂中提炼镭、铀，并有银、铜、钴、铅等副产品。埃科贝（镭锭港）为采矿中心，也是湖区最大居民点。

钻石[i]

图腾港，位于大熊湖南的小镇，在一般的地图上，根本就无法找到它的位置。图腾港附近一带的峡谷，埋藏着一些东西晶莹闪烁的矿物，至少有二三十亿年的历史，人类给它一个名字：钻石。

植物

大熊湖岸边上并不缺绿色植物，已无积雪的山丘上分布着苏格兰松之类的含松脂的林木。这些树有 40 米高，提供了堡垒居民整个冬天的烤火木材。树木那长着柔软枝条的粗树干呈很有特色的浅灰色。

[i] 钻石：是指经过琢磨的金刚石，金刚石是一种天然矿物，是钻石的原石。

第六题

【操作要求】

在 Excel2010 中打开文件 A6.xlsx(C:\2010KSW\DATA1\TF6－2.xlsx),并按下列要求进行操作。

1. 设置工作表及表格如【样文 6－2A】所示

(1) 工作表的基本操作

① 将 Sheet1 工作表中的所有内容复制到 Sheet2 工作表中,并将 Sheet2 工作表重命名为"收支统计表",将此工作表标签的颜色设置成标准色中的"绿色"。

② 在"收支统计表"工作表中,在"有线电视"所在行的上方插入一行,并输入样文中所示的内容;将"餐费支出"行上方的一行(空行)删除;设置标题行的行高为 30。

(2) 单元格格式的设置

① 在"收支统计表"工作表中,将单元格区域 A1∶E1 合并后居中,设置字体为华文行楷、22 磅、浅绿色,并为其填充深蓝色底纹。

② 将单元格区域 A2∶E2 的字体设置为华文楷体、14 磅、加粗。

③ 将单元格区域 A2∶A9 的底纹设置为橙色。设置整个表格中文本的对齐方式均为水平居中、垂直居中。

④ 将单元格区域 A2∶E9 的外边框设置为紫色的粗虚线,内部框线设置为蓝色的细虚线。

(3) 表格的插入设置

① 在"收支统计表"工作表中,为"345"(D7)单元格插入批注"本月出差"。

② 在"收支统计表"工作表中表格的下方建立如【样文 6－2A】下方所示的公式,并为其应用"细微效果-红色,强调颜色 2"的形状样式。

2. 建立图表如【6－2B】所示

① 使用"收支统计表"工作表中的"项目"和"季度总和"两列数据在 Sheet3 工作表中创建一个分离型圆环图。

② 按【样文 6－2B】所示为图表添加图表标题及数据标签。

3. 工作表的打印设置

① 在"收支统计表"工作表第 6 行的上方插入分页符。

② 设置表格的标题行为顶端打印标题,打印区域为单元格区域 A1∶E18,设置完成后进行打印预览。

【样文 6－2A】

第三季度个人收支表				
项目	七月份	八月份	九月份	季度总和
房租	400	400	400	1200
电话费	84.3	48.7	97	230
水电气费	48.4	78.6	57.1	184.1
有线电视	15	15	15	45
坐车花费	183.4	160	345	688.4
零散花费	671	783	685	2139
餐费支出	900	1104	1400	1235

$$D=\frac{\sqrt{a^2+b^2}}{\overline{x_1}}$$

【样文 6－2B】

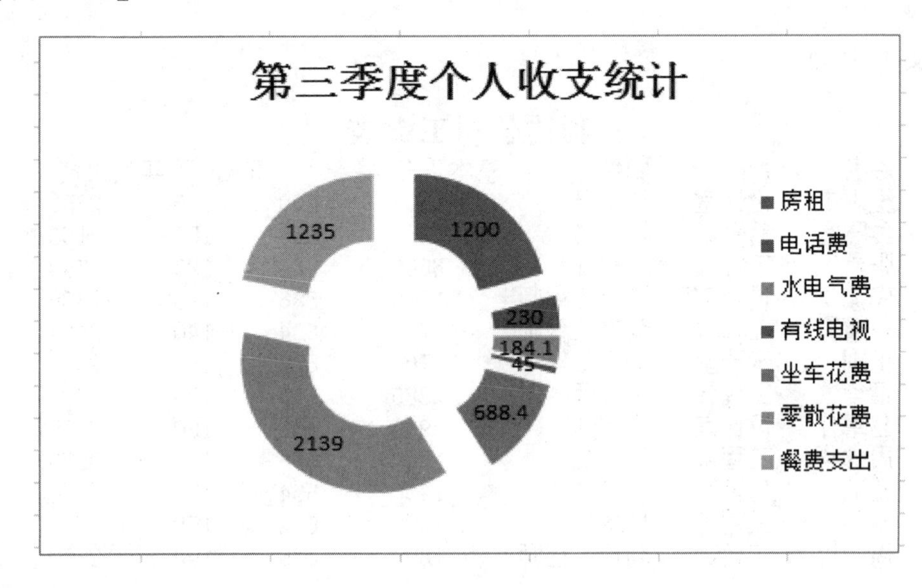

第七题

【操作要求】

打开文档 A7.xlsx(C:\2010KSW\DATA1\TF7－2.xlsx),按照下面要求操作。

1. 数据的查找与替换

按【样文 7－2A】所示,在 Sheet1 工作表中查找出所有的数值“100”,并将其全部替换为“150”。

2. 公式和函数的应用

按【样文 7－2A】所示,使用 Sheet1 工作表中的数据,应用函数公式计算出“实发工资”数,将结果填写在相应的单元格中。

3. 基本数据分析

① 数据排序及条件格式的应用:按【样文 7－2B】所示,使用 Sheet2 工作表中的数据,以

“基本工资”为主要关键字、“津贴”为次要关键字进行降序排序，并对相关数据应用“图标集”中“三色旗”的条件格式，实现数据的可视化效果。

② 数据筛选：按【样文 7－2C】所示，使用 Sheet3 工作表中的数据，筛选出部门为“工程部”、基本工资大于“1700”的记录。

③ 合并计算：按【样文 7－2D】所示，使用 Sheet4 工作表中“一月份工程原料款(元)”和“二月份工程原料款(元)”表格中的数据，在“利达公司前两个月所付工程原料款(元)”的表格中进行“求和”的合并计算操作。

④ 分类总汇：按【样文 7－2E】所示，使用 Sheet5 工作表中的数据，以“部门”为分类字段，对“基本工资”与“实发工资”进行“平均值”的分类汇总。

4. 数据的透视分析

按【样文 7－2F】所示，使用“数据源”工作表中的数据，以“项目工程”为报表筛选项，以“原料”为行标签，以“日期”为列标签，以“金额(元)”为求和项，从 Sheet6 工作表的 A1 单元格起建立数据透视表。

【样文 7－2A】

利达公司工资表						
姓名	部门	职称	基本工资	奖金	津贴	实发工资
王辉杰	设计室	技术员	1500	600	150	2250
吴圆圆	后勤部	技术员	1450	550	150	2150
张勇	工程部	工程师	3000	568	180	3748
李波	设计室	助理工程师	1760	586	140	2486
司慧霞	工程部	助理工程师	1750	604	140	2494
王刚	设计室	助理工程师	1700	622	140	2462
谭华	工程部	工程师	2880	640	180	3700
赵军伟	设计室	工程师	2900	658	180	3738
周健华	工程部	技术员	1500	576	150	2226
任敏	后勤部	技术员	1430	594	150	2174
韩禹	工程部	技术员	1620	612	150	2382
周敏捷	工程部	助理工程师	1800	630	140	2570

【样文 7－2B】

利达公司工资表					
姓名	部门	职称	基本工资	奖金	津贴
张勇	工程部	工程师	3000	568	180
谭华	工程部	工程师	2880	640	180
周敏捷	工程部	助理工程师	1800	630	140
李波	设计室	助理工程师	1760	586	140
司慧霞	工程部	助理工程师	1750	604	140
王刚	设计室	助理工程师	1700	622	140
韩禹	工程部	技术员	1620	612	150
王辉杰	设计室	技术员	1500	600	150
周健华	工程部	技术员	1500	576	150
吴圆圆	后勤部	技术员	1450	550	150
任敏	后勤部	技术员	1430	594	150
赵军伟	设计室	工程师	1050	658	180

【样文 7－2C】

利达公司工资表					
姓名	部门	职称	基本工资	奖金	津贴
张勇	工程部	工程师	3000	568	180
司慧霞	工程部	助理工程师	1750	604	140
谭华	工程部	工程师	2880	640	180
周敏捷	工程部	助理工程师	1800	630	140

【样文 7－2D】

利达公司前两个月所付工程原料款（元）				
原料	德银工程	城市污水工程	商业大厦工程	银河剧院工程
细沙	11000	4000	6000	18000
大沙	18000	1800	13000	25000
水泥	80000	12000	80000	130000
钢筋	140000	10500	110000	190000
空心砖	10000	2000	20000	15000
木材	4000	1000	7000	18000

【样文 7－2E】

利达公司工资表						
姓名	部门	职称	基本工资	奖金	津贴	实发工资
	工程部 平均值		2091.667			2853.333
	后勤部 平均值		1440			2162
	设计室 平均值		1965			2734
	总计平均值		1940.833			2698.333

【样文 7－2F】

项目工程	(全部)				
求和项:金额（元）	**列标签**				
行标签	**2010/1/15**	**2010/1/20**	**2010/1/25**	**2010/1/30**	**总计**
大沙		10000		22000	32000
钢筋	310000				310000
木材				13500	13500
水泥		148000	60000		208000
细沙	8000		17000		25000
总计	**318000**	**158000**	**77000**	**35500**	**588500**

第八题

【操作要求】

打开 A8. docx(C:\2010KSW\DATA1\TF8－2. docx)，按下列要求操作。

1. 选择性粘贴

在 Excel 2010 中打开文件 C:\2010KSW\DATA2\TF8－2A. xlsx，将工作表中的表格以“Microsoft Excel 工作表对象”的形式粘贴至 A8. docx 文档中标题“2010 年南平市市场调查表”的下方，结果如【样文 8－2A】所示。

2. 文本与表格间的相互转换

按【样文 8－2B】所示，将“北极星手机公司员工一览表”下的表格转换成文本，文字分隔符为制表符。

3. 录制新宏

① 在 Word 2010 中新建一个文件，在该文件中创建一个名为 A8A 的宏，将宏保存在当前文档中，用 Ctrl＋Shift＋F 作为快捷键，功能为在当前光标处插入分页符。

② 完成以上操作后，将该文件以“启用宏的 Word 文档”类型保存至考生文件夹中，文件名为 A8－A。

4. 邮件合并

① 在 Word2010 打开文件 C:\2010KSW\DATA2\TF8－2B. docx，以 A8－B. docx 为文件名保存至考生文件夹中。

② 选择“信函”文档类型，使用当前文档，使用文件 C:\2010KSW\DATA2\TF8－2C. xlsx 中的数据作为收件人信息，进行邮件合并，结果如【样文 8－2C】所示。

③ 将邮件合并的结果以 A8－C. docx 为文件名保存至考生文件夹中。

【样文 8－2A】

2010 年南平市市场调查表

类别	一月	二月	三月	四月	五月
批发零售业	17567	21130.5	18164.9	21949.2	21218.7
餐 饮 业	3122.1	4401.8	2689.3	3344.9	3416.1
制 造 业	1495.8	1190.9	1424.1	1183.2	1455.2
农业	2734.1	3331.1	3639.2	3322.1	3573.6
其　　他	4999.6	4611.4	4801.8	4595.3	4584.1

【样文 8－2B】

北极星手机公司员工一览表

员工姓名　性别　年龄　政治面貌　最高学历　现任职务
刘阳　男　28　党员　本科　办公室主任
苏雪梅　女　30　党员　高中　财务主任
吴丽　女　29　党员　中专　销售经理
郑妍妍　女　30　团员　大专　服务部经理
石伟　男　32　团员　中专　财务副主任
朱静　男　34　党员　本科　销售科长

【样文 8－2C】

考生选题单

考生编号	第 1 单元	第 2 单元	第 3 单元	第 4 单元	第 5 单元	第 6 单元
2010001	15	2	3	12	10	17

考生选题单

考生编号	第 1 单元	第 2 单元	第 3 单元	第 4 单元	第 5 单元	第 6 单元
2010032	12	6	5	13	8	15

考生选题单

考生编号	第 1 单元	第 2 单元	第 3 单元	第 4 单元	第 5 单元	第 6 单元
2010056	1	8	14	18	6	12

考生选题单

考生编号	第 1 单元	第 2 单元	第 3 单元	第 4 单元	第 5 单元	第 6 单元
2010089	10	17	20	17	4	8

考生选题单

考生编号	第 1 单元	第 2 单元	第 3 单元	第 4 单元	第 5 单元	第 6 单元
2010036	18	16	18	5	9	7

考前冲刺模拟试卷(二)

第一题

【操作要求】

① 启动“资源管理器”:开机,进入 Windows 7 操作系统,启动“资源管理器”。

② 创建文件夹:在 C 盘根目录下建立考生文件夹,文件夹名为考生准考证后 7 位。

③ 复制、重命名文件:C 盘中有考试题库“2010KSW”文件夹,文件夹结构如图 1-1 所示。根据选题单指定题号,将题库中“DATA1”文件夹内相应的文件复制到考生文件夹中,将文件分别重命名为 A1、A3、A4、A5、A6、A7、A8,扩展名不变。第二单元的题需要考生在做题时自己新建一个文件。

如果考生的选题单如表 2-2 所列。

表 2-2

单元	一	二	三	四	五	六	七	八
题号	3	4	4	4	3	4	4	4

应将题库中“DATA1”文件夹内的文件 TF1-3. docx、TF3-4. docx、TF4-4. docx、TF5-3. docx、TF6-4. xlsx、TF7-4. xlsx、TF8-4. docx 复制到考生文件夹中,并分别重命名为 A1. docx、A3. docx、A4. docx、A5. docx、A6. xlsx、A7. xlsx、A8. docx。

④ 在控制面板中将系统的“日期和时间”更改为“2010 年 10 月 1 日 10∶50∶30”。

⑤ 在资源管理器中删除桌面上“便笺”的快捷方式。

第二题

【操作要求】

① 新建文件:在 Microsoft Word 2010 程序中,新建一个文档,以 A2. docx 为文件名保存

至考生文件夹。

② 录入文本与符号：按照【样文 2－4A】，录入文字、数字、标点符号、特殊符号等。

③ 复制粘贴：将 C:\2010KSW\DATA2\TF2－4.docx 中全部文字复制到考生录入的文档之后。

④ 查找替换：将文档中所有的“南美”替换为“南美洲”，结果如【样文 2－4B】所示。

【样文 2－4A】

❄『南美洲』是南亚美利加州的简称，位于西半球南部，东面是大西洋，西为太平洋。陆地以巴拿马运河为界与北美洲相分，南面隔海与南极洲相望。总面积 1797 万平方千米（含附近岛屿），占世界陆地总面积的 12%，按面积大小排是七大洲中的第四个。『南美洲』海岸线长 28700 千米，海岸较为平直，少岛屿和海湾。❄

【样文 2－4B】

❄『南美洲』是南亚美利加州的简称，位于西半球南部，东面是大西洋，西为太平洋。陆地以巴拿马运河为界与北美洲相分，南面隔海与南极洲相望。总面积 1797 万平方千米（含附近岛屿），占世界陆地总面积的 12%，按面积大小排是七大洲中的第四个。『南美洲』海岸线长 28700千米，海岸较为平直，少岛屿和海湾。❄

南美洲大陆的地形可分为三个南北方向的纵列带：西部为狭长的安第斯山，东部为波状起伏的高原，中部为广阔平坦的平原低地。安第斯山脉长 9000 千米，是世界最长的山脉，阿空加瓜山海拔 6960 米，是南美洲最高峰；东部为巴西高原、圭亚那高原和巴塔哥尼亚高原，其中巴西高原面积 500 万平方千米，是世界最大的高原；中部为奥里诺科平原、亚马逊平原和拉普拉塔平原，是世界最大的冲积平原。

南美洲大部分地区属热带雨林和热带高原气候，温暖湿润。

南美洲的自然资源丰富。石油、铁、铜等储量皆居世界前列。森林面积占到世界森林总面积的 23%，草原面积占世界草原总面积的 14%，渔业资源和水力资源也十分丰富。

第三题

【操作要求】

打开文档 A3.docx(C:\2010KSW\DATA 1\TF3－4.docx)，按下列要求设置、编排文档格式。

1. 设置【文本 3－4A】如【样文 3－4A】所示

(1) 设置字体格式

① 将文档标题行的字体设置为华文中宋、一号，并为其添加“渐变填充-橙色，强调文字颜色 6，内部阴影”的文本效果。

② 将正文第 1 段的字体设置为华文新魏、四号、倾斜，并为其添加点式下画线。

③ 将正文第 2、3、4 段的字体设置为隶书、四号、浅蓝色(RGB:100,150,255)。

④ 将最后一行的字体设置为方正姚体、小四、加粗。

(2) 设置段落格式

① 将文档的标题设置为居中对齐，最后一行设置为右对齐。

② 将正文部分均设置为首行缩进 2 个字符，左右各缩进 1.5 个字符。

③ 将全文的段落间距均设置为段前段后各 0.5 行,第 1 段的行距为 1.5 倍行距,第 2～4 段行距为固定值 18 磅。

2. 设置【文本 3－4B】如【样文 3－4B】所示

(1) 拼写检查

改正【文本 3－4B】中拼写错误的单词。

(2) 设置项目符号或编号

按照【样文 3－4B】为文档段落添加项目符号。

3. 设置【文本 3－4C】如【样文 3－4C】所示

按照【样文 3－4C】所示,为【文本 3－4C】中的文本添加拼音,并设置拼音的对齐方式为“居中”,偏移量为 2 磅,字体为华文中宋,字号为 13 磅。

【样文 3－4A】

有一种朋友

有一种朋友，我想那是一种介于友情与爱情之间的情感，你会在偶尔的一个时间默默地想念他，想起他时，心里暖暖的，有一份美好，有一份感动。

在忧愁和烦恼的时候，你会想起他，你很希望他能在你的身边，给你安慰，给你理解，而你却从没有向他倾诉，你怕属于自己的那份忧伤会妨碍他平静的生活。你会因为一首歌、一种颜色，想起他，想起他的真挚，想起他的执着，想起他那曾经一起经历过的风风雨雨。

因为有了这样一个朋友，你会更加珍惜自己的生命，热爱自己的生活，因为你知道他希望你过得很好，他希望你能好好地照顾自己，再见面时，他希望你能告诉他你很幸福。你很感激在这个世界上，有这样的一个人，他不在你的身边，他也并没有为你做些什么，你却希望，他会过得很好，长命百岁，子孙满堂，幸福安康……

你也很高兴有过那样的一份情感，纯净而又绵长，在这纷繁复杂的人世中，有这样的一个朋友，值得你去祝福，去思念……

——摘自《情感散文集》

【样文 3－4B】

- Allow that emotion to consume you. Allow yourself one minute to truly feel that emotion. Don't cheat yourself here. Take the entire minute-but only one minute-to do nothing else but feel that emotion.
- When the minute is over, ask yourself, "Am I willing to keep holding on to this negative emotion as I go through the rest of the day?"
- Once you've allowed yourself to be totally immersed in the emotion and really fell it, you will be surprised to find that the emotion clears rather quickly.
- If you feel you need to hold on to the emotion for a little longer, that is OK. Allow yourself another minute to feel the emotion.

【样文 3－4C】

sān shí gōngmíngchén yǔ tǔ　　bā qiān lǐ　lù yún hé yuè
三十功名尘与土，八千里路云和月。
mò děng xián　　bái　le　shǎo nián tóu　　kōng bēi qiè
莫等闲，白了少年头，空悲切！

第四题

【操作要求】

打开文档 A4. docx(C:\2010KSW\DATA1\TF4－4. docx)，按下列要求创建、设置表格如【样文 4－4】所示。

① 创建表格并自动套用格式：在文档的开头创建一个 7 行 5 列的表格，并为新创建的表格自动套用“彩色网格-强调文字颜色 2”的表格样式。

② 表格的基本操作：将“2010 至 2011 年财务情况分析报告”表格中“利润”行下方的空行删除；将表格中“可比产品成本降低率”一行与“利润”一行的位置互换；将除表头行以外的所有行平均分布高度；将“定额资产”所在单元格与其前方的单元格合并为一个单元格。

③ 表格的格式设置：将表格中除第 1 个单元格之外的各个单元格均设置为水平居中格式；将表格中所有带文本的单元格的底纹设置为酸橙色(RGB:205,225,50)，所有空白单元格的底纹设置为天蓝色(RGB:200,255,255)；将表格的所有边框线设置为【样文 4－4】所示的线型，线宽为 2.25 磅。

2010 年至 2011 年财务情况分析报告

项目　金额		计划与实际			本期与上年同期		
		计划	实际	增减	本期	上年同期	增减
利润							
可比产品成本降低率							
定额资产	平均余额						
	资金率						
	周转天数						

第五题

【操作要求】

打开文档 A5. docx(C:\2010KSW\DATA1\TF5－3. docx),按下列要求设置,编排文档的版面如【样文 5－3】所示。

1. 页面设置

① 设置纸张的方向为横向,设置页边距为预定义页边距“窄”。

② 按【样文 5－3】所示,在文档的页眉处添加页眉文字和页码,并设置相应的格式。

2. 艺术字设置

将标题“味精食用不当易中毒”设置为艺术字样式“填充-蓝色,强调文字颜色 1,内部阴影-强调文字颜色 1”;字体为华文琥珀,字号为 55 磅;文字环绕方式为“顶端居中,四周型文字环绕”;为艺术字添加“平行,离轴 2 左”三维旋转的文本效果。

3. 文档的版面格式设置

① 分栏设置:将正文第 2 段至结尾设置为栏宽相等的两栏格式,不显示分隔线。

② 边框和底纹:为正文的最后两段添加 1.5 磅、浅蓝色、双实线、带阴影的边框,并为其填充图案样式 10%的底纹。

4. 文档的插入设置

① 插入图片:在样文中所示位置插入图片 C:\2010KSW\DATA2\pic5－3. jpg,设置图片的缩放比例为 75%,环绕方式为“四周型环绕”,并为图片添加“柔化边缘椭圆”的外观样式。

② 插入尾注:为正文第 1 段的“味精”两个字插入尾注“味精:是调味料的一种,主要成分为谷氨酸钠。”

【样文 5－3】

味精食用不当易中毒

味精[i]对于改变人体细胞的营养状况、治疗神经衰弱等都有一定的辅助治疗作用。然而，若使用不当也会产生不良后果，使味精失去调味意义，或对人体健康产生负作用。为此，请您在使用味精时注意以下几点。

一忌：低、高温使用

烹调菜肴时，如果在菜肴温度很高的时投入味精就会发生化学变化，使味精变成焦谷氨酸钠。这样，非但不能起到调味作用，反而会产生轻微的毒素，对人体健康不利。科学实验证明，在 70~90°C的温度下，味精的溶解度最好。

温度低时味精不易溶解。如果您想吃拌菜需要放味精提鲜时，可以把味精用温开水化开，晾凉后浇在凉菜上。

二忌：用于酸、碱性食物

在碱性溶液中，味精会起化学变化，产生一种具有不良气味的谷氨酸二钠。所以烹制碱性食物时，不要放味精。如鱿鱼是用碱发制的，就不能加味精。

味精在酸性菜肴中不易溶解，酸度越高越不易溶解，效果也越差。

三忌：用于甜口菜肴

凡是甜口菜肴如“冰糖莲子”“番茄虾仁”都不应加味精。甜菜放味精非常难吃，既破坏了鲜味，又破坏了甜味。

四忌：投放过量

过量的味精会产生一种似咸非咸、似涩非涩的怪味 使用味精并非多多益善。

五忌：用于炒黄菜

炒黄菜即炒鸡蛋。鸡蛋本身含有许多谷氨酸，炒鸡蛋时一般都要放一些盐，而盐的主要成分是氯化钠，经加热后，谷氨酸与氯化钠这两种物质会产生新的物质——谷氨酸钠，即味精的主要成份，使鸡蛋呈现很纯正的鲜味。炒鸡蛋加味精如同画蛇添足，加多了反而不美。

小贴士：

每日食用味精不可过量。一般情况下，每人每天食用味精不宜超过 6 克，否则，就可能产生头痛、恶心、发热等症状；过量食用味精也可能导致高血糖。老年人及患有高血压、肾炎、水肿等疾病的病人应慎重食用。

[i] 味精：是调味料的一种，主要成分为谷氨酸钠。

第六题

【操作要求】

在 Excel 2010 中打开文件 A6. xlsx(C:\2010KSW\DATA1\TF6－4. xlsx),并按下列要求进行操作。

1. 设置工作表及表格如【样文 6－4A】所示

(1) 工作表的基本操作

① 将 Sheet1 工作表中的所有内容复制到 Sheet2 工作表中,并将 Sheet2 工作表重命名为“预算统计表”,将此工作表标签的颜色设置成标准色中的“黄色”。

② 在“预算统计表”工作表中,在标题行的下方插入一空行,并设置行高为 12;将“2008 年”一列移至“2009 年”一列的前方;设置整个表格的列宽为 10。

(2) 单元格格式的设置

① 在“预算统计表”工作表中,将单元格区域 B2∶F3 合并后居中,设置字体为华文新魏、20 磅、绿色,将底纹填充为“细 水平 剖面线”图案样式,图案颜色为标准色中的黄色。

② 将单元格区域 B4:B11 的字体设置为方正姚体、14 磅、深红色,并为其填充淡紫色(RGB:200,190,210)底纹。

③ 设置整个表格中文本的对齐方式均为水平居中、垂直居中。

④ 为单元格区域 B2∶F3 添加红色、双实线外边框,为其他单元格添加黑色、粗虚线边框线。

(3) 表格的插入设置

① 在“预算统计表”工作表中表格的下方建立如【样文 6－4A】下方所示的公式,并为其应用“浅色 1 轮廓,彩色填充-橄榄色,强调颜色 3”的形状样式。

② 在“预算统计表”工作表中表格的下方插入基本循环型的 SmartArt 图形,颜色为“彩色范围-强调文字颜色 2 至 3”,并为其添加“优雅“的三维效果。

2. 建立图表如【样文 6－4B】所示

① 使用“预算统计表”工作表中的相关数据在 Sheet3 工作表中创建一个折线图。

② 按【样文 6－4B】所示为图表添加图表标题,并在底部显示图例。

3. 工作表的打印设置

① 在“预算统计表”工作表第 6 行的下方插入分页符。

② 设置表格的标题行为顶端打印标题,打印区域为单元格区域 A1∶H32,设置完成后进行打印预览。

【样文 6－4A】

预算执行情况统计表				
部门	2008年	2009年	2010年	2011年
科技部	4545	5755	5654	8895
学生部	4554	5686	5566	8889
教务处	5022	7885	4555	7784
办公室	1222	7485	4465	6855
教材科	2333	7885	4545	4578
德育处	4566	5478	6745	4587
教育处	3545	2566	4568	7889

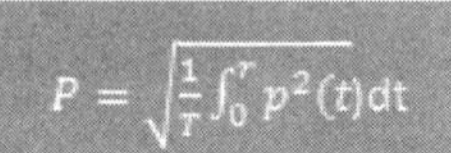

$$P=\sqrt{\frac{1}{T}\int_0^T p^2(t)\mathrm{d}t}$$

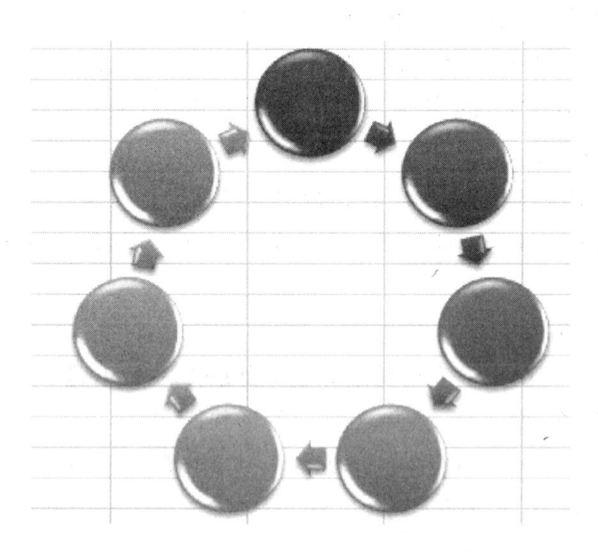

【样文 6－4B】

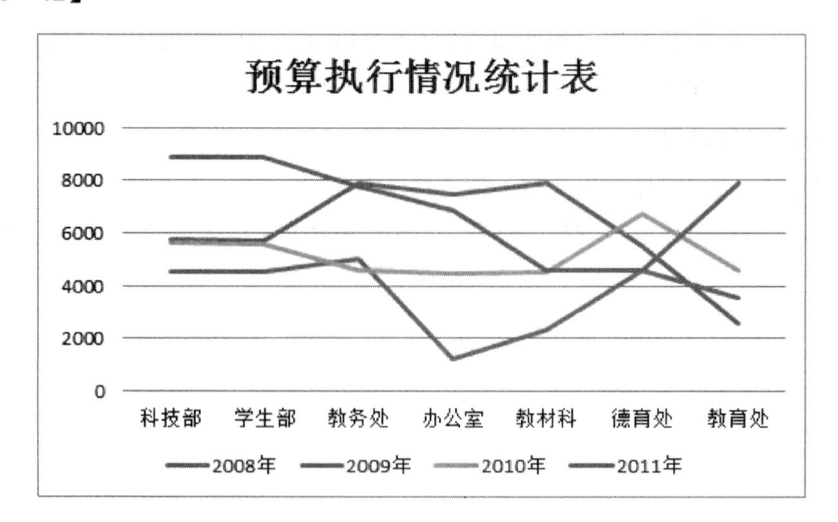

第七题

【操作要求】

打开文档 A7. xlsx(C:\2010KSW\DATA1\TF7－4. xlsx),按照下面要求操作。

1. 数据的查找与替换

按【样文 7－4A】所示,在 Sheet1 工作表中查找出所有的数值“12. 5”,并将其全部替换为“16. 5”。

2. 公式、函数的应用

按【样文 7－4A】所示,使用 Sheet1 工作表中的数据,应用函数公式计算出“销售总额”,将结果填写在相应的单元格中。

3. 基本数据分析

① 数据排序及条件格式的应用:按【样文 7－4B】所示,使用 Sheet2 工作表中的数据,以“类别”为主要关键字、“单价”为次要关键字进行降序排序,并对相关数据应用“数据条”中“绿色数据条”渐变填充的条件格式,实现数据的可视化效果。

② 数据筛选:按【样文 7－4C】所示,使用 Sheet3 工作表中的数据,筛选出“销售数量(本)”大于 5000 或小于 4000 的记录。

③ 合并计算:按【样文 7－4D】所示,使用 Sheet4 工作表中“文化书店图书销售情况表”“西门书店图书销售情况表”和“中原书店图书销售情况表”表格中的数据,在“图书销售情况表”的表格中进行“求和”的合并计算操作。

④ 分类总汇:按【样文 7－4E】所示,使用 Sheet5 工作表中的数据,以“类别”为分类字段,对“销售数量(本)”进行求“平均值”的分类总汇。

4. 数据的透视分析

按【样文 7－4F】所示,使用“数据源”工作表中的数据,以“书店名称”为报表筛选项,以“书籍名称”为行标签,以“类别”为列标签,以“销售数量(本)”为求平均值项,从 Sheet6 工作表的 A1 单元格起建立数据透视表。

【样文 7－4A】

文化书店图书销售情况表

书籍名称	类别	销售数量（本）	单价	销售总额
中学物理辅导	课外读物	4300	16.5	70950
中学化学辅导	课外读物	4000	16.5	66000
中学数学辅导	课外读物	4680	16.5	77220
中学语文辅导	课外读物	4860	16.5	80190
健康周刊	生活百科	2860	15.6	44616
医学知识	生活百科	4830	16.8	81144
饮食与健康	生活百科	3860	16.4	63304
十万个为什么	少儿读物	6850	32.6	223310
丁丁历险记	少儿读物	5840	23.5	137240
儿童乐园	少儿读物	6640	21.2	140768

【样文 7-4B】

文化书店图书销售情况表			
书籍名称	类别	销售数量（本）	单价
医学知识	生活百科	4830	16.8
饮食与健康	生活百科	3860	16.4
健康周刊	生活百科	2860	15.6
十万个为什么	少儿读物	6850	32.6
丁丁历险记	少儿读物	5840	23.5
儿童乐园	少儿读物	6640	21.2
中学物理辅导	课外读物	4300	16.5
中学化学辅导	课外读物	4000	16.5
中学数学辅导	课外读物	4680	16.5
中学语文辅导	课外读物	4860	16.5

【样文 7-4C】

文化书店图书销售情况表			
书籍名称	类别	销售数量（本	单价
健康周刊	生活百科	2860	15.6
饮食与健康	生活百科	3860	16.4
十万个为什么	少儿读物	6850	32.6
丁丁历险记	少儿读物	5840	23.5
儿童乐园	少儿读物	6640	21.2

【样文 7-4D】

图书销售情况表	
书籍名称	销售数量（本）
中学物理辅导	14400
中学化学辅导	13800
中学数学辅导	14240
中学语文辅导	13680
健康周刊	2860
医学知识	14490
饮食与健康	12880
十万个为什么	12970
丁丁历险记	18420
儿童乐园	13780

【样文 7-4E】

文化书店图书销售情况表			
书籍名称	类别	销售数量（本）	单价
	课外读物 平均值	4460	
	少儿读物 平均值	6443.333333	
	生活百科 平均值	3850	
	总计平均值	4872	

【样文 7-4F】

书店名称	(全部)	
平均值项:销售数量(本) 行标签	列标签 课外读物	总计
中学化学辅导	4600	4600
中学数学辅导	4746.666667	4746.666667
中学物理辅导	4800	4800
中学语文辅导	4560	4560
总计	**4676.666667**	**4676.666667**

第八题

【操作要求】

打开 A8.docx(C:\2010KSW\DATA1\TF8-4.docx),按下列要求操作。

1. 选择性粘贴

在 Excel2010 中打开文件 C:\2010KSW\DATA2\TF8-4A.xlsx,将工作表中的表格以"Microsoft Excel 工作表对象"的形式粘贴至 A8.docx 文档中标题"宏达公司市场部 2010 年销售情况统计"的下方,结果如【样文 8-4A】所示。

2. 文本与表格间的相互转换

按【样文 8-4B】所示,将"宏发公司上半年各部门销售情况表"下的表格转换成文本,文字分隔符为制表符。

3. 录制新宏

① 在 Word 2010 中新建一个文件,在该文件中创建一个名为 A8A 的宏,将宏保存在当前文档中,用 Ctrl+Shift+F 作为快捷键,功能是更改选定文本的字体为方正姚体、四号、加粗。

② 完成以上操作后,将该文件以"启用宏的 Word 文档"类型保存至考生文件夹中,文件名为 A8-A。

4. 邮件合并

① 在 Word2010 打开文件 C:\2010KSW\DATA2\TF8-4B.docx,以 A8-B.docx 为文件名保存至考生文件夹中。

② 选择"信函"文档类型,使用当前文档,使用文件 C:\2010KSW\DATA 2\TF8-4C.xlsx 中的数据作为收件人信息,进行邮件合并,结果如【样文 8-4C】所示。

③ 将邮件合并的结果以 A8-C.docx 为文件名保存至考生文件夹中。

【样文 8－4A】

宏达公司市场部 2010 年销售情况统计

类别	主机	显示器	打印机	键盘	鼠标	合计
一季度	52500	236500	56250	36520	2630	384400
二季度	68000	86000	15000	25560	5250	199810
三季度	75000	85500	14400	35000	2500	212400
四季度	151500	149500	45250	91250	4500	442000
总计	347000	557500	130900	188330	14880	1238610

【样文 8－4B】

宏发公司上半年各部门销售情况表

部门	销售额	成本	利润	利润率
甲	658000	632000	26000	4.11%
乙	638000	615000	23000	3.74%
丙	693000	665000	28000	4.21%

【样文 8－4C】

海口机场部分航班时刻表

目的地	起飞时间	到达时间	航行时间
北京	8:00:00 AM	11:40:00 AM	3:40:00 AM

海口机场部分航班时刻表

目的地	起飞时间	到达时间	航行时间
天津	9:00:00 AM	12:30:00 PM	3:30:00 AM

海口机场部分航班时刻表

目的地	起飞时间	到达时间	航行时间
上海	8:00:00 PM	11:40:00 PM	3:40:00 AM

海口机场部分航班时刻表

目的地	起飞时间	到达时间	航行时间
广州	12:30:00 PM	4:00:00 PM	3:30:00 AM

海口机场部分航班时刻表

目的地	起飞时间	到达时间	航行时间
西安	5:00:00 PM	8:30:00 PM	3:30:00 AM

海口机场部分航班时刻表

目的地	起飞时间	到达时间	航行时间
大连	9:15:00 PM	11:30:00 PM	2:15:00 AM

海口机场部分航班时刻表

目的地	起飞时间	到达时间	航行时间
珠海	8:20:00 AM	12:00:00 PM	3:40:00 AM

考前冲刺模拟试卷(三)

第一题

【操作要求】

① 启动“资源管理器”:开机,进入 Windows 7 操作系统,启动“资源管理器”。

② 创建文件夹:在 C 盘根目录下建立考生文件夹,文件夹名为考生准考证后 7 位。

③ 复制、重命名文件:C 盘中有考试题库“2010KSW”文件夹,文件夹结构如图 1 - 1 所示。根据选题单指定题号,将题库中“DATA1”文件夹内相应的文件复制到考生文件夹中,将文件分别重命名为 A1、A3、A4、A5、A6、A7、A8,扩展名不变。第二单元的题需要考生在做题时自己新建一个文件。

如果考生的选题单如表 2 - 3 所列。

表 2 - 3

单元	一	二	三	四	五	六	七	八
题号	4	5	5	4	6	6	6	6

则应将题库中“DATA1”文件夹内的文件 TF1 - 4. docx、TF3 - 5. docx、TF4 - 4. docx、TF5 - 6. docx、TF6 - 6. xlsx、TF7 - 6. xlsx、TF8 - 6. docx 复制到考生文件夹中,并分别重命名为 A1. docx、A3. docx、A4. docx、A5. docx、A6. xlsx、A7. xlsx、A8. docx。

④ 进入操作系统后,进行“重新启动”操作。

⑤ 在控制面板中向桌面添加小工具“日历”,并设置显示较大尺寸。

第二题

【操作要求】

① 新建文件:在 Microsoft Word 2010 程序中,新建一个文档,以 A2. docx 为文件名保存至考生文件夹。

② 录入文本与符号:按照【样文 2 - 5A】录入文字、数字、标点符号、特殊符号等。

③ 复制粘贴:将 C:\2010KSW\DATA2\TF2 - 5. docx 中全部文字复制到考生录入的文档之后。

④ 查找替换:将文档中所有的“玄空寺”替换为“悬空寺”,结果如【样文 2 - 5B】所示。

【样文 2 - 5A】

☯{悬空寺}位于山西浑源县，距大同市 65 千米，悬挂在北岳恒山金龙峡西侧翠屏峰的半崖峭壁间。{悬空寺}始建于 1500 多年前的北魏王朝后期，北魏太和十五年（公元 491 年），历代都对{悬空寺}做过修缮，北魏王朝将道家的道坛从平城（今大同）南移到此，古代工匠根据道家“不闻鸡鸣犬吠之声”的要求建设了{悬空寺}。☯

【样文 2－5B】

☯｛悬空寺｝位于山西浑源县，距大同市 65 千米，悬挂在北岳恒山金龙峡西侧翠屏峰的半崖峭壁间。｛悬空寺｝始建于 1500 多年前的北魏王朝后期，北魏太和十五年（公元 491 年），历代都对｛悬空寺｝做过修缮，北魏王朝将道家的道坛从平城（今大同）南移到此，古代工匠根据道家“不闻鸡鸣犬吠之声”的要求建设了｛悬空寺｝。☯

悬空寺是国内仅存的佛、道、儒三教合一的独特寺庙。悬空寺共有殿阁四十间，寺内有铜、铁、石、泥佛像八十多尊，寺下岩石上“壮观”二字，是唐代诗仙李白的墨宝。

悬空寺距地面高约 60 米，最高处的三教殿离地面 90 米，因历年河床淤积，现仅剩 58 米。悬空寺发展了我国的建筑传统和建筑风格，整个寺院，上载危崖、下临深谷、背岩依龛、寺门向南、以西为正。全寺为木质框架式结构，依照力学原理，半插横梁为基，巧借岩石暗托，梁柱上下一体，廊栏左右紧联。其建筑特色可以概括为“奇、悬、巧”三个字。

第三题

【操作要求】

打开文档 A3. docx(C:\2010KSW\DATA1\TF3－5. docx)，按下列要求设置、编排文档格式。

1. 设置【文本 3－5A】如【样文 3－5A】所示

（1）设置字体格式

① 将文本标题行的字体设置为华文琥珀、小初，并为其添加“填充-橄榄色，强调文字颜色 3，轮廓-文本 2”的文本效果。

② 将文档副标题的字体设置为黑体、小三，并为其添加双波浪线下画线。

③ 将文本“——摘自《朱自清作品集》”的字体设置为方正舒体、四号、倾斜。

④ 将正文最后一段的字体设置为华文新魏、五号、紫色、有着重号。

（2）设置段落格式

① 将文档的标题行和副标题行均设置为居中对齐，文本“——摘自《朱自清作品集》”设置为右对齐。

② 将正文中第 1、2 段设置为首行缩进 2 字符，段落间距为段前 0.5 行，行距为 1.5 倍行距。

③ 将正文最后一段设置为左、右各缩进 1 字符，首行缩进 2 字符，行距为固定值 20 磅。

2. 设置【文本 3－5B】如【样文 3－5B】所示

① 拼写检查：改正【文本 3－5B】中拼写错误的单词。

② 设置项目符号或编号：按照【样文 3－5B】为文档段落添加项目符号。

3. 设置【文本 3－5C】如【样文 3－5C】所示

按照【样文 3－5C】所示，为【文本 3－5C】中的文本添加拼音，并设置拼音的对齐方式为“右对齐”，偏移量为 4 磅，字体为方正姚体，字号为 12 磅。

【样文 3-5A】

荷塘月色(节选)

·朱自清·

月光如流水一般，静静地泻在这一片叶子和花上。薄薄的青雾浮起在荷塘里。叶子和花仿佛在牛乳中洗过一样；又像笼着轻纱的梦。虽然是满月，天上却有一层淡淡的云，所以不能朗照；但我以为这恰是到了好处——酣眠固不可少，小睡也别有风味的。月光是隔了树照过来的，高处丛生的灌木，落下参差的斑驳的黑影，却又像是画在荷叶上。塘中的月色并不均匀，但光与影有着和谐的旋律，如梵婀玲上奏着的名曲。

荷塘的四面，远远近近，高高低低的都是树，而杨柳最多。这些树将一片荷塘重重围住；只在小路一旁，漏着几段空隙，像是特为月光留下的。树色一例是阴阴的，乍看像一团烟雾；但杨柳的丰姿，便在烟雾里也辨得出。树梢上隐隐约约的是一带远山，只有些大意罢了。树缝里也漏着一两点路灯光，没精打彩的，是渴睡人的眼。这时候最热闹的，要数树上的蝉声与水里的蛙声；但热闹的是它们的，我什么也没有。

——摘自《朱自清作品集》

朱自清（1898.11.22~1948.8.12），原名自华，号秋实，后改名自清，字佩弦。原籍浙江绍兴。他是五四爱国运动的参加者，受五四浪潮的影响走上文学道路。1925 年 8 月到清华大学任教，开始研究中国古典文学；创作则以散文为主。

【样文 3－5B】

★ You won't be able to understand this letter today, but someday, when you're ready, I hope you will find some wisdom and value in what I share with you.

★ You are young, and life has yet to take its toll on you, to throw disappointments and heartaches and loneliness and struggles and pain into your path. You have not been worn down yet by long hours of thankless work, by the slings and arrows of everyday life.

★ For this, be thankful. You are at a wonderful stage of life. You have many wonderful stages of life still to come, but they are not without their costs and perils.

★ I hope to help you along your path by sharing some of the best of what I've learned. As with any advice, take it with a grain of salt. What works for me might not work for you.

【样文 3－5C】

huángkǒng tāntóushuōhuángkǒng língdīngyáng lǐ tàn língdīng
惶恐滩头说惶恐，零丁洋里叹零丁。

rénshēng zìgǔ shuí wú sǐ liú qǔ dānxīn zhào hànqīng
人生自古谁无死，留取丹心照汗青。

第四题

【操作要求】

打开文档 A4. docx(C:\2010KSW\DATA1\TF4－5. docx)，按下列要求创建、设置表格如【样文 4－5】所示。

① 创建表格并自动套用格式：在文档的开头创建一个 5 行 5 列的表格，并为新创建的表格以“简明型 3”为样式基础，自动套用“中等深浅网格 1”的表格样式。

② 表格的基本操作：将表格中“上午”行下方的一空行删除，将表格中“星期四”一列移到“星期五”一列的前面；将表格中第 1 列的宽度调整为 3 厘米，并将其他各列平均分布宽度；将单元格“上午”与其下方的三个单元格合并为一个单元格，将单元格“下午”与其下方的两个单元格合并为一个单元格。

③ 表格的格式设置：将表格中所有单元格的对齐方式均设置为“水平居中”格式；将表格中第 1 行的字体均设置为微软雅黑、五号、加粗；将表格中第 1、3、5 列的底纹设置为天蓝色(RGB:180,220,230)，将表格中第 2、4、6 列的底纹设置为浅绿色(RGB:230,240,220)；将表格的外边框线设置为【样文 4－5】所示的线型，所有内部网格线均设置为 1 磅的单实线。

【样文 4-5】

初三年级课程表

科目 / 日程		星期一	星期二	星期三	星期四	星期五
上　午		语文	数学	英语	化学	英语
		数学	语文	数学	物理	化学
		英语	物理	化学	数学	语文
		数学	化学	语文	英语	体育
下　午		化学	英语	物理	历史	英语
		物理	美术	英语	语文	数学
		政治	地理	计算机	音乐	物理

第五题

【操作要求】

打开文档 A5. docx(C:\2010KSW\DATA1\TF5-6. docx),按下列要求设置,编排文档的版面如【样文 5-6】所示。

1. 页面设置

① 自定义纸张大小为宽 21 厘米、高 30 厘米,设置页边距为上、下、左、右均为 3 厘米,页眉页边距为 2 厘米。

② 按【样文 5-6】所示,为文档添加页眉文字和页码,并设置相应的格式。

2. 艺术字设置

将标题"地球上北温带与热带分界线——北回归线"设置为艺术字样式"填充-蓝色,强调文字颜色 1,金属棱台,映像";字体为华文行楷,字号为 28 磅;文字环绕方式为"顶端居中,四周型文字环绕";并为其添加"强烈效果-橄榄色,强调颜色 3"的形状样式。

3. 文档的版面格式设置

① 分栏设置:将正文前六段设置为栏宽相等的三栏格式,不显示分割线。

② 边框和底纹:为正文的最后两段添加 1.5 磅、深蓝色、三实线边框,并为其填充浅蓝色(RGB:198,217,241)的底纹。

4. 文档的插入设置

① 插入图片:在样文中所示位置插入图片 C:\2010KSW\DATA2\pic5-6.jpg,设置图片

的缩放比例为50%，环绕方式为“四周型环绕”，并为图片添加“棱台矩形”的外观样式。

② 插入尾注：为第3段的“双子座”三个字插入尾注“双子座的西边是金牛座，东边是比较暗淡的巨蟹座。”

【样文5-6】

1　　宇宙奥秘

地球上北温带与热带分界线——北回归线

北回归线是太阳在北半球能够直射到的离赤道最远的位置，其纬度值为黄赤交角，是一条纬线，大约在北纬23度26分的地方。

北回归线的位置并非固定不变，只是在北纬23度26分正负一分的范围内变化。在1976年第十六届国际天文学联合会上，决定将2000年的回归线位置定为23度26分21.448秒。

北回归线的英文名起源于二千多年前，夏至日太阳直射到此处时，是处在黄道十二宫的巨蟹座位置，从此回归原处，故应称“回归线”而非“北回归线”。由于星体运动，而移动到了双子座[i]的位置。

北回归线是太阳光直射在地球上最北的界线。每年夏至日（6月22日左右）这一天这里能受到太阳光的垂直照射。然后太阳直射点向

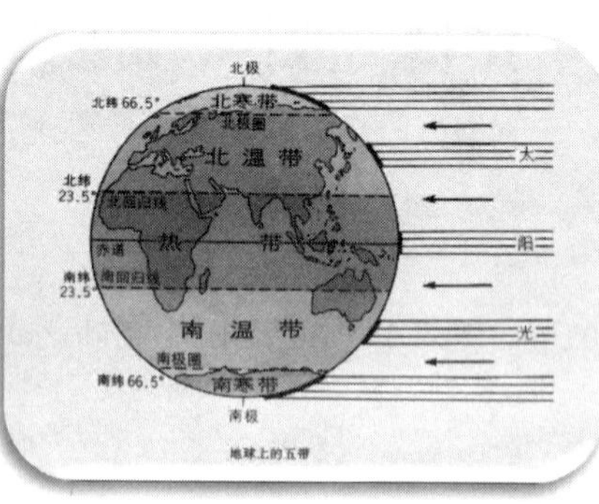

南移动。北半球北回归线（不包括北回归线）以南至南回归线（不包括南回归线）的区域每年太阳直射两次，获得的热量最多，形成为热带。因此北回归线是热带和北温带的分界线。

每年夏至日，太阳直射点在北半球的纬度值达到最大，此时正是北半球的盛夏，此后太阳直射点逐渐南移，并始终在北纬23°26′度附近和南纬23°26′附近的两个纬度圈之间周而复始地循环移动。因此，把这两个纬度圈分别称为北回归线与南回归线。

南、北回归线也是南温带、北温带与热带的分界线；南极圈、北极圈则是90度减去回归线的度数的纬度值所构成的纬度圈，是南温带、北温带与南寒带、北寒带的分界线。

北回归线穿过的国家有中国、缅甸、印度、孟加拉、阿曼、阿拉伯联合酋长国、沙特阿拉伯、埃及、利比亚、阿尔及利亚、西撒哈拉、巴哈马、墨西哥等。

北回归线在我国依次自西向东穿过云南，广西，广东，台湾。在我国多地建有北回归线纪念碑、广场、标志塔等纪念建筑。

---

[i] 双子座的西边是金牛座，东边是比较暗淡的巨蟹座。

第六题

【操作要求】

在 Excel2010 中打开文件 A6. xlsx(C:\2010KSW\DATA1\TF6 - 6. xlsx),并按下列要求进行操作。

1. 设置工作表及表格如【样文 6 - 6A】所示

(1) 工作表的基本操作

① 将 Sheet1 工作表中的所有内容复制到 Sheet2 工作表中,并将 Sheet2 工作表重命名为“物业费用表”,将此工作表标签的颜色设置成标准色中的“紫色”。

② 在“物业费用表”工作表中,将“取暖费”一列与“天然气费”一列互换位置;删除第 G 列(空列);将表格标题行的行高设置为 25,并自动调整表格除标题行以外单元格的列宽。

(2) 单元格格式的设置

① 在“物业费用表”工作表中,将单元格区域 B2∶I2 合并后居中,字体设置为黑体、18 磅、加粗,并为标题行填充绿色(RGB:153,204,0)底纹。

② 将单元格区域 B3∶I3 的字体设置为华文细黑、12 磅、黄色,文本对齐方式为居中,为其填充粉红色(RGB:153,51,102)底纹。

③ 将单元格区域 B4∶I16 的字体设置为方正姚体,12 磅,文本对齐方式为居中,为其填充浅蓝色(RGB:131,211,253)底纹,并将其内部框线设置为紫色的细实线。

④ 将整个表格的外边框设置为褐色(RGB:102,51,0)的粗实线。

(3) 表格的插入设置

① 在“物业费用表”工作表中,为“600”(H14)单元格插入批注“取暖费最高”。

② 在“物业费用表”工作表中表格的下方建立如【样文 6 - 6A】下方所示的公式,并为其应用“中等效果-水绿色,强调颜色 5”的形状样式。

2. 建立图表如【样文 6 - 6B】所示

① 使用“物业费用表”工作表中的相关数据在 Sheet3 工作表中创建一个堆积柱形图。

② 按【样文 6 - 6B】所示为图表添加图表标题及坐标标题。

3. 工作表的打印设置

① 在“物业费用表”工作表第 7 行的上方插入分页符。

② 设置表格的标题行为顶端打印标题,打印区域为单元格区域 A1:I22,设置完成后进行打印预览。

【样文 6-6A】

业主物业费用统计表							
单元	门牌号	户主	水费	电费	天然气费	取暖费	物业管理费
一	101	陈东	80	52	30	200	60
三	403	李伟峰	100	60	45	500	80
一	201	刘建	50	40	21	180	40
二	202	孙淼	88	53	39	360	44
一	103	刘源	75	55	42	360	51
四	302	董建光	63	41	20	270	29
二	102	谢新	45	33	18	120	18
三	201	沈叙	30	20	12	100	15
二	202	卢华	65	50	35	300	28
三	301	陆伟	28	19	10	260	24
四	204	林志强	77	65	50	600	65
一	401	杜彭飞	46	32	22	300	41
二	402	陈俊	53	41	31	370	30

$$\tan\theta = \frac{\sin\theta}{\cos\theta}$$

【样文 6-6B】

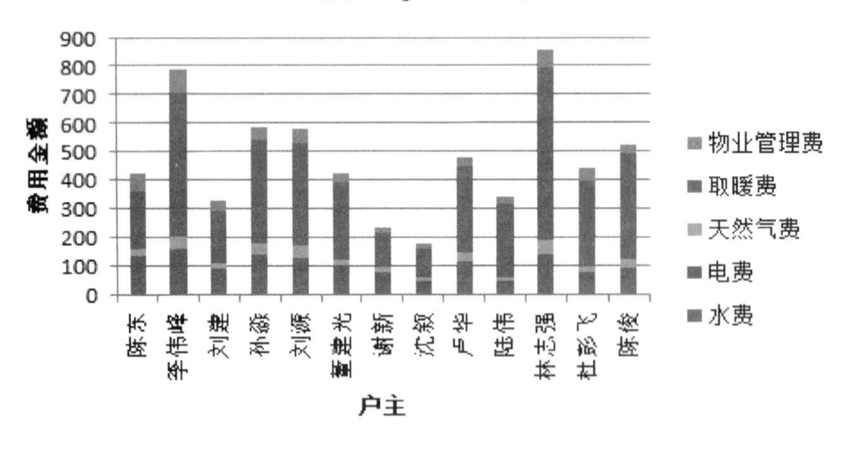

第七题

【操作要求】

打开文档 A7. xlsx(C:\2010KSW\DATA1\TF7-6. xlsx),按照下面要求操作。

1. 数据的查找与替换

按【样文 7-6A】所示,在 Sheet1 工作表中查找出所有的数值“1. 3”,并将其全部替换为

“1.5”。

2. 公式、函数的应用

按【样文 7-6A】所示，使用 Sheet1 工作表中的数据，应用函数公式计算出“总价格(元)”将结果填写在相应的单元格中。

3. 基本数据分析

① 数据排序及条件格式的应用：按【样文 7-6B】所示，使用 Sheet2 工作表中的数据，以“进货产量(公斤)”为主要关键字、“进货单价(元)”为次要关键字进行降序排序，并对相关数据应用“图标集”中的“三标志”的条件格式，实现数据的可视化效果。

② 数据筛选：按【样文 7-6C】所示，使用 Sheet3 工作表中的数据，筛选出“进货地区”为“北京市”、“进货单价(元)”大于“2”的记录。

③ 合并计算：按【样文 7-6D】所示，使用 Sheet4 工作表中的数据，在“水果店进货情况统计表”的表格中进行“求和”的合并计算操作。

④ 分类总汇：按【样文 7-6E】所示，使用 Sheet5 工作表中的数据，以“进货地区”为分类字段，对“进货产量(公斤)”与“进货单价(元)”进行求“最大值”的分类汇总。

4. 数据的透视分析

按【样文 7-6F】所示，使用“数据源”工作表中的数据，以“品种”为行标签，以“进货地区”为列标签，以“进货产量(公斤)”为求和项，从 Sheet6 工作表的 A3 单元格起建立数据透视表。

【样文 7-6A】

水果店进货情况统计表

品种	进货地区	进货产量(公斤)	进货单价(元)	总价格(元)
木瓜	北京市	65	1.5	97.5
荔枝	北京市	114	3	342
火龙果	河北省	50	7	350
海棠	河北省	80	6	480
香蕉	海南省	105	1.5	157.5
菠萝	海南省	120	2.5	300
苹果	河北省	125	1.5	187.5
樱桃	河北省	63	2.5	157.5
柠檬	北京市	45	4	180
草莓	北京市	78	3	234
葡萄	上海市	72	2	144
哈密瓜	上海市	63	3.5	220.5
猕猴桃	北京市	62	1.5	93
桂圆	海南省	86	2.8	240.8
芒果	海南省	72	5	360
香瓜	河北省	68	1.5	102
石榴	上海市	56	2	112
雪梨	上海市	108	1.7	183.6
番桃	北京市	74	3.2	236.8

【样文 7－6B】

水果店进货情况统计表			
品种	进货地区	进货产量(公斤)	进货单价(元)
苹果	河北省	125	1.5
菠萝	海南省	120	2.5
荔枝	北京市	114	3
雪梨	上海市	108	1.7
香蕉	海南省	105	1.5
桂圆	海南省	86	2.8
海棠	河北省	80	6
草莓	北京市	78	3
番桃	北京市	74	3.2
芒果	海南省	72	5
葡萄	上海市	72	2
香瓜	河北省	68	1.5
木瓜	北京市	65	1.5
哈密瓜	上海市	63	3.5
樱桃	河北省	63	2.5
猕猴桃	北京市	62	1.5
石榴	上海市	56	2
火龙果	河北省	50	7
柠檬	北京市	45	4

【样文 7－6C】

水果店进货情况统计表			
品种	进货地区	进货产量(公斤)	进货单价(元)
荔枝	北京市	114	3
柠檬	北京市	45	4
草莓	北京市	78	3
番桃	北京市	74	3.2

【样文 7－6D】

水果店进货情况统计表	
品种	进货产量(公斤)
木瓜	255
荔枝	323
火龙果	169
海棠	258
香蕉	293
菠萝	283
苹果	300
樱桃	261
柠檬	254
草莓	221
葡萄	257
哈密瓜	229

【样文 7-6E】

水果店进货情况统计表			
品种	进货地区	进货产量(千克)	进货单价(元)
	北京市 最大值	114	4
	海南省 最大值	120	5
	河北省 最大值	125	7
	上海市 最大值	108	3.5
	总计最大值	125	7

【样文 7-6F】

1						
2						
3	**求和项:进货产量(公斤)**	**列标签**				
4	**行标签**	**北京市**	**海南省**	**河北省**	**上海市**	**总计**
5	菠萝	120	58	58	124	360
6	海棠	80	105	75	108	368
7	火龙果	50	34	80	93	257
8	荔枝	114	85	105	85	389
9	木瓜	65	75	92	145	377
10	苹果	125	95	92	85	397
11	香蕉	105	96	64	115	380
12	樱桃	63	123	58	73	317
13	**总计**	**722**	**671**	**624**	**828**	**2845**

第八题

【操作要求】

打开 A8.docx(C:\2010KSW\DATA1\TF8-6.docx),按下列要求操作。

1. 选择性粘贴

在 Excel2010 中打开文件 C:\2010KSW\DATA2\TF8-6A.xlsx,将工作表中的表格以"Microsoft Excel 工作表对象"的形式粘贴至 A8.docx 文档中标题"阳光小学书本费统计表"的下方,结果如【样文 8-6A】所示。

2. 文本与表格间的相互转换

按【样文 8-6B】所示,将"某出版社上半年出版图书情况"下的文本转换成 5 列 6 行的表格形式,固定列宽为 2.5 厘米,文字分隔位置为制表符;为表格自动套用"中等深浅网格 3-强调文字颜色 5"的表格样式,表格对齐方式为居中。

3. 录制新宏

① 在 Word 2010 中新建一个文件,在该文件中创建一个名为 A8A 的宏,将宏保存在当前文档中,用 Ctrl+Shift+F 作为快捷键,功能为将选定文本添加红色、双波浪线下画线。

② 完成以上操作后,将该文件以"启用宏的 Word 文档"类型保存至考生文件夹中,文件名为 A8-A。

4. 邮件合并

① 在 Word 2010 中打开文件 C:\2010KSW\DATA2\TF8－6B. docx，以 A8－B. docx 为文件名保存至考生文件夹中。

② 选择"信函"文档类型，使用当前文档，使用文件 C:\2010KSW\DATA 2\TF8－6C. xlsx 中的数据作为收件人信息，进行邮件合并，结果如【样文 8－6C】所示。

③ 将邮件合并的结果以 A8－C. docx 为文件名保存至考生文件夹中。

【样文 8－6A】

阳光小学书本费统计表

书目	四年级	五年级	六年级
数学	15.3	11.5	17.9
语文	25.8	12.6	16.7
政治	19.8	21.2	17.9
英语	13.2	23.6	15.6
历史	18.4	12.8	9.8
地理	23.5	15.6	14.6

【样文 8－6B】

某出版社上半年出版图书情况

名称	类别	单价	页数	册数
HLBT	儿童读物	10.5	56	1000
RL	时尚杂志	12.7	68	12000
KGX	历史文化	11.2	123	2500
JHY	风景名胜	15.6	143	13000
SRF	天文地理	21.8	452	5400

【样文 8－6C】

获奖证书

程方圆同学：

您撰写的论文《 民族传统体育教学 》在全县 2010 年"三教"征文活动中荣获高中组 二等奖 。特发此证，以资鼓励。

长阳土家族自治县教育局

2010 年 11 月 5 日

获奖证书↵

杨洲同学：↵

您撰写的论文《 政治活动课 》在全县 2010 年“三教”征文活动中荣获高中组 三等奖 。特发此证，以资鼓励。↵

长阳土家族自治县教育局↵

2010 年 11 月 5 日

获奖证书↵

张俊芳同学：↵

您撰写的论文《 浅议中职生的心理健康教育 》在全县 2010 年“三教”征文活动中荣获高中组 四等奖 。特发此证，以资鼓励。↵

长阳土家族自治县教育局↵

2010 年 11 月 5 日

获奖证书↵

王元平同学：↵

您撰写的论文《 如何培养中学生的英语阅读能力 》在全县 2010 年“三教”征文活动中荣获高中组 一等奖 。特发此证，以资鼓励。↵

长阳土家族自治县教育局↵

2010 年 11 月 5 日

获奖证书↵

李小东同学：↵

您撰写的论文《 班级分组管理模式探究 》在全县 2010 年“三教”征文活动中荣获高中组 二等奖 。特发此证，以资鼓励。↵

长阳土家族自治县教育局↵

2010 年 11 月 5 日

考前冲刺模拟试卷(四)

第一题

【操作要求】

① 启动“资源管理器”:开机,进入 Windows 7 操作系统,启动“资源管理器”。

② 创建文件夹:在 C 盘根目录下建立考生文件夹,文件夹名为考生准考证后 7 位。

③ 复制、重命名文件:C 盘中有考试题库“2010KSW”文件夹,文件夹结构如图 1-1 所示。根据选题单指定题号,将题库中“DATA1”文件夹内相应的文件复制到考生文件夹中,将文件分别重命名为 A1、A3、A4、A5、A6、A7、A8,扩展名不变。第二单元的题需要考生在做题时自己新建一个文件。

如,如果考生的选题单如表 2-4 所列。

表 2-4

单元	一	二	三	四	五	六	七	八
题号	5	7	7	8	8	8	8	8

则应将题库中“DATA1”文件夹内的文件 TF1-5. docx、TF3-7. docx、TF4-8. docx、TF5-8. docx、TF6-8. xlsx、TF7-8. xlsx、TF8-8. docx 复制到考生文件夹中,并分别重命名为 A1. docx、A3. docx、A4. docx、A5. docx、A6. xlsx、A7. xlsx、A8. docx。

④ 在语言栏中设置计算机启动时默认的输入语言为“微软拼音-简捷 2010”输入法。

⑤ 设置桌面上已添加的“幻灯片放映”小工具中每张图片显示的时间为“10 秒”,图片转换方式为“旋转”。

第二题

【操作要求】

① 新建文件:在 Microsoft Word 2010 程序中,新建一个文档,以 A2. docx 为文件名保存至考生文件夹。

② 录入文本与符号:按照【样文 2-7A】,录入文字、数字、标点符号、特殊符号等。

③ 复制粘贴:复制粘贴:将 C:\2010KSW\DATA2\TF2-7. docx 中全部文字复制到考生文档中,将考生录入的文档作为第 2 段插入到复制文档中。

④ 查找替换:将文档中所有的“境泊湖”替换为“镜泊湖”,结果如【样文 2-7B】所示。

【样文 2-7A】

♠镜泊湖位于我国黑龙江省牡丹江市南部,藏身于崇山峻岭之中。唐代称为“忽汗海”,明、清时叫“毕尔腾湖”,意思就是“平如镜面的湖”,和现在所称的镜泊湖的含义是相同的。镜泊湖形状狭长,南北长约〖45 公里〗,最宽处只有〖6 公里〗,面积〖95 平方公里〗。南浅北深,北部最深处达〖60 米〗,而南部最浅处只有〖1 米〗左右。♠

【样文 2 - 7B】

镜泊湖，历史上称阿卜湖，又称阿卜隆湖，后改称呼尔金海，唐玄宗开元元年（公元 713 年）称忽汗海，明志始呼镜泊湖，清朝称为毕尔腾湖。今仍通称镜泊湖，意为清平如镜。镜泊湖位于黑龙江省东南部张广才岭与老爷岭之间，即宁安市西南 50 公里处，距牡丹江市区 110 公里，它是大约一万年前形成的。

♠镜泊湖位于我国黑龙江省牡丹江市南部，藏身于崇山峻岭之中。唐代称为“忽汗海”，明、清时叫“毕尔腾湖”，意思就是“平如镜面的湖”，和现在所称的镜泊湖的含义是相同的。镜泊湖形状狭长，南北长约〖45 公里〗，最宽处只有〖6 公里〗，面积〖95 平方公里〗。南浅北深，北部最深处达〖60 米〗，而南部最浅处只有〖1 米〗左右。♠

镜泊湖是火山创造的奇迹。火山爆发喷出的熔岩流入牡丹江的河道，凝固后形成了堤岸，堵塞了上游的河谷，这样就产生了一个新的湖泊。

因为熔岩凝固成的岩岸有裂缝、缺口，湖水就从缺口处流下，形成了蔚为壮观的瀑布。镜泊湖的吊水楼瀑布落差高达 20 米，水帘横空、飞珠碎玉，景色十分宜人。除吊水楼瀑布外，还有大孤山、小孤山、珍珠门等八景，是著名的旅游胜地。

第三题

【操作要求】

打开文档 A3. docx(C:\2010KSW\DATA 1\TF3 - 7. docx)，按下列要求设置、编排文档格式。

1. 设置【文本 3 - 7A】如【样文 3 - 7A】所示

(1) 设置字体格式

① 将文本标题行的字体设置为华文彩云、小初，并为其添加“渐变填充-蓝色，强调文字颜色 1，轮廓-白色，发光-强调文字颜色 2”的文本效果。

② 将文档副标题的字体设置为微软雅黑、四号，标准色中的“深红”色。

③ 将正文诗词部分的字体设置为华文楷体、四号，并为其添加“橙色，5pt 发光，强调文字颜色 6”的发光文本效果。

④ 将文档最后一段的字体设置为华文细黑、小四，并为其添加“波浪线”下画线。

(2) 设置段落格式

① 将文档的标题行和副标题行均设置为居中对齐。

② 将正文的诗词部分的左侧缩进 10 个字符，行距为固定值 24 磅。

③ 将正文最后一段的首行缩进 2 个字符，并设置段落间距为段前段后各 0.5 行、行距为固定值 22 磅。

2. 设置【文本 3 - 7B】如【样文 3 - 7B】所示

(1) 拼写检查

改正【文本 3 - 7B】中拼写错误的单词。

(2) 设置项目符号或编号

按照【样文 3 - 7B】为文档段落添加项目符号。

3. 设置【文本 3 - 7C】如【样文 3 - 7C】所示

按照【样文 3 - 7C】所示，为【文本 3 - 7C】中的文本添加拼音，并设置拼音的对齐方式为“右对齐”,偏移量为3磅,字号为14磅。

【样文3-7A】

《雨霖铃》

柳永

寒蝉凄切，对长亭晚，骤雨初歇。

都门帐饮无绪，留恋处，兰舟催发。

执手相看泪眼，竟无语凝噎。

念去去千里烟波，暮霭沉沉楚天阔。

多情自古伤离别，更那堪冷落清秋节！

今宵酒醒何处？杨柳岸，晓风残月。

此去经年，应是良辰好景虚设。

便纵有千种风情，更与何人说？

这首词是柳永的代表作。本篇为作者离开汴京南下时与恋人惜别之作。词中以种种凄凉、冷落的秋天景象衬托和渲染离情别绪，活画出一幅秋江别离图。作者仕途失意，不得不离开京都远行，不得不与心爱的人分手，这双重的痛苦交织在一起，使他感到格外难受。他真实地描述了临别时的情景。全词由别时眼前景入题。起三句，点明了时地景物，以暮色苍苍，蝉声凄切来烘托分别的凄然心境。“都门”以下五句，既写出了饯别欲饮无绪的心态，又形象生动地刻画出执手相看无语的临别情事，语简情深，极其感人。“念去去”二句，以“念”字领起，设想别后所经过的千里烟波，遥远路程，令人感到离情的无限愁苦。下片重笔宕开，概括离情的伤悲。“多情”句，写冷落凄凉的深秋，又不同于寻常，将悲伤推进一层。“今宵”二句，设想别后的境地，是在残月高挂、晓风吹拂的杨柳岸，勾勒出一幅清幽凄冷的自然风景画。末以痴情语挽结，情人不在，良辰美景、无限风情统归枉然，情意何等执着。整首词情景兼融，结构如行云流水般舒卷自如，时间的层次和感情的层次交叠着循序渐进，一步步将读者带入作者感情世界的深处。

【样文 3－7B】

⌘ It's true that we don't know what we've got until we lose it, but it's also true that we don't know what we've been missing until it arrives.

⌘ Giving someone all your love is never an assurance that they'll love you back! Don't expect love in return; just wait for it to grow in their heart but if it doesn't, be content it grew in yours. It takes only a minute to get a crush on someone, an hour to like someone, and a day to love someone, but it takes a lifetime to forget someone.

⌘ Don't go for looks; they can deceive. Don't go for wealth; even that fades away. Go for someone who makes you smile because it takes only a smile to make a dark day seem bright. Find the one that makes your heart smile.

【样文 3－7C】

sōng xià wèn tóng zǐ　yán shī cǎi yào qù
松下问童子，言师采药去。

zhǐ zài cǐ shān zhōng　yún shēn bù zhī chù
只在此山中，云深不知处。

第四题

【操作要求】

打开文档 A4. docx(C:\2010KSW\DATA1\TF4－8. docx)，按下列要求创建、设置表格如【样文 4－8】所示。

① 创建表格并自动套用格式：在文档的开头创建一个 6 行 5 列的表格，并为新创建的表格以“精巧型 2”为样式基准，自动套用“中等深浅网格 1 -强调文字颜色 4”的表格样式。

② 表格的基本操作：将“合计”所在单元格与其下面的单元格合并为一个单元格，将表格中的第 1 列(空列)拆分为 6 行 1 列，并依次输入相应的内容；根据窗口自动调整表格后平均分布各列，设置表格的行高为固定值 1 厘米；将“浮动工资”一列移至“书报费”一列的前方。

③ 表格的格式设置：将整个表格中的字体设置为华文琥珀，字号为五号，文字对齐方式为“水平居中”，并为第 1 行填充金色(RGB：255，204，0)底纹；为表格第 2、4、6 行填充“浅色下斜线”的图案样式，第 3、5 行填充“浅色上斜线”的图案样式，样式颜色均为粉红色(RGB：255，153，204)；将表格的外边框线设置为深蓝色的双波浪线，第 1 行的下边框线设置为浅蓝色的双实线，其他内网格线均为无。

【样文 4-8】

某培训中心员工月收入统计

记录号	姓名	单位名称	基本工资	生活补贴	浮动工资	书报费	合计
1	杨明	劳资科	2110.00	135.20	321.12	33.5	2599.82
2	江华	企管办	2110.00	137.20	221.12	23.5	2491.82
3	刘珍	财务科	1110.00	125.20	235.00	43.5	1513.7
4	张晓	培训部	2138.00	153.12	335.00	33.5	2659.62
5	孙雅	计算中心	1134.00	173.12	135.00	13.5	1455.62

第五题

【操作要求】

打开文档 A5. docx(C:\2010KSW\DATA1\TF5-8. docx),按下列要求设置,编排文档的版面如【样文 5-8】所示。

1. 页面设置

① 自定义纸张大小为宽 20 厘米、高 27 厘米,设置页边距为预定义页边距“适中”。

② 按【样文 5-8】所示,为文档添加页眉文字和页码,并设置相应的格式。

2. 艺术字设置

将标题“清火降暑美食——马蹄”设置为艺术字样式“填充 -蓝色,强调文字颜色 1,内部阴影 -强调文字颜色 1”;字体为华文行楷,字号为 36 磅;文字环绕方式为“嵌入型”;为艺术字添加“水绿色,8pt 发光,强调文字颜色 5”发光的文本效果。

3. 文档的版面格式设置

① 分栏设置:将正文第 2 段至结尾设置为偏右的两栏格式,不显示分隔线。

② 边框和底纹：为正文的第 2 段添加 1.5 磅、深红色、点-点-短线的边框，并为其填充“浅色棚架”底纹样式，颜色为淡紫色(RGB：178，161，199)。

4. 文档的插入设置

① 插入图片：在样文中所示位置插入图片 C:\2010KSW\DATA2\pic5－8.jpg，设置图片的缩放比例为 35%，环绕方式为“紧密型环绕”，并为图片添加“金属椭圆”的外观样式，更改图片边框颜色为浅绿色(RGB：195，214，155)。

② 插入尾注：为正文第 1 段的“马蹄”两个字插入尾注“马蹄：又称荸荠，原产于印度。”

【样文 5－8】

健康饮食　　第 1 页

清火降暑美食——马蹄

有一种食物既是蔬菜又是水果，口感像雪梨一样爽脆甘甜，它就是马蹄[i]，也叫荸荠或地梨，是一种非常甘甜酥脆的水生蔬菜，可以入菜或当水果吃。

荸荠除含有丰富的水分、淀粉、蛋白质外，还含有钙、磷、维生素 A 原、碳酸及维生素 B1、维生素 B2、维生素 C 等物质。另外，马蹄中含有叫做“荸荠英”的物质，对金黄色葡萄球菌、绿脓杆菌、大肠杆菌等有害细菌有明显的抑制作用。所以，对细菌感染造成的扁桃腺肿痛、咽炎和肺炎咳嗽都有不错的食疗效果。

中医讲马蹄是寒凉食物，降火润喉、清肺祛痰，尤其适合夏季食用。通过营养分析，这些理论也有一定现实依据。在炎热的夏季里，经常吃马蹄可以平衡寒热、生津止渴，尤其是当夏季伤风感冒、发烧时，可以尝试饮用马蹄汁，每天 500 克马蹄榨汁分次饮用。偶尔声音嘶哑、失声也可用鲜榨马蹄汁食疗，效果也非常好。

马蹄中的无机盐含量很高，钾和磷的含量都是同类植物中的佼佼者。磷和钙一样，都是骨骼新陈代谢所必须的营养素，充足适量的磷对骨骼生长和发育都有着不可替代的作用。每百克马蹄中钾的含量可以达到 306 毫克，是典型的高钾低钠食物，可以平衡机体细胞的渗透压，消除水肿，预防免疫力下降诱发的疾病，具有很好的降血压和降血脂作用。马蹄对牙齿骨骼的发育也有很大好处，因此马蹄非常适于儿童食用。

在生活中，马蹄除了可以去皮榨汁饮用外，还可以做非常多的营养佳肴。比如扬菜中的清炖蟹粉狮子头中就有马蹄。另外，马蹄还可以和虾仁一起烹炒家常小菜。

[i] 马蹄：又称荸荠，原产于印度。

第六题

【操作要求】

在 Excel2010 中打开文件 A6. xlsx(C:\2010KSW\DATA1\TF6－8. xlsx)，并按下列要求进行操作。

1. 设置工作表及表格如【样文 6－8A】所示

(1) 工作表的基本操作

① 将 Sheet1 工作表中的所有内容复制到 Sheet2 工作表中，并将 Sheet2 工作表重命名为"中文系成绩表"，将此工作表标签的颜色设置成粉红色(RGB:255,153,204)。

② 在"中文系成绩表"工作表中，在"2009007"所在行的上方插入一行，并输入样文中所示的内容，将"F"列(空列)删除，设置标题行的行高为 30，整个表格的列宽均为 9。

(2) 单元格格式的设置

① 在"中文系成绩表"工作表中，将单元格区域 A1∶I1 合并后居中，设置字体为方正舒体、18 磅、加粗、深紫色(RGB:102,0,102)，并为其填充图案样式中"对角线剖面线"底纹，颜色为标准色中的浅蓝色。

② 将单元格区域 A2∶I2 的字体设置为华文中宋、13 磅，居中对齐，并为其填充浅黄色(RGB:255,255,153)底纹。

③ 将单元格区域 A3∶I12 的字体设置为华文行楷，居中对齐，并为其填充淡紫色(RGB:255,204,255)底纹。

④ 将单元格区域 A2∶I12 的上下边框设置为深红色的粗实线，内部框线设置为红色的细虚线。

(3) 表格的插入设置

① 在"中文系成绩表"工作表中，为"王辉"(B3)单元格插入批注"总成绩最高"。

② 在"中文系成绩表"工作表中表格下方插入图片 C:\2010KSW\DATA2\pic6－8. jpg，设置图片的缩放比例为 200%，并为其应用"复杂框架，黑色"的形状样式。

2. 建立图表如【样文 6－8B】所示

① 使用"中文系成绩表"工作表中相关数据在 Sheet3 工作表中创建一个簇状条形图。

② 按【样文 6－8B】所示为图表添加图表标题及坐标标题。

3. 工作表的打印设置

① 在"中文系成绩表"工作表第 8 行的上方插入分页符。

② 设置表格的标题行为顶端打印标题，打印区域为单元格区域 A1∶I26，设置完成后进行打印预览。

【样文 6－8A】

中文系2010年成绩统计表								
学号	姓名	英语	哲学	体育	计算机	古代文学	当代文学	西方文学
2009001	王辉	80	88	86	82	90	87	85
2009002	宋玉	85	78	80	86	77	89	83
2009003	李建国	75	77	75	72	70	80	71
2009004	张桓	90	85	80	86	79	83	80
2009005	袁莉莉	84	70	77	65	77	80	78
2009006	刘敏	75	75	86	80	80	82	77
2009007	苏惠	89	80	90	70	86	75	72
2009008	程微微	83	82	83	76	88	83	68
2009009	段可	77	85	80	79	83	86	90
2009010	孙鹏	70	77	84	73	80	88	78

【样文 6－8B】

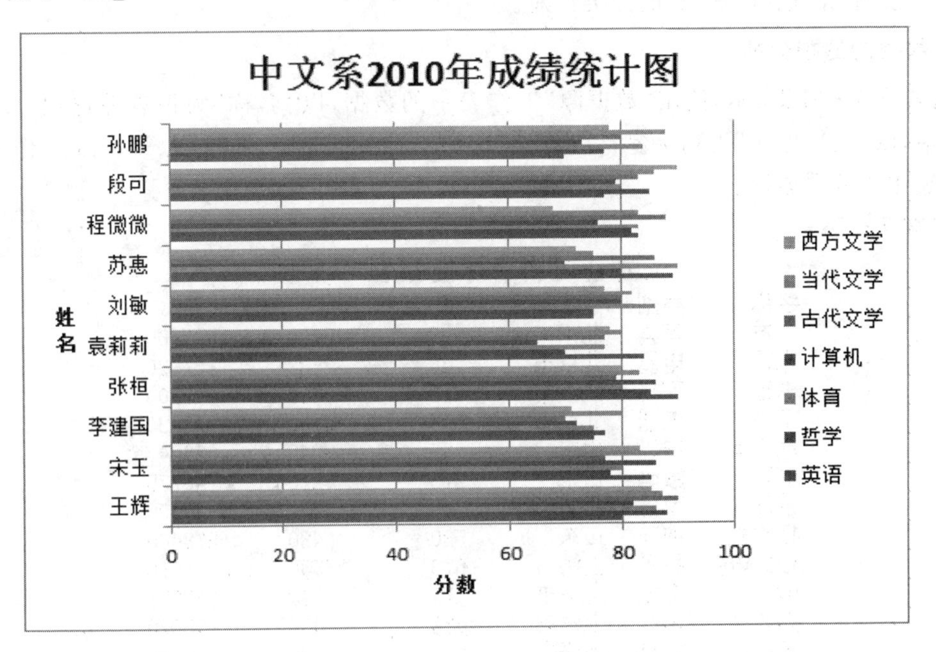

第七题

【操作要求】

打开文档 A7. xlsx(C:\2010KSW\DATA1\TF7－8. xlsx)，按照下面要求操作。

1. 数据的查找与替换

按【样文 7－8A】所示，在 Sheet1 工作表中查找出所有的数值“230”，并将其全部替换为“215”。

2. 公式、函数的应用

按【样文 7－8A】所示，使用 Sheet1 工作表中的数据，应用函数公式计算出“总价（元）”，将结果填写在相应的单元格中。

3. 基本数据分析

① 数据排序及条件格式的应用：按【样文 7－8B】所示，使用 Sheet2 工作表中的数据，以“数量”为主要关键字、“单价（元）”为次要关键字进行降序排序，并对大于“2000”的数据应用“绿填充色深绿色文本”的条件格式，实现数据的可视化效果。

② 数据筛选：按【样文 7－8C】所示，使用 Sheet3 工作表中的数据，筛选出“进货地区”为“上海市”、“数量”大于“100”的记录。

③ 合并计算：按【样文 7－8D】所示，使用 Sheet4 工作表中“第一分公司新进办公用品情况表”和“第二分公司新进办公用品情况表”表格中的数据，在“天都公司新进办公用品一览表”的表格中进行求“平均值”的合并计算操作。

④ 分类总汇：按【样文 7－8E】所示，使用 Sheet5 工作表中的数据，以“类别”为分类字段，对“数量”与“单价”进行“求和”的分类汇总。

4. 数据的透视分析

按【样文 7－8F】所示，使用“数据源”工作表中的数据，以“名称”为报表筛选项，以“类别”为行标签，以“进货地区”为列标签，以“数量”和“单价（元）”为求和项，从 Sheet6 工作表的 A1 单元格起建立数据透视表。

【样文 7－8A】

天都公司新进办公用品一览表

名称	类别	进货地区	数量	单价（元）	总价（元）
沙发	家具	北京市	95	8480	805600
电视	电器	北京市	40	2688	107520
书柜	家具	北京市	215	3480	748200
空调	电器	北京市	643	4560	2932080
笔记本	数码	山东	76	8240	626240
U盘	数码	山东	215	215	46225
茶几	家具	山东	243	1400	340200
打印机	数码	山东	580	480	278400
台式电脑	数码	上海市	679	8530	5791870
DVD	电器	上海市	72	1748	125856
办公桌	家具	上海市	432	360	155520
扫描仪	数码	上海市	274	1190	326060
椅子	家具	深圳	830	150	124500
复印机	数码	深圳	215	2690	578350
饮水机	电器	深圳	286	3450	986700

【样文 7-8B】

天都公司新进办公用品一览表				
名称	类别	进货地区	数量	单价（元）
椅子	家具	深圳	830	150
台式电脑	数码	上海市	679	8530
空调	电器	北京市	643	4560
打印机	数码	山东	580	480
办公桌	家具	上海市	432	360
饮水机	电器	深圳	286	3450
扫描仪	数码	上海市	274	1190
茶几	家具	山东	243	1400
书柜	家具	北京市	215	3480
复印机	数码	深圳	215	2690
U盘	数码	山东	215	215
沙发	家具	北京市	95	8480
笔记本	数码	山东	76	8240
DVD	电器	上海市	72	1748
电视	电器	北京市	40	2688

【样文 7-8C】

天都公司新进办公用品一览表				
名称	类别	进货地区	数量	单价（元）
台式电脑	数码	上海市	679	8530
办公桌	家具	上海市	432	360
扫描仪	数码	上海市	274	1190

【样文 7-8D】

天都公司新进办公用品一览表		
名称	类别	数量
沙发	家具	85.5
电视	电器	60
书柜	家具	333.5
空调	电器	511.5
笔记本	数码	70.5
U盘	数码	257.5
茶几	家具	200.5
打印机	数码	505
台式电脑	数码	689.5
DVD	电器	76
办公桌	家具	391
扫描仪	数码	297
椅子	家具	767.5
复印机	数码	211
饮水机	电器	305.5

【样文 7-8E】

天都公司新进办公用品一览表				
名称	类别	进货地区	数量	单价（元）
	电器 汇总		1041	12446
	家具 汇总		1815	13870
	数码 汇总		2039	21345
	总计		4895	47661

【样文 7-8F】

名称	（全部）			
	列标签			
行标签	北京市	上海市	深圳	总计
电器				
求和项:数量	929	357	802	2088
求和项:单价（元）	8010	9678	8875	26563
家具				
求和项:数量	1978	1466	731	4175
求和项:单价（元）	13870	13827	15434	43131
数码				
求和项:数量	1748	722	1538	4008
求和项:单价（元）	10468	9311	10502	30281
求和项:数量汇总	**4655**	**2545**	**3071**	**10271**
求和项:单价（元）汇总	**32348**	**32816**	**34811**	**99975**

第八题

【操作要求】

打开 A8. docx(C:\2010KSW\DATA1\TF8-8. docx)，按下列要求操作。

1. 选择性粘贴

在 Excel 2010 中打开文件 C:\2010KSW\DATA2\TF8-8A. xlsx，将工作表中的表格以“Microsoft Excel 工作表对象”的形式粘贴至 A8. docx 文档中标题“宏远公司员工基本信息表”的下方，结果如【样文 8-8A】所示。

2. 文本与表格间的相互转换

按【样文 8-8B】所示，将“宏远公司部分装修材料价格表”下的文本转换成 5 列 6 行的表格形式，文字分隔位置为制表符；将整个表格根据内容自动调整；为表格自动套用“浅色底纹-强调文字颜色 1”的表格样式，表格对齐方式为居中。

3. 录制新宏

① 在 Word 2010 中新建一个文件，在该文件中创建一个名为 A8A 的宏，将宏保存在当前文档中，用 Ctrl+Shift+F 作为快捷键，功能为将选定段落的行距设置为固定值 20 磅，段落间距设置为段前、段后各 0.5 行。

② 完成以上操作后，将该文件以“启用宏的 Word 文档”类型保存至考生文件夹中，文件

名为 A8－A。

4. 邮件合并

① 在 Word 2010 中打开文件 C:\2010KSW\DATA2\TF8－8B. docx,以 A8－B. docx 为文件名保存至考生文件夹中。

② 选择“信函”文档类型,使用当前文档,使用文件 C:\2010KSW\DATA2\TF8－8C. xlsx 中的数据作为收件人信息,进行邮件合并,结果如【样文 8－8C】所示。

③ 将邮件合并的结果以 A8－C. docx 为文件名保存至考生文件夹中。

【样文 8－8A】

宏远公司员工基本信息表

姓名	性别	民族	出生日期	生源地	部门
赵永恒	男	汉	1983-5-12	浙江	人事部
王志刚	男	壮	1984-11-20	山东	财务部
孙红	女	汉	1987-8-7	北京	销售部
钟秀	女	汉	1990-5-20	河北	保卫部
林小林	女	满	1986-8-18	湖南	市场部
黄冰	男	汉	1985-2-14	上海	开发部
宁中一	男	汉	1984-7-21	福建	工程部

【样文 8－8B】

宏远公司部分装修材料价格表

商品名称	规格	单位	最高价格（元）	最低价格（元）
防水板	12A	A 厂	22	20.4
进口三合板	1220×2440×3	C 厂	45	43
耐火石膏板	9.5A	B 厂	12.5	11.98
刨花板	1220×2440×15	A 厂	35	30
水泥压力板	5mm	C 厂	55	49.5

【样文 8－8C】

学生信息登记卡

姓名	李明	编号	2010001	所学专业	计算机专业
性别	男	出生日期	3/12/1990	户口所在地	山西省太原市
民族	汉族	社会面貌	团员	电子邮箱	LiMing0312@263.net

学生信息登记卡

姓名	李煜	编号	2010002	所学专业	计算机专业
性别	男	出生日期	12/8/1991	户口所在地	辽宁省营口
民族	满族	社会面貌	团员	电子邮箱	liyi1208@sohu.com

学生信息登记卡

姓名	刘淼	编号	2010003	所学专业	国际贸易
性别	女	出生日期	9/11/1991	户口所在地	北京市朝阳区
民族	汉族	社会面貌	学生	电子邮箱	L.M@hotmail.com

学生信息登记卡

姓名	孙庆伟	编号	2010004	所学专业	财会专业
性别	男	出生日期	6/18/1990	户口所在地	山西省大同市
民族	汉族	社会面貌	团员	电子邮箱	SunQW@163.com

学生信息登记卡

姓名	付丽丽	编号	2010005	所学专业	财会专业
性别	女	出生日期	8/7/1992	户口所在地	北京市朝阳区
民族	汉族	社会面貌	学生	电子邮箱	LiLi0807@371.net

学生信息登记卡

姓名	高云	编号	2010006	所学专业	英语专业
性别	女	出生日期	10/1/1990	户口所在地	北京市海淀区
民族	汉族	社会面貌	学生	电子邮箱	gaoyun101@sina.com

考前冲刺模拟试卷(五)

第一题

【操作要求】

① 启动“资源管理器”:开机,进入 Windows 7 操作系统,启动“资源管理器”。

② 创建文件夹:在 C 盘根目录下建立考生文件夹,文件夹名为考生准考证后 7 位。

③ 复制、重命名文件:C 盘中有考试题库“2010KSW”文件夹,文件夹结构如图 1-1 所示。根据选题单指定题号,将题库中“DATA1”文件夹内相应的文件复制到考生文件夹中,将文件分别重命名为 A1、A3、A4、A5、A6、A7、A8,扩展名不变。第二单元的题需要考生在做题时自己新建一个文件。

如果考生的选题单如表 2-5 所列。

表 2-5

单元	一	二	三	四	五	六	七	八
题号	6	9	9	10	10	10	10	10

则应将题库中“DATA1”文件夹内的文件 TF1-6.docx、TF3-9.docx、TF4-10.docx、TF5-10.docx、TF6-10.xlsx、TF7-10.xlsx、TF8-10.docx 复制到考生文件夹中,并分别重命名为 A1.docx、A3.docx、A4.docx、A5.docx、A6.xlsx、A7.xlsx、A8.docx。

④ 在控制面板中设置桌面上仅显示“计算机”和“回收站”的图标。

⑤ 在控制面板中将桌面背景更改为“Windows 桌面背景”下“自然”类中的第 1 张图片。

第二题

【操作要求】

① 新建文件:在 Microsoft Word 2010 程序中,新建一个文档,以 A2. docx 为文件名保存至考生文件夹。

② 录入文本与符号:按照【样文 2 - 9A】,录入文字、数字、标点符号、特殊符号等。

③ 复制粘贴:复制粘贴:将 C:\2010KSW\DATA2\TF2 - 9. docx 中全部文字复制到考生文档中,将考生录入的文档作为第 2 段插入到复制文档中。

④ 查找替换:将文档中所有的“光传输”替换为“光纤传输”,结果如【样文 2 - 9B】所示。

【样文 2 - 9A】

《2011 年 3 月美国洛杉矶举办的 2011 年光纤通信大会(OFC2011)上展示了最新的〈光纤传输〉技术。这是德国弗朗霍夫学会海因里希赫兹研究所与丹麦技术大学研究人员合作完成的,研究人员在长度为 29 公里的单一玻璃光纤线路上创造了每秒 10.2Terabit(太比特)的〈光纤传输〉速率新世界纪录,其每秒传输的数据量相当于 240 张 DVD 光盘。在此之前的世界纪录是由该研究所创造的每秒 2.56Terabit。》

【样文 2 - 9B】

光纤传输,即以光导纤维为介质进行的数据、信号传输。光导纤维,不仅可用来传输模拟信号和数字信号,而且可以满足视频传输的需求。光纤传输一般使用光缆进行,单根光导纤维的数据传输速率能达几 Gbps,在不使用中继器的情况下,传输距离能达几十公里。

《2011 年 3 月美国洛杉矶举办的 2011 年光纤通信大会(OFC2011)上展示了最新的〈光纤传输〉技术。这是德国弗朗霍夫学会海因里希赫兹研究所与丹麦技术大学研究人员合作完成的,研究人员在长度为 29 公里的单一玻璃光纤线路上创造了每秒 10.2Terabit(太比特)的〈光纤传输〉速率新世界纪录,其每秒传输的数据量相当于 240 张 DVD 光盘。在此之前的世界纪录是由该研究所创造的每秒 2.56Terabit。》

今天,人们使用光纤系统承载数字电视、语音和数字是很普通的一件事,在商用与工业领域,光纤已成为地面传输标准。在军事和防御领域,快速传递大量信息是大范围更新换代光纤计划的原动力。尽管光纤仍在初期发展阶段,但总有一天光控飞行控制系统会用重量轻、直径小又使用安全的光缆取代线控飞行系统。光导纤维与卫星和其他广播媒体一起,代表着在航空电子学、机器人学、武器系统、传感器、交通运输及其他高性能环境使用条件下的商用通信和专业应用的新的世界潮流。

第三题

【操作要求】

打开文档 A3. docx(C:\2010KSW\DATA1\TF3 - 9. docx),按下列要求设置编排文档格式。

1. 设置【文本 3 - 9A】如【样文 3 - 9A】所示

(1) 设置字体格式

① 将文档第 1 行的字体设置为华文中宋、小四、红色，并为其添加“橄榄色，11pt 发光，强调文字颜色 3”的发光文本效果。

② 将文档标题行的字体设置为黑体、小一，并为其添加“渐变填充-紫色，强调文字颜色 4，映像”的文本效果。

③ 将正文部分的字体设置为方正姚体、小四，其中第 1 段字体颜色为标准色中的“绿色”，并为其添加“点-短线下画线”。

④ 将最后一行的字体设置为华文隶书、小四、倾斜、标准色中的“深蓝色”。

(2) 设置段落格式

① 将文档的标题设置为居中对齐，第一行和最后一行文本均设置为右对齐。

② 将正文中第 1 段设置为首行缩进 2 字符，段落间距为段后 1 行，行距为固定值 20 磅。

③ 将正文第 2、3、4 段设置为首行缩进 2 字符，段落间距为段前 0.5 行，行间距为固定值 18 磅。

2. 设置【文本 3-9B】如【样文 3-9B】所示

① 拼写检查：改正【文本 3-9B】中拼写错误的单词。

② 设置项目符号或编号：按照【样文 3-9B】为文档段落添加项目符号。

3. 设置【文本 3-9C】如【样文 3-9C】所示

按照【样文 3-9C】所示，为【文本 3-9C】中的文本添加拼音，并设置拼音的对齐方式为“居中”，偏移量为 3 磅，字体为华文行楷，字号为 16 磅。

【样文 3-9A】

健康小知识

热伤风·尽量别用解热镇痛药

夏日炎炎，由于人体的新陈代谢加快，为了散发体内的热能，人体的表皮血管和汗腺孔扩张，所以出汗量会增加，这时人们往往会开着空调、风扇入睡、用凉水冲浴、骤然进入温度很低的房间，殊不知，这样很容易患上“热伤风”。

老百姓所说的“热伤风”指的是夏天的暑湿感冒。暑湿感冒的特点就是因为夏季闷热，湿度比较大，热伤风患者本身体内热毒多，加上感受外邪，形成“寒包火”，所以会出现打喷嚏、鼻塞、怕冷、头痛、高热等症状。伴有头昏重胀痛、身重疲倦、心烦口渴、胸闷恶心、呕吐、食欲减退、腹泻等消化道症状，西医称之为“胃肠型感冒”。

发生热伤风后，应注意饮食及生活的调节。感冒发热时胃蠕动减慢，消化液分泌少，高蛋白、高脂肪饮食会使食欲减退，甚至引起消化不良，故感冒时应以稀饭、蔬菜等清淡易消化饮食为宜。在感冒初期，应避免剧烈的体育锻炼或体力劳动，否则会增加机体消耗，降低抵抗力而加重病情。烟酒刺激呼吸道和消化道黏膜，可使血管扩张，加重鼻塞、流涕、咳嗽等上呼吸道症状，因此，在感冒期间，应戒烟限酒。

另外，预防热伤风要多喝水、多休息。中医治疗热伤风，主张宣肺清热、辛凉解表、清热祛暑。中成药可选用银翘解毒片、羚翘解毒丸、板蓝根冲剂等。一般来说，如果热伤风的伴随症状明显，发热较重、咽喉肿痛，可以配服双黄连口服液、清热解毒口服液。尽量避免使用扑热息痛、阿司匹林等解热镇痛药，否则反而使病情加重。

——摘自《大众科技报》

【样文 3－9B】

- Always put yourself in others' shoes. If you feel that it hurts you, it probably hurts the other person, too.
- The happiest of people don't necessarily have the best of everything; they just make the most of everything that comes along their way.
- Happiness lies for those who cry those who hurt, those who have searched, and those who have tried, for only they can appreciate the importance of people who have touched their lives. Love begins with a smile, grows with a kiss and ends with a tear. The brightest future will always be based on a forgotten past, you can't go on well in life until you let go of your past failures and heartaches.

【样文 3－9C】

zhū què qiáo biān yě cǎo huā　wū yī xiàng kǒu xī yáng xié

朱雀 桥 边 野草花，乌衣 巷口 夕阳斜。

jiù shí wáng xiè táng qián yàn　fēi rù xún cháng bǎi xìng jiā

旧时 王 谢 堂 前 燕，飞入 寻常 百姓 家。

第四题

【操作要求】

打开文档 A4. docx(C:\2010KSW\DATA1\TF4－10. docx)，按下列要求创建、设置表格

如【样文 4-10】所示。

① 创建表格并自动套用格式：在文档的开头创建一个 3 行 6 列的表格，并为新创建的表格以“列表型 7”为样式基准，自动套用“浅色列表-强调文字颜色 2”的表格样式。

② 表格的基本操作：将表格中“菊花”行下方的一空行删除，将表格中“2009 年”一列移到“2010 年”一列的前面；分别将单元格“2007 年”“2008 年”“2009 年”“2010 年”与其下面的空单元格合并为一个单元格；将表格中第 1 行的高度调整为 1.5 厘米，并将其他各行的高度均设置为 0.8 厘米。

③ 表格的格式设置：将表格中除第 1 个单元格以外所有单元格的对齐方式均设置为“水平居中”格式；将表格中第 1 行和第 1 列的字体均设置为隶书、小四、加粗，并为其填充绿色(RGB:153,204,0)底纹；将表格中数值区域的单元格字体均设置为 Arial、小四，并为其填充浅橙色(RGB:250,191,143)底纹；将表格的外边框线设置为褐色(RGB:153,51,0)、1.5 磅的双实线，横向网格线设置为【样文 4-10】所示的线型，颜色为标准色中的“浅蓝”色、宽度为 1 磅，竖向网格线设置为紫色、1 磅的点画线，第 1 个单元格的斜线为红色的双点画线。

【样文 4-10】

花卉养植面积统计表（单位：亩）

年份 品种	2007 年	2008 年	2009 年	2010 年
郁金香	40	49	57	55
百合	37	40	44	48
吊兰	49	55	66	72
菊花	53	62	56	59
月季	63	73	64	66
水仙	19	25	31	31
迎春	48	53	58	64

第五题

【操作要求】

打开文档 A5.docx(C:\2010KSW\DATA1\TF5-10.docx)，按下列要求设置，编排文档的版面如【样文 5-10】所示。

1. 页面设置

① 自定义纸张大小为宽 21 厘米、高 30 厘米，设置页边距为上、下各 2 厘米，左、右各 3 厘米。

② 按【样文 5－10】所示，为文档添加页眉文字和页码，设置字体为华文新魏、四号、浅蓝色。

2. 艺术字设置

将标题“二月二龙抬头的传说”设置为艺术字样式“填充-白色，暖色粗糙棱台”；字体为华文中宋，字号为 36 磅，文本填充为预设颜色中“彩虹出岫”的效果，类型为“射线”，方向为“中心辐射”；文字环绕方式为“上下型环绕”，对齐方式为居中；为艺术字添加转换中“桥形”的文本效果。

3. 文档的版面格式设置

① 分栏设置：将正文第 1 段和第 2 段设置为栏宽相等的三栏格式，不显示分隔线。

② 边框和底纹：为正文的第 3 段文字添加 1.5 磅、浅蓝色、双实线边框，并为正文第 4 段和第 5 段填充浅绿色(RGB:214,227,188)的底纹。

4. 文档的插入设置

① 插入图片：在样文中所示位置插入图片 C:\2010KSW\DATA2\pic5－10.jpg，设置图片的高度为 5 厘米，宽度为 6.5 厘米，环绕方式为“四周型环绕”，并为图片添加“柔化边缘椭圆”的外观样式。

② 插入尾注：为正文第 4 段中的文本“武则天”三个字插入脚注“武则天：是中国历史上唯一一个正统的女皇帝。”

【样文 5－10】

中国传统节日　　　　第 1 页

二月二龙抬头的传说

二月二龙抬头，汉族民间传统节日农历二月二民谚，流行于全国多数地区；二月二在我国各地的风俗活动不同，又有花朝节、踏青节、挑莱节、春龙节、青龙节、龙抬头日之称。二月二又有关于龙抬头的诸多习俗，诸如撒灰引龙、扶龙、熏虫避蝎、剃龙头、忌针刺龙眼等节俗，故称龙抬头日。

民间传说着二月初一龙睁眼，二月初二龙抬头，二月初三龙出汗。在这个当口，家里主事的女人们，抢在二月初一的头里儿，为家里老老少少脱掉了一头的冬装忙碌。按照老礼儿，初一到初三不能做活儿，不能动用剪刀和针头线脑儿。善良的女人们，尤其是上了年纪的老太太，头几天儿就喊着唬着，全家上上下下的人千万别动刀剪之物，甚至背着家里的老小，把忌讳的东西一堆儿的收了起来。

在我国北方，广泛地流传着这样的一个民间传说：

武则天[1]称帝之后，大唐天下一夕姓武。武则天改国号为周，自称周武皇帝。这在中国封建史上是一次革命，妇女从“三从四德”的闺闱中走上至高无上的宝座，对封建传统无疑是一个震撼。传说中讲，武则天做天子，惹怒了玉皇大帝（中国五千年文明史，男人篡位合乎天理，女人却不行，连天帝也怒了。这实在可以看出男尊女卑是如何根深蒂固）。玉帝传命太白金星，叫他通知四海龙王，三年不得降雨人间，以示对武后的惩罚（群主和神祇们为了自己的尊严和利益，总是将无辜的百姓作为无谓的牺牲品。三年无雨，谁苦？百姓苦！能叫武后饿肚子吗？能叫权臣富豪饿肚子吗？）四海龙王按照玉帝的命令，不但庄稼保不住，老百姓吃水都有困难了。司管天河的玉龙见生灵涂炭，万民悲怆，动了恻隐之心，不顾玉帝的命令，决心拯救人间大众，在天河里喝足了水，布云施雨，普降甘霖。玉龙救了万民，但惹恼了玉帝。玉帝对玉龙说，待至金黄色豆开花，方放他出去。

天下百姓，感激玉龙拯救之恩，决心想法子救出玉龙，便约好天下各处人家，都在二月初二这天爆炒金黄的包谷米子。玉龙见此情景，灵机一动，向天呼叫太白金星，说：“金豆开花了，放我的时候到了，你还敢违抗玉帝圣旨不成了。”太白金星向人间一看，果然遍地金豆开花，于是信以为真。便放玉龙。此后，为了纪念敢违抗天旨普救万民的玉龙，每逢二月二，人们就爆炒金豆。

民间传说，每逢农历二月初二，是天上主管云雨的龙王抬头的日子；从此以后，雨水会逐渐增多起来。因此，这天就叫“春龙节”。我国北方广泛的流传着“二月二，龙抬头；大仓满，小仓流。”的民谚。

---

[1]武则天：是中国历史上唯一一个正统的女皇帝。

第六题

【操作要求】

在 Excel2010 中打开文件 A6. xlsx(C:\2010KSW\DATA1\TF6－10. xlsx)，并按下列要求进行操作。

1. 设置工作表及表格如【样文 6－10A】所示

(1) 工作表的基本操作

① 将 Sheet1 工作表中的所有内容复制到 Sheet2 工作表中，并将 Sheet2 工作表重命名为“花店进货情况表”，将此工作表标签的颜色设置成浅绿色(RGB:102,255,153)。

② 在“花店进货情况表”工作表中标题行的下方插入一空行，并设置行高为 5；将“六月份”一列移至“五月份”一列的后面，将表格标题行的行高设置为 33，从“品种”一行至“星辰花”一行的行高均设置为 20，设置整个表格的列宽为 10。

(2) 单元格格式的设置

① 在“花店进货情况表”工作表中，将单元格区域 A1：G1 合并后居中，设置字体为华文楷体、22 磅、加粗、深蓝色，并为其填充斜下的天蓝色(RGB:147,206,221)和浅橙色(RGB:252,213,180)的渐变底纹。

② 设置整个表格中文本的对齐方式均为水平居中、垂直居中。

③ 将单元格区域 A3∶G3 的字体设置为幼圆、12 磅、加粗,并为其填充淡紫色(RGB:255,204,255)底纹。

④ 将单元格区域 A4∶G11 的字体设置为华文行楷、14 磅、深红色。并为其填充图案样式中“25%灰色”底纹,颜色为橄榄色(RGB:155,187,89)。

⑤ 将单元格区域 A3∶G3 的外边框设置为黑色的粗实线;将单元格区域 A4∶G11 除上边框之外的外边框线设置为黑色的粗虚线,内部框线设置为蓝色(RGB:0,0,255)的细虚线。

(3) 表格的插入设置

① 在“花店进货情况表”工作表中,为“玫瑰”(A5)单元格插入批注“此花上半年进货数量最多”。

② 在“花店进货情况表”工作表中表格的下方插入堆积维恩图的 SmartArt 图形,颜色为“彩色-强调文字颜色”,并为其添加“卡通”的三维效果。

2. 建立图表如【样文 6-10B】所示

① 使用“花店进货情况表”工作表中的相关数据在 Sheet3 工作表中创建一个三维折线图。

② 按【样文 6-10B】所示为图表添加图表标题,并为其填充“细微效果-紫色,强调颜色 4”的形状样式。

3. 工作表的打印设置

① 在“花店进货情况表”工作表第 8 行的下方插入分页符。

② 设置表格的标题行为顶端打印标题,打印区域为单元格区域 A1∶G29,设置完成后进行打印预览。

【样文 6-10A】

某花店上半年进货情况统计表

品种	一月份	二月份	三月份	四月份	五月份	六月份
百合	874	587	754	578	843	457
玫瑰	755	860	625	674	755	738
郁金香	584	478	842	785	843	684
康乃馨	689	683	781	587	702	758
勿忘我	548	578	842	682	654	802
天堂鸟	638	548	685	645	587	681
满天星	825	387	567	824	674	578
星辰花	684	725	587	785	435	734

【样文 6 - 10B】

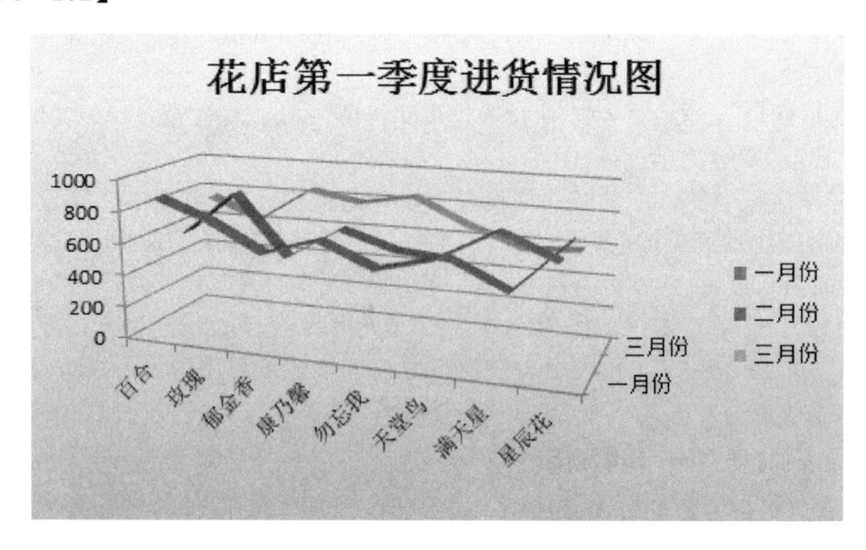

第七题

【操作要求】

打开文档 A7. xlsx(C:\2010KSW\DATA1\TF7 - 10. xlsx),按照下面要求操作。

1. 数据的查找与替换

按【样文 7 - 10A】所示,在 Sheet1 工作表中查找出所有的数值“84”,并将其全部替换为“80”。

2. 公式、函数的应用

按【样文 7 - 10A】所示,使用 Sheet1 工作表中的数据,应用函数公式计算出“总物业费”,将结果填写在相应的单元格中。

3. 基本数据分析

① 数据排序及条件格式的应用:按【样文 7 - 10B】所示,使用 Sheet2 工作表中的数据,以“取暖费”为主要关键字、“电费”为次要关键字进行升序排序,并对相关数据应用“数据条”中“浅蓝色数据条”渐变填充的条件格式,实现数据的可视化效果。

② 数据筛选:按【样文 7 - 10C】所示,使用 Sheet3 工作表中的数据,筛选出“取暖费”大于或等于“300”“物业管理费”小于或等于“50”的记录。

③ 合并计算:按【样文 7 - 10D】所示,使用 Sheet4 工作表中“祥馨小区业主十一月份物业费用统计表”和“祥馨小区业主十二月份物业费用统计表”表格中的数据,在“祥馨小区业主两个月物业费用统计表”的表格中进行“求和”的合并计算操作。

④ 分类总汇:按【样文 7 - 10E】所示,使用 Sheet5 工作表中的数据,以“单元”为分类字段,对“电费”和“取暖费”进行求“平均值”的分类汇总,并设置所有数值均只显示一位小数。

4. 数据的透视分析

按【样文 7 - 10F】所示,使用“数据源”工作表中的数据,以“户主”为报表筛选项,以“楼号”为行标签,以“单元”为列标签,以“水费”“电费”“天然气费”为最大值项,从 Sheet6 工作表的

A1 单元格起建立数据透视表。

【样文 7－10A】

祥馨小区业主物业费用统计表								
单元	门牌号	户主	水费	电费	天然气费	取暖费	物业管理费	总物业费
一	101	韩千叶	80	52	30	200	60	422
一	102	柳辰飞	100	60	45	500	80	785
一	201	张江	50	40	21	180	40	331
一	202	李灵黛	88	53	39	360	44	584
一	301	夏舒征	75	55	42	360	51	583
二	302	林墨瞳	63	41	80	270	29	483
二	401	方静言	85	64	44	600	62	855
二	402	姜云霆	76	52	31	450	50	659
二	101	秦洛	52	40	28	200	21	341
二	102	王新	45	33	18	120	18	234
三	201	赵红	30	20	12	100	15	177
三	202	杨心童	65	50	35	300	28	478
三	301	陆伟	28	19	10	260	24	341
三	302	刘梅	80	80	50	600	65	875
三	401	杜彭飞	46	32	22	300	41	441
三	402	王硕	53	41	31	370	30	525

【样文 7－10B】

祥馨小区业主物业费用统计表							
单元	门牌号	户主	水费	电费	天然气费	取暖费	物业管理费
三	201	赵红	30	20	12	100	15
二	102	王新	45	33	18	120	18
一	201	张江	50	40	21	180	40
二	101	秦洛	52	40	28	200	21
一	101	韩千叶	80	52	30	200	60
三	301	陆伟	28	19	10	260	24
二	302	林墨瞳	63	41	80	270	29
三	401	杜彭飞	46	32	22	300	41
三	202	杨心童	65	50	35	300	28
一	202	李灵黛	88	53	39	360	44
一	301	夏舒征	75	55	42	360	51
三	402	王硕	53	41	31	370	30
二	402	姜云霆	76	52	31	450	50
一	102	柳辰飞	100	60	45	500	80
二	401	方静言	85	64	44	600	62
三	302	刘梅	80	80	50	600	65

【样文 7－10C】

祥馨小区业主物业费用统计表							
单元	门牌号	户主	水费	电费	天然气费	取暖费	物业管理费
一	202	李灵黛	88	53	39	360	44
二	402	姜云霆	76	52	31	450	50
三	202	杨心童	65	50	35	300	28
三	401	杜彭飞	46	32	22	300	41
三	402	王硕	53	41	31	370	30

【样文 7－10D】

祥馨小区业主两个月物业费用统计表					
户主	水费	电费	天然气费	取暖费	物业管理费
韩千叶	155	137	68	550	125
柳辰飞	189	125	101	980	154
张江	95	90	56	460	65
李灵黛	178	98	79	810	114
夏舒征	160	144	104	740	119
林墨瞳	119	113	135	560	67
方静言	178	129	84	1150	117
姜云霆	146	102	69	830	90
秦洛	97	108	93	770	51
王新	105	71	38	370	41
赵红	55	60	42	270	42
杨心童	135	85	70	570	48
陆伟	88	97	28	580	62
刘梅	130	138	90	1180	124
杜彭飞	141	122	58	750	95
王硕	108	79	70	660	66

【样文 7－10E】

祥馨小区业主物业费用统计表							
单元	门牌号	户主	水费	电费	天然气费	取暖费	物业管理费
一	**平均值**			52		320	
二	**平均值**			46		328	
三	**平均值**			40.3		321.67	
总计平均值				45.8		323.13	

【样文 7－10F】

户主	(全部)	
	列标签	
行标签	**五**	**总计**
A号		
最大值项:水费	70	70
最大值项:电费	35	35
最大值项:天然气费	35	35
B号		
最大值项:水费	60	60
最大值项:电费	68	68
最大值项:天然气费	65	65
C号		
最大值项:水费	70	70
最大值项:电费	78	78
最大值项:天然气费	38	38
最大值项:水费 汇总	**70**	**70**
最大值项:电费汇总	**78**	**78**
最大值项:天然气费汇总	**65**	**65**

第八题

【操作要求】

打开 A8. docx(C:\2010KSW\DATA1\TF8 - 10. docx),按下列要求操作。

1. 选择性粘贴

在 Excel 2010 中打开文件 C:\2010KSW\DATA2\TF8 - 10A. xlsx,将工作表中的表格以“Microsoft Excel 工作表对象”的形式粘贴至 A8. docx 文档中标题“花卉养殖面积统计表(单位:亩)”的下方,结果如【样文 8 - 10A】所示。

2. 文本与表格间的相互转换

按【样文 8 - 10B】所示,将“易通电脑学校教师学历分布情况”下的文本转换成 4 列 6 行的表格形式,列宽为固定值 2.5 厘米,文字分隔位置为制表符;为表格自动套用“彩色列表-强调文字颜色 3”的表格样式,表格对齐方式为居中。

3. 录制新宏

① 在 Word 2010 中新建一个文件,在该文件中创建一个名为 A8A 的宏,将宏保存在当前文档中,用 Ctrl+Shift+F 作为快捷键,功能为将选定段落设置为首字下沉,字体为华文行楷,下沉行数为 2 行。

② 完成以上操作后,将该文件以“启用宏的 Word 文档”类型保存至考生文件夹中,文件名为 A8 - A。

4. 邮件合并

① 在 Word 2010 中打开文件 C:\2010KSW\DATA2\TF8 - 10B. docx,以 A8 - B. docx 为文件名保存至考生文件夹中。

② 选择“信函”文档类型,使用当前文档,使用文件 C:\2010KSW\DATA 2\TF8 - 10C. xlsx 中的数据作为收件人信息,进行邮件合并,结果如【样文 8 - 10C】所示。

③ 将邮件合并的结果以 A8 - C. docx 为文件名保存至考生文件夹中。

【样文 8 - 10A】

花卉养植面积统计表（单位：亩）

品种	2007年	2008年	2009年	2010年
郁金香	15	17	19	18
百合	13	10	12	11
吊兰	18	20	21	22
菊花	16	19	17	18
月季	20	25	27	28
水仙	8	10	11	10
迎春	17	19	20	22

【样文 8－10B】

易通电脑学校教师学历分布情况

姓名	性别	所教专业	学历
冯建平	男	办公软件	大专
曹建明	男	组装维修	本科
邹霖伟	男	网页制作	研究生
许丽莉	女	平面设计	本科
李秋红	女	3D 动画	研究生

【样文 8－10C】

购物订单确认单

尊敬的王芳 先生/小姐：

您好！以下是您在本商城订购的物品清单：

品名：女式皮包　　单价：388 元/个

货号：GB_4086　　数量：1

请收到确认单后核查正确与否，以便为您送货。

宏新商城

购物订单确认单

尊敬的周洁 先生/小姐：

您好！以下是您在本商城订购的物品清单：

品名：中型钱包　　单价：138 元/个

货号：C205834　　数量：2

请收到确认单后核查正确与否，以便为您送货。

宏新商城

购物订单确认单

尊敬的白晓 先生/小姐：

您好！以下是您在本商城订购的物品清单：

品名：男款衬衣　　单价：268 元/件

货号：TB10158　　数量：1

请收到确认单后核查正确与否，以便为您送货。

宏新商城

购物订单确认单

尊敬的陆娜 先生/小姐:

您好！以下是您在本商城订购的物品清单:

品名：休闲运动鞋 单价：98元/双

货号：S407816 数量：2

请收到确认单后核查正确与否，以便为您送货。

宏新商城

购物订单确认单

尊敬的田天 先生/小姐:

您好！以下是您在本商城订购的物品清单:

品名：快洁剃须刀 单价：36元/个

货号：FFM9601 数量：3

请收到确认单后核查正确与否，以便为您送货。

宏新商城

考前冲刺模拟试卷(六)

第一题

【操作要求】

① 启动"资源管理器":开机,进入Windows 7操作系统,启动"资源管理器"。

② 创建文件夹:在C盘根目录下建立考生文件夹,文件夹名为考生准考证后7位。

③ 复制、重命名文件:C盘中有考试题库"2010KSW"文件夹,文件夹结构如图1-1所示。根据选题单指定题号,将题库中"DATA1"文件夹内相应的文件复制到考生文件夹中,将文件分别重命名为A1、A3、A4、A5、A6、A7、A8,扩展名不变。第二单元的题需要考生在做题时自己新建一个文件。

如果考生的选题单如表2-6所列。

表2-6

单元	一	二	三	四	五	六	七	八
题号	7	10	10	12	11	11	12	11

则应将题库中"DATA1"文件夹内的文件TF1-7.docx、TF3-10.docx、TF4-12.docx、

TF5－11. docx、TF6－11. xlsx、TF7－12. xlsx、TF8－11. docx 复制到考生文件夹中，并分别重命名为 A1. docx、A3. docx、A4. docx、A5. docx、A6. xlsx、A7. xlsx、A8. docx。

④ 在控制面板中将桌面上“计算机”的图标更改为“C:\2010KSW\DATA2\TuBian1－10. ico”的样式。

⑤ 在资源管理器中打开“图片库”，并设置所有文件及文件夹的视图方式为“平铺”，并“隐藏预览窗格”。

第二题

【操作要求】

① 新建文件：在 Microsoft Word 2010 程序中，新建一个文档，以 A2. docx 为文件名保存至考生文件夹。

② 录入文本与符号：按照【样文 2－10A】，录入文字、数字、标点符号、特殊符号等。

③ 复制粘贴：将 C:\2010KSW\DATA2\TF2－10. docx 中全部文字复制到考生录入的文档之后。

④ 查找替换：将文档中所有的“广灵简纸”替换为“广灵剪纸”，结果如【样文 2－10B】所示。

【样文 2－10A】

✂广灵剪纸作为中国民间剪纸三大流派之一，以其【生动的构图】、【传神的表现力】、【细腻的刀法】、【考究的用料与染色】、【精细的包装制作工艺】，独树一帜，被誉为“中华民间艺术一绝”，在中国剪纸中占有重要地位。2009 年，广灵剪纸作为中国剪纸的部分申报项目，被联合国教科文组织列入《人类非物质文化遗产代表作名录》。✂

【样文 2－10B】

✂广灵剪纸作为中国民间剪纸三大流派之一，以其【生动的构图】、【传神的表现力】、【细腻的刀法】、【考究的用料与染色】、【精细的包装制作工艺】，独树一帜，被誉为“中华民间艺术一绝”，在中国剪纸中占有重要地位。2009 年，广灵剪纸作为中国剪纸的部分申报项目，被联合国教科文组织列入《人类非物质文化遗产代表作名录》。✂

广灵剪纸文化底蕴深厚，以刀刻为主、剪裁为辅，阴刻阳镂结合，刀法细腻，深浅色相间，冷暖色调对比，艺术风格鲜明，想象力生动，表现力传神，用料与染色考究，包装制作精细，在世界剪纸艺术长廊中独树一帜。

依托广灵剪纸，广灵现代剪纸研究发展中心建设项目被中华剪纸艺术委员会列为全国重点推广项目，广灵剪纸文化产业园区被列入大同市八大精品工程和山西省“十一五”文化发展规划重点产业基地建设项目，广灵剪纸项目被列为 2010 年中国文化产业出口重点项目。

第三题

【操作要求】

打开文档 A3. docx(C:\2010KSW\DATA1\TF3－10. docx)，按下列要求设置编排文档格式。

1. 设置【文本 3-10A】如【样文 3-10A】所示

(1) 设置字体格式

① 将文档标题行的字体设置为华文楷体、小初,并为其添加“填充-蓝色,强调文字颜色 1,内部阴影-强调文字颜色 1”的文本效果。

② 将正文第 1 段的字体设置为方正舒体、四号、加粗、有着重号,并为其添加“水绿色,5pt 发光,强调文字颜色 5”的发光文本效果。

③ 将正文第 2～8 段的字体设置为黑体、小四,并为文本“美肤润颜淡化黑斑、雀斑”“抗菌抗霉消除鸡眼”“健胃通便”“改善皮肤粗糙”“解毒消炎去青春痘”“抗癌减肥”“润肤除皱”的字体颜色设置为标准色中的“深红”色,添加双下画线。

④ 将最后一行的字体设置为幼圆、小四、倾斜。

(2) 设置段落格式

① 将文档的标题行设置为居中对齐,最后一行文本设置为右对齐。

② 将正文中第 1 段设置为首行缩进 2 字符,行距为固定值 24 磅。

③ 将正文第 2～8 段设置为段落间距为段前 0.5 行,其中第 2 段悬挂缩进 12 个字符,第 3 段悬挂缩进 9 个字符,第 4 段悬挂缩进 5 个字符,第 5 段悬挂缩进 7 个字符,第 6 段悬挂缩进 9 个字符,第 7 段悬挂缩进 5 个字符,第 8 段悬挂缩进 5 个字符。

2. 设置【文本 3-10B】如【样文 3-10B】所示

① 拼写检查:改正【文本 3-10B】中拼写错误的单词。

② 设置项目符号或编号:按照【样文 3-10B】为文档段落添加项目符号。

3. 设置【文本 3-10C】如【样文 3-10C】所示

按照【样文 3-10C】所示,为【文本 3-10C】中的文本添加拼音,并设置拼音的对齐方式为“左对齐”,偏移量为 2 磅,字体为宋体,字号为 15 磅。

【样文 3-10A】

芦荟的美容秘笈

芦荟是理想的天然抗衰老剂,它含有芦荟素、芦荟苦素、氨基酸、维生素、糖分、矿物质、甾醇类化合物、生物酶等活性物质,自古以来就是治疗皮肤病的良药。芦荟浸出液能营养皮肤,并能抑制表皮癣菌等皮肤真菌,还可以遮挡紫外线。芦荟的这些优良特性用于护肤护发,对皮肤有滋润、灭菌、消炎、生肌、防晒、软化、平滑和净白作用。

美肤润颜淡化黑斑、雀斑:用芦荟凝胶部分轻轻按摩,可使之变淡、变浅。每天按摩之后,要先用擦脸用的化妆水将油脂洗净,再以芦荟化妆水、乳液、营养霜涂敷脸部以作为保养用。

<u>抗菌抗霉消除鸡眼</u>：把芦荟凝胶切成适当大小后塞进患处，再用纱布包扎起来，每天更换一次，数天后，鸡眼就可逐渐软化而脱落，也可用芦荟胶。

<u>健胃通便</u>：将洗净的半片库拉索芦荟鲜叶去掉叶皮、半条红萝卜、半个苹果，分别切成适当大小的块放进果汁机里搅拌后立刻饮用。也可采摘库拉索芦荟鲜叶，洗净后剪去叶边缘的刺，在煮开的水中浸泡 1—2 分钟，取出捣成芦荟浆，加等量蜂蜜调匀备用。每晚临睡前服 1 汤匙。一般服用 3 天后，就能排便顺畅。用芦荟治疗老年性便秘无任何副作用。

<u>改善皮肤粗糙</u>：先将芦荟洗净去刺去皮搅成汁，黄瓜磨泥取汁。使用时，用芦荟一小匙、黄瓜汁一大匙、蜂蜜一大匙，慢慢调入面粉即可用以敷面，30 分钟至 1 小时后即可洗净并用化妆水或乳液来养护皮肤。

<u>解毒消炎去青春痘</u>：用芦荟凝胶部分敷贴于患部，可以消肿化脓，一般较小的青春痘则可用凝胶轻轻按摩或敷面。

<u>抗癌减肥</u>：每天早晚服用不加糖的库拉索芦荟汁（或将芦荟汁直接加水稀释后加少许盐和柠檬汁），也可每隔一天食用库拉索芦荟沙拉（芦荟洗净消毒后削皮切块拌入沙拉酱加调料即可食用）。外用可将芦荟汁与减肥霜一起涂在皮肤上按摩。

<u>润肤除皱</u>：除了用含芦荟的化妆品外，如你的脸部皱纹较深、较多，可用一汤匙纯芦荟汁，与鸡蛋清一起倒入杯中调匀，每晚洗脸后，将其涂在脸上，并用手按摩。如果眼角鱼尾纹很深，可用纯芦荟汁一汤匙，加入鸡蛋黄调匀，用脱脂棉签蘸取涂敷眼角处，保持数分钟，使有效成分透皮吸收，再进行 10 分钟左右的按摩（用手掌或电按摩器），每晚 1 次，一般 15 ～ 30 天即可见效。

——摘自《中国科技网》

【样文 3－10B】

♈ Every memorable act in the history of the world is a triumph of enthusiasm. Nothing great was ever achieved without it.

♈ Without enthusiasm I am doomed to a life of mediocrity but with it I can accomplish miracles.

♈ Some of us are enthusiastic at times and few even retain their eagerness for a day or week. All that is good but I must and I will form the habit of sustaining my enthusiasm indefinitely, honestly, and sincerely so that the success I enjoy today can be repeated tomorrow and next week and next month.

【样文 3－10C】

yuǎnshànghán shānshí jìngxié　báiyún shēngchù yǒurénjiā
远上 寒山石 径 斜，白云生 处有人家。

tíngchēzuòài fēnglínwǎn　shuāngyèhóngyú èryuè huā
停车 坐爱枫林晚，霜叶 红 于二月花。

第四题

【操作要求】

打开文档 A4.docx(C:\2010KSW\DATA1\TF4－12.docx)，按下列要求创建、设置表格如【样文 4－12】所示。

① 创建表格并自动套用格式：在文档的开头创建一个 3 行 5 列的表格，并为新创建的表格自动套用“浅色网格-强调文字颜色 4”的表格样式。

② 表格的基本操作：在表格的“姓名”列右侧插入一空列，并在该列的第 1 个单元格中输入文本“性别”，其他单元格中均输入文本“女”；将“李梅”单元格与其右侧的单元格合并为一个单元格；将表格除“学号”列以外的其他各列平均分布。

③ 表格的格式设置：为表格的第 1 行填充青绿色(RGB:93,213,255)底纹，文字对齐方式为“水平居中”；为表格其他各行填充浅橙色(RGB:251,212,180)底纹，各单元格中的字体设置为华文楷体，对齐方式为“中部两端对齐”；将表格的外边框线设置为 1.5 磅、标准色中“深红”色的双实线，所有内部网格线均设置为 1 磅粗的点画线。

【样文 4－12】

文秘专业学生信息表

学号	姓名	性别	年龄	民族	专业
201011800501	李梅	女	20	汉族	文秘
201011800502	王乐乐	女	20	满族	文秘
201011800503	韩小会	女	19	汉族	文秘
201011800504	崔红雪	女	20	汉族	文秘
201011800505	许新燕	女	19	回族	文秘

第五题

【操作要求】

打开文档A5.docx(C:\2010KSW\DATA1\TF5-11.docx),按下列要求设置,编排文档的版面如【样文5-11】所示。

1. 页面设置

① 自定义纸张大小为宽22厘米、高26厘米,设置页边距为上、下各2厘米,左、右各3.5厘米。

② 按【样文5-11】所示,为文档添加页眉文字和页码,并设置相应的格式。

2. 艺术字设置

将标题"明月夜"设置为艺术字样式"渐变填充-蓝色,强调文字颜色1";字体为隶书,字号为48磅;文字环绕方式为"嵌入型",并为其添加发光变体中的"蓝色,5pt发光,强调文字颜色1"和转换中"正方形"弯曲的文本效果。

3. 文档的版面格式设置

① 分栏设置:将正文除第1段以外的其余各段均设置为两栏格式,栏间距为3字符,显示分隔线。

② 边框和底纹:为正文的最后一段添加双实线边框,并填充底纹为标准色中的"橙色"。

4. 文档的插入设置

① 插入图片:在样文中所示位置插入图片C:\2010KSW\DATA2\pic5-11.jpg,设置图片的缩放比例为60%,环绕方式为"紧密型环绕",并为图片添加"圆形对角,白色"的外观样式。

② 插入尾注:为第2行的"席慕蓉"三个字插入尾注"席慕蓉,女,著名诗人、散文家、画家。"

【样文5-11】

席慕容散文 -1-

明月夜

·席慕容[i]·

很晚了,她才和母亲从台北回来。车子开上了乡间那条小路的时候,月亮正从木麻黄的树梢后升了起来,路很暗,一辆车也没有,路两旁的木麻黄因而显得更加高大茂密。

一直沉默着的母亲忽然问她：

“你大概不会记得了吧？那时候，你还太小，我们住在四川乡下，家在一个山坡上，种着很多松树，月亮升起来的时候，就像今天晚上这样……”。

那么，妈妈，那多年来的幻象竟然是真实的了!

她怎么会不记得呢？心里总有着一轮满月冉冉升起，映着坡前的树影又黑又浓密，记得很清楚的是一个山坡，有月亮，有树，却一直想不起来会在哪里见过，一直不知道那是个什么样的地方？

"你大概不会记得的了，你那时候应该只有两三岁，还老是要我抱的年纪。"

那么，妈妈，那必定是在一个满月的夜晚了，在家门前的山坡上，年轻的妇人抱着幼儿，静静地站立着。

那夜，一轮皓月正从松树后面冉冉升起，山风拂过树林，拂过妇人清凉圆润的臂膀。在她怀中，孩子正睁大着眼睛注视着夜空，在小小漆黑的双眸里，反映着如水的月光。

原来，就是那样的一种月色，从此深植过她的心中，每个月圆的晚上，总会给她一种似曾相识的感觉，给她一种恍惚的乡愁。在她的画里，也因此而反复出现一轮极圆极满的皓月，高高地挂在天上，在画面下方，总是会添上一丛又一丛浓密的树影。

妈妈，生命应该就是这样了吧？在每一个时刻里都会有一种埋伏，却要等待几十年之后才能够得到答案，要在不经意的回顾里才会恍然，恍然于生命中种种曲折的路途，种种美丽的牵绊。

到家了，她把车门打开，母亲吃力地支着拐杖走出车外，月光下，母亲满头的白发特别耀眼。

月色却依然如水，晚风依旧清凉。

---

[i] 席慕容，女，著名诗人、散文家、画家。

第六题

【操作要求】

在 Excel2010 中打开文件 A6. xlsx(C:\2010KSW\DATA1\TF6－11. xlsx)，并按下列要求进行操作。

1. 设置工作表及表格如【样文 6－11A】所示

(1) 工作表的基本操作

① 将 Sheet1 工作表中的所有内容复制到 Sheet2 工作表中，并将 Sheet2 工作表重命名为"期末成绩表"，将此工作表标签的颜色设置成标准色中的"紫色"。

② 在"期末成绩表"工作表中，在"宋国强"所在行的上方插入一行，并输入样文中所示的内容，将"E"列(空列)删除，设置标题行的行高为 25。

(2) 单元格格式的设置

① 在"期末成绩表"工作表中，将单元格区域 A1：H1 合并后居中，字体设置为华文行楷、22 磅、红色，并为标题行填充天蓝色(RGB:204,255,255)底纹。

② 将单元格区域 A2：H2 的字体设置为方正姚体、14 磅、蓝色，文本对齐方式为居中，并为其填充标准色中的橙色底纹。

③ 将单元格区域 A3：H12 的字体设置为华文细黑、12 磅，文本对齐方式为居中，并为其填充浅橙色(RGB:252,213,180)底纹。

④ 将单元格区域 A2：H12 的外边框和内部框线均设置为虚线，颜色为灰色-50%(RGB:128,128,128)。

(3) 表格的插入设置

① 在"期末成绩表"工作表中，为"472"(H11)单元格插入批注"总分最高"。

② 在"期末成绩表"工作表中表格的下方建立如【样文 6-11A】下方所示的公式，形状样式为"中等效果-紫色，强调颜色 4"并为其添加预设中"预设 7"的形状效果。

2. 建立图表如【样文 6-11B】所示

① 使用"期末成绩表"工作表中的相关数据在 Sheet3 工作表中创建一个簇状圆柱图。

② 按【样文 6-11B】所示为图表添加图表标题及坐标标题。

3. 工作表的打印设置

① 在"期末成绩表"工作表第 8 行的上方插入分页符。

② 设置表格的标题行为顶端打印标题，打印区域为单元格区域 A1：H18，设置完成后进行打印预览。

【样文 6-11A】

学生期末成绩表

学号	姓名	语文	数学	英语	信息技术	体育	总分
1	钱小果	98	82	80	88	95	443
2	王梅	89	90	85	95	92	451
3	李牧	85	88	90	94	90	447
4	唐琳	94	88	85	93	88	448
5	宋国强	95	90	94	89	90	458
6	郭剑锋	96	92	88	94	96	466
7	许明	90	94	85	90	93	452
8	张平	92	95	93	88	96	464
9	王光明	94	99	95	89	95	472
10	韩越	94	92	88	93	90	457

$$\lim_{x \to 0} \frac{\sin x}{x} = 1$$

【样文 6－11B】

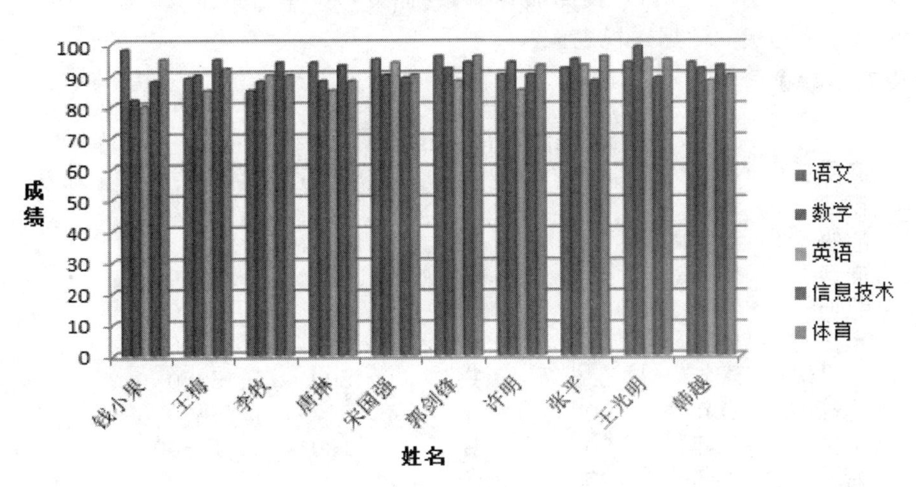

第七题

【操作要求】

打开文档 A7. xlsx(C:\2010KSW\DATA1\TF7－12. xlsx),按照下面要求操作。

1. 数据的查找与替换

按【样文 7－12A】所示,在 Sheet1 工作表中查找出所有的数值"150",并将其全部替换为"160"。

2. 公式、函数的应用

按【样文 7－12A】所示,使用 Sheet1 工作表中的数据,应用函数公式计算出"销售总额(元)",将结果填写在相应的单元格中。

3. 基本数据分析

① 数据排序及条件格式的应用:按【样文 7－12B】所示,使用 Sheet2 工作表中的数据,以"销售数量"为主要关键字、"单价(元)"为次要关键字进行降序排序,并对相关数据应用"图标集"中"三标志"的条件格式,实现数据的可视化效果。

② 数据筛选:按【样文 7－12C】所示,使用 Sheet3 工作表中的数据,筛选出销售人群为"青年"、销售数量大于"150"的记录。

③ 合并计算:按【样文 7－12D】所示,使用 Sheet4 工作表中"便民超市商品销售情况表"、"梅梅超市商品销售情况表"和"通达超市商品销售情况表"表格中的数据,在"超市商品销售情况表"的表格中进行"求和"的合并计算操作。

④ 分类总汇:按【样文 7－12E】所示,使用 Sheet5 工作表中的数据,以"销售人群"为分类字段,对"销售数量"进行"求和"的分类汇总。

4. 数据的透视分析

按【样文 7－12F】所示，使用“数据源”工作表中的数据，以“销售人群”和“单位”为报表筛选项，以“超市名称”为行标签，以“商品名称”为列标签，以“销售数量”为求和项，从 Sheet6 工作表的 A1 单元格起建立数据透视表。

【样文 7－12A】

便民超市商品销售情况表

商品名称	销售人群	单价（元）	单位	销售数量	销售总额（元）
钢笔	青年	50	个	200	10000
酸奶	老年	2	袋	420	840
面包	中年	4	个	330	1320
相册	青年	20	个	160	3200
水杯	中年	30	个	250	7500
水果糖	青年	6.5	袋	500	3250
足球	青年	80	个	80	6400
上衣	中年	90	件	120	10800
帽子	老年	25	个	80	2000
巧克力	青年	6	袋	55	330
可乐	青年	5.5	个	400	2200
火腿	青年	4	个	185	740
布鞋	老年	56	双	160	8960

【样文 7－12B】

便民超市商品销售情况表

商品名称	销售人群	单价（元）	单位	销售数量
水果糖	青年	◆6.5	袋	●500
酸奶	老年	◆2	袋	●420
可乐	青年	◆5.5	个	●400
面包	中年	◆4	个	△330
水杯	中年	◆30	个	△250
钢笔	青年	◆50	个	△200
火腿	青年	◆4	个	△185
布鞋	老年	◆56	双	◆150
相册	青年	◆20	个	◆150
上衣	中年	◆90	件	◆120
足球	青年	◆80	个	◆80
帽子	老年	◆25	个	◆80
巧克力	青年	◆6	袋	◆55

【样文 7－12C】

便民超市商品销售情况表

商品名称	销售人群	单价（元）	单位	销售数量
钢笔	青年	50	个	200
水果糖	青年	6.5	袋	500
可乐	青年	5.5	个	400
火腿	青年	4	个	185

【样文 7－12D】

超市商品销售情况表	
商品名称	销售数量
钢笔	550
酸奶	708
面包	800
相册	260
水杯	580
水果糖	590
足球	380
上衣	365
帽子	340
巧克力	215
可乐	583
火腿	185
布鞋	290

【样文 7－12E】

便民超市商品销售情况表				
商品名称	销售人群	单价（元）	单位	销售数量
	老年 汇总			650
	青年 汇总			1570
	中年 汇总			700
	总计			2920

【样文 7－12F】

销售人群	青年							
单位	(全部)							
求和项:销售数量	**列标签**							
行标签	**钢笔**	**火腿**	**可乐**	**巧克力**	**水果糖**	**相册**	**足球**	**总计**
便民超市	200	185	400	55	500	150	80	1570
梅梅超市	150		95	80		30	150	505
通达超市	200		88	80	90	80	150	688
总计	**550**	**185**	**583**	**215**	**590**	**260**	**380**	**2763**

第八题

【操作要求】

打开 A8. docx(C:\2010KSW\DATA1\TF8－11. docx)，按下列要求操作。

1. 选择性粘贴

在 Excel 2010 中打开文件 C:\2010KSW\DATA2\TF8－11A. xlsx，将工作表中的表格以“Microsoft Excel 工作表对象”的形式粘贴至 A8. docx 文档中标题“某单位图书资料购买一览表”的下方，结果如【样文 8－11A】所示。

2. 文本与表格间的相互转换

按【样文 8-11B】所示，将“客户订单信息表”下的表格转换成文本，文字分隔符为制表符。

3. 录制新宏

① 在 Excel 2010 中新建一个文件，在该文件中创建一个名为 A8A 的宏，将宏保存在当前工作簿中，用 Ctrl+Shift+F 作为快捷键，功能为将选定单元格的列宽设置为 15。

② 完成以上操作后，将该文件以“启用宏的工作簿”类型保存至考生文件夹中，文件名为 A8-A。

4. 邮件合并

① 在 Word 2010 打开文件 C:\2010KSW\DATA2\TF8-11B.docx，以 A8-B.docx 为文件名保存至考生文件夹中。

② 选择“信函”文档类型，使用当前文档，使用文件 C:\2010KSW\DATA2\TF8-11C.xlsx 中的数据作为收件人信息，进行邮件合并，结果如【样文 8-11C】所示。

③ 将邮件合并的结果以 A8-C.docx 为文件名保存至考生文件夹中。

【样文 8-11A】

某单位图书资料购买一览表

书名	单价	册数	金额	备注
英汉词典	￥65.00	21	￥1,365.00	商务出版社
汉英词典	￥40.00	22	￥880.00	商务出版社
计算机操作员	￥35.00	132	￥4,620.00	教育出版社
网络应用技术	￥50.00	25	￥1,250.00	航空出版社
网络现用现查	￥54.00	225	￥12,150.00	航空出版社
百科大全	￥80.00	200	￥16,000.00	教育出版社

【样文 8-11B】

客户订单信息表

订单 ID	客户 ID	客户姓名	货主地址
120001	ALDDX	王丽	中山东路 15 号
120002	ALDXX	李军	朝元西路 65 号
120003	ALDZD	王正华	建华北大街 12 号
120004	ALXXB	刘焕	裕华路 22 号
120005	ALBBZ	齐晓梅	建华南大街 55 号

【样文 8-11C】

育人大学入学通知书

王学名同学：

我校决定录取你入经管系秘书专业学习。请你准时于二〇一〇年九月一日凭本通知书到校报到。

育人大学

二〇一〇年七月八日

育人大学入学通知书

汪海洋同学：

我校决定录取你入信息系计算机应用专业学习。请你准时于二〇一〇年九月二日凭本通知书到校报到。

育人大学

二〇一〇年七月八日

育人大学入学通知书

李莉同学：

我校决定录取你入机电系机电一体化专业学习。请你准时于二〇一〇年九月三日凭本通知书到校报到。

育人大学

二〇一〇年七月八日

育人大学入学通知书

谢小平同学：

我校决定录取你入机电系电气工程专业学习。请你准时于二〇一〇年九月三日凭本通知书到校报到。

育人大学

二〇一〇年七月八日

育人大学入学通知书

许春华同学：

我校决定录取你入信息系动漫专业学习。请你准时于二〇一〇年九月二日凭本通知书到校报到。

育人大学

二〇一〇年七月八日

考前冲刺模拟试卷（七）

第一题

【操作要求】

① 启动“资源管理器”：开机，进入 Windows 7 操作系统，启动“资源管理器”。

② 创建文件夹：在 C 盘根目录下建立考生文件夹，文件夹名为考生准考证后 7 位。

③ 复制、重命名文件：C 盘中有考试题库“2010KSW”文件夹，文件夹结构如图 1－1 所示。根据选题单指定题号，将题库中“DATA1”文件夹内相应的文件复制到考生文件夹中，将文件分别重命名为 A1、A3、A4、A5、A6、A7、A8，扩展名不变。第二单元的题需要考生在做题时自己新建一个文件。

如果考生的选题单如表 2－7 所列。

表 2－7

单元	一	二	三	四	五	六	七	八
题号	8	12	12	14	13	13	13	15

则应将题库中“DATA1”文件夹内的文件 TF1－8. docx、TF3－12. docx、TF4－14. docx、TF5－13. docx、TF6－13. xlsx、TF7－13. xlsx、TF8－15. docx 复制到考生文件夹中，并分别重命名为 A1. docx、A3. docx、A4. docx、A5. docx、A6. xlsx、A7. xlsx、A8. docx。

④ 进入操作系统后，进行“切换用户”操作。

⑤ 为“开始”→“所有程序”→“Microsoft Office”子菜单栏中的“Microsoft Outlook 2010”创建桌面快捷方式，并锁定在任务栏中。

第二题

【操作要求】

① 新建文件：在 Microsoft Word 2010 程序中，新建一个文档，以 A2. docx 为文件名保存至考生文件夹。

② 录入文本与符号：按照【样文 2－12A】，录入文字、数字、标点符号、特殊符号等。

③ 复制粘贴：将 C:\2010KSW\DATA2\TF2－12. docx 中全部文字复制到考生文档中，将考生录入的文档作为第 2 段插入到复制文档中。

④ 查找替换：将文档中所有的“网银”替换为“网上银行”，结果如【样文 2－12B】所示。

【样文 2－12A】

¶☆网上银行☆又称网络银行、在线银行，是指银行利用 Internet 技术，通过 Internet 向客户提供开户、查询、对帐、行内转帐、跨行转账、信贷、网上证券、投资理财等传统服务项目，使客户可以足不出户就能够安全便捷地管理活期和定期存款、支票、信用卡及个人投资等。可以说，网上银行是在 Internet 上的虚拟银行柜台。¶

【样文 2－12B】

网上银行（Internet bank or E-bank），包含两个层次的含义。一个是机构概念，指通过信息网络开办业务的银行；另一个是业务概念，指银行通过信息网络提供的金融服务，包括传统银行业务和因信息技术应用带来的新兴业务。在日常生活和工作中，我们所提及的网上银行，更多是第二层次的概念，即网上银行服务的概念。网上银行业务不仅仅是传统银行产品简单从网上的转移，其服务方式和内涵发生了一定的变化，而且由于信息技术的应用，又产生了全新的业务品种。

¶☆网上银行☆又称网络银行、在线银行，是指银行利用 Internet 技术，通过 Internet 向客户提供开户、查询、对帐、行内转帐、跨行转账、信贷、网上证券、投资理财等传统服务项目，使客户可以足不出户就能够安全便捷地管理活期和定期存款、支票、信用卡及个人投资等。可以说，网上银行是在 Internet 上的虚拟银行柜台。¶

网上银行又被称为“3A 银行”，因为它不受时间、空间限制，能够在任何时间（Anytime）、任何地点（Anywhere）、以任何方式（Anyway）为客户提供金融服务。

第三题

【操作要求】

打开文档 A3. docx(C:\2010KSW\DATA 1\TF3－12. docx)，按下列要求设置、编排文档格式。

1. 设置【文本 3－12A】如【样文 3－12A】所示

(1) 设置字体格式

① 将文档标题行的字体设置为方正舒体，字号为初号，并为其添加“填充-橄榄色，强调文字颜色 3，轮廓-文本 2”的文本效果。

② 将文档副标题的字体设置为华文新魏，字号为二号，并为其添加“橙色，5pt 发光，强调文字颜色 6”的发光文本效果。

③ 将正文第 1～4 段的字体设置为楷体_GB2312，字号为四号，字形为倾斜。

④ 将正文最后一段的字体设置为华文中宋，字号为小四，并为文本“作者简介”添加着重号。

(2) 设置段落格式

① 将文档的标题和副标题设置为居中对齐。

② 将正文 1～4 段设置为首行缩进 2 个字符，段落间距为段前 0.5 行，行距为固定值 25 磅。

③ 将正文最后一段设置为左、右侧各缩进 1 个字符，首行缩进 2 个字符，并设置段前间距为 1 行、行距为 1.5 倍行距。

2. 设置【文本 3－12B】如【样文 3－12B】所示

(1) 拼写检查

改正【文本 3－12B】中拼写错误的单词。

(2) 设置项目符号或编号

按照【样文 3－12B】为文档段落添加项目符号。

3. 设置【文本 3－12C】如【样文 3－12C】所示

按照【样文 3－12C】所示，为【文本 3－12C】中的文本添加拼音，并设置拼音的对齐方式为

"1－2－1",偏移量为2磅,字号为18磅。

【样文3－12A】

绿(节选)

·朱自清·

我第二次到仙岩的时候，便惊诧于梅雨潭的绿了。

梅雨潭是一个瀑布潭。仙岩有三个瀑布，梅雨瀑最低。走到山边，便听见哗哗哗哗的声音；抬起头，镶在两条湿湿的黑边儿里的，一带白而发亮的水便呈现于眼前了。

我们先到梅雨亭。梅雨亭正对着那条瀑布；坐在亭边，不必仰头，便可见它的全体了。亭下深深的便是梅雨潭。这个亭踞在突出的一角的岩石上，上下都空空儿的；仿佛一只苍鹰展着翼翅浮在天宇中一般。三面都是山，像半个环儿拥着；人如在井底了。

这是一个秋季的薄阴的天气。微微的云在我们顶上流着。岩面与草丛都从润湿中透出几分油油的绿意，而瀑布也似乎分外地响了。那瀑布从上面冲下，仿佛已被扯成大小的几绺儿，不再是一幅整齐而平滑的布。岩上有许多棱角，瀑流经过时作急剧的撞击，便飞花碎玉般乱溅开了。那溅着的水花，晶莹而多芒，远望去，像一朵朵小小的白梅，微雨似的纷纷落着。据说，这就是梅雨潭之所以得名了。但我觉得像杨花格外确切些。轻风起来时，点点随风飘散，那更像是杨花了。这时偶然有几点送入我温暖的怀里，便倏的钻了进去，再也寻不着它。

作者简介：朱自清，字佩弦，中国现代著名的作家。主要作品有散文《绿》《春》《背影》《池塘月色》等，曾任清华大学、西南联大教授。

【样文 3-12B】

- We met at the wrong time, but separated at the right time. The most urgent is to take the most beautiful scenery; the deepest wound was the most real emotions.
- If you would go up high, then use your own legs! Do not let yourselves carried aloft; do not seat yourselves on other people's backs and heads.
- The people who get on in this world are the people who get up and look for circumstances they want, and if they cannot find them, they make them.
- Be quiet and meditate on life. Sometimes just sit or stand somewhere peacefully and think about what you have achieved, what you are about to achieve, or what you want to achieve, and sometimes your mind will hit you. You will feel more respect for life.

【样文 3-12C】

hóngdòushēngnánguó　chūnláifājǐzhī
红豆生南国，春来发几枝。

yuànjūnduōcǎixié　cǐwùzuìxiāngsī
愿君多采撷，此物最相思。

第四题

【操作要求】

打开文档 A4.docx(C:\2010KSW\DATA1\TF4-14.docx)，按下列要求创建、设置表格如【样文 4-14】所示。

① 创建表格并自动套用格式：在文档的开头创建一个 6 行 5 列的表格，并为新创建的表格以“专业型”为样式基础，自动套用“彩色列表-强调文字颜色 4”的表格样式。

② 表格的基本操作：将表格中“冲压车间”行下方的空行删除；将表格中“冲压车间”一行与“拉丝车间”一行位置互换；将“实际发生值”单元格与其右侧的单元格合并为一个单元格；根据内容自动调整表格，将表格中除表头行以外的所有行分配高度。

③ 表格的格式设置：将表格中表头行各单元格对齐方式设置为“水平居中”，其他行单元格对齐方式为“中部两端对齐”；将表格中所有带文本的单元格的底纹设置为浅黄色(RGB:255,204,102)，所有空白单元格的底纹设置为淡紫色(RGB:255,204,255)；将表格的外边框线设置为 3 磅粗的如【样文 4-14】所示的线形，内部网格线设置为 1 磅粗的点画线。

【样文 4-14】

公司工序废品率统计

数据统计 车间名称	实际发生值			与上月相比	目标值（%）	与目标值比
	生产总数量	报废数量	报废率			
装配车间						
注塑车间						
拉丝车间						
冲压车间						

第五题

【操作要求】

打开文档 A5.docx(C:\2010KSW\DATA1\TF5-13.docx)，按下列要求设置，编排文档的版面如【样文 5-13】所示。

1. 页面设置

① 设置纸张方向为横向，设置页边距为预定义页边距“适中”。

② 按【样文 5-13】所示，为文档的页眉处添加页眉文字和页码，并设置相应的格式。

2. 艺术字设置

将标题“维生素吃多了没什么好处”设置为艺术字样式“填充-红色，强调文字颜色 2，暖色粗糙棱台”；字体为华文彩云，字号为 48 磅；文字环绕方式为“顶端居右，四周型文字环绕”，为艺术字添加三维旋转中“极右极大透视”和“橄榄色，5pt 发光，强调文字颜色 3”的发光文本效果。

3. 文档的版面格式设置

① 分栏设置：将正文第 3～6 段设置为栏宽相等的两栏格式，不显示分隔线。

② 边框和底纹：为正文的第 1 段添加 0.75 磅、标准色中的“浅绿”色、三细实线、带阴影的边框，并为其填充图案样式 12.5%的底纹。

4. 文档的插入设置

① 插入图片：在样文中所示位置插入图片 C:\2010KSW\DATA2\pic5-13.jpg，设置图片的缩放比例为 50%，环绕方式为“四周型环绕”，并为图片添加“映像圆角矩形”的外观样式。

② 插入尾注：为正文第 1 段的“维生素”三个字插入尾注“维生素又名维他命，即维持生命的物质。”

【样文 5－13】

维生素吃多了没什么好处

一直以来我们对维生素[i]都有很严重的误解，很多人认为维生素吃得越多对我们的健康越有利，其实这是严重的误区，近两年来关于维生素对身体危害性的报道还有很多：比如常年摄入高剂量的维生素 D 会增加老年女性的骨折率；服用维生素 B12 加叶酸会增加患肺癌的几率等。维生素能预防疾病的观点几乎被颠覆。

有关维生素的利与弊，学术界仍在探索。但如果能遵循以下 4 个准则来看待维生素的话，我们也就没必要在彷徨中等待最终学术结论。

维生素更像是把双刃剑。虽然目前多数的研究成果都揭示了服用维生素的弊端，但是支持维生素能预防疾病这一传统理论的报道也有不少，比如多补充维生素 B6 可以降低患肺癌的风险。还有不少人群研究结果是吃维生素跟喝凉白开一样——没啥作用。所以，综合起来看，我们既不能把口服维生素制剂一竿子打死，也不能盲目地把它作为延年益寿的保养良方。

维生素是利是弊——取决于你的身体状态。比如说同样是叶酸，老年人长期服用可能会增加死亡率，而年轻的怀孕女性服用却对身体和婴儿有好处。

维生素对健康有损害——高剂量是关键因素。许多关于维生素的研究都指出那些因为服用某种维生素而对身体造成不良影响的人群，他们摄取的维生素比一般情况下都要高出许多。可惜的是，我们到底每天应该摄入多少维生素才合适，至今也没有定论。

自然饮食更健康。建议大家还是应该注重饮食均衡，用肉蛋蔬果中天然的营养物质来满足身体的日常需求，尽量不要长期服用额外的维生素药剂。如果存在某种维生素缺乏或身体有特殊需要的情况，也应当遵从医嘱，小心不要补过量。

[i] 维生素又名维他命，即维持生命的物质。

第六题

【操作要求】

在 Excel 2010 中打开文件 A6. xlsx(C:\2010KSW\DATA1\TF6 - 13. xlsx)，并按下列要求进行操作。

1. 设置工作表及表格如【样文 6 - 13A】所示

(1) 工作表的基本操作

① 将 Sheet1 工作表中的所有内容复制到 Sheet2 工作表中，并将 Sheet2 工作表重命名为“工资核算表”，将此工作表标签的颜色设置成标准色中的“橙色”。

② 在“工资核算表”工作表中，将“5”一行移至“6”一行的上方，将“F”列(空列)删除，设置标题行的行高为 30，整个表格的列宽均为 8。

(2) 单元格格式的设置

① 在“工资核算表”工作表中，将单元格区域 B2:I2 合并后居中，设置字体为华文琥珀、24 磅、青色(RGB:0,255,204)，并为其填充蓝色底纹。

② 将单元格区域 B3 : I3 的字体设置为华文细黑、12 磅、加粗、蓝色，并为其填充图案样式 6.25%灰色底纹。

③ 将单元格区域 B4 : I12 的底纹设置为淡紫色(RGB:255,204,255)，设置整个表格中文本的对齐方式均为水平居中、垂直居中。

④ 设置单元格区域 E4 : I12 中的数据为货币类型，货币符号为“￥”，小数位数为 0。

⑤ 将单元格区域 B3 : I12 的外边框设置为蓝色粗实线，内部框线均设置为蓝色细实线。

(3) 表格的插入设置

① 在“工资核算表”工作表中，为“￥2,475”(I9)单元格插入批注“实发工资最少者”。

② 在“工资核算表”工作表中表格的下方建立如【样文 6 - 13A】下方所示的公式，形状样式为“细微效果-紫色，强调颜色 4”并为其添加棱台中“艺术装饰”的形状效果。

2. 建立图表如【样文 6 - 13B】所示

① 使用“工资核算表”工作表中的相关数据在 Sheet3 工作表中创建一个三维簇状柱形图，并为其应用“样式 26”的图表样式。

② 按【样文 6 - 13B】所示为图表添加图表标题，并靠上显示图例。

3. 工作表的打印设置

① 在“工资核算表”工作表第 8 行的上方插入分页符。

② 设置表格的标题行为顶端打印标题，打印区域为单元格区域 B2 : I16，设置完成后进行打印预览。

【样文 6－13A】

工资核算表							
编号	姓名	部门	基本工资	补助	加班费	扣款	实发工资
1	王永新	财务部	¥2,500	¥200	¥300	¥125	¥2,875
2	林琳	行政部	¥2,200	¥200	¥200	¥85	¥2,515
3	王平	财务部	¥2,500	¥200	¥300	¥125	¥2,875
4	李丽	技术部	¥2,600	¥200	¥500	¥125	¥3,175
5	陈永	技术部	¥2,600	¥200	¥500	¥125	¥3,175
6	吕薇薇	行政部	¥2,200	¥200	¥200	¥125	¥2,475
7	李晶丽	财务部	¥2,500	¥200	¥300	¥85	¥2,915
8	石勇顺	工程部	¥2,600	¥500	¥500	¥93	¥3,507
9	王学民	工程部	¥2,600	¥500	¥500	¥93	¥3,507

$$f(x)=\begin{cases}-x, & x<0\\ x, & x\geq 0\end{cases}$$

【样文 6－13B】

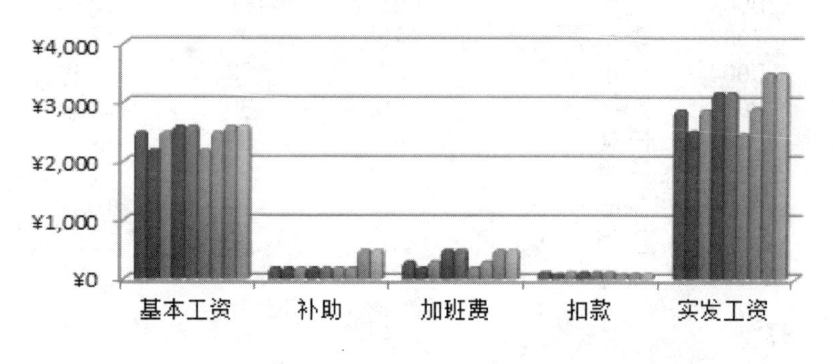

第七题

【操作要求】

打开文档 A7.xlsx(C:\2010KSW\DATA1\TF7－13.xlsx),按照下面要求操作。

1. 数据的查找与替换

按【样文 7－13A】所示,在 Sheet1 工作表中查找出所有的数值“85”,并将其全部替换为“90”。

2. 公式和函数的应用

按【样文 7－13A】所示,使用 Sheet1 工作表中的数据,应用函数公式计算出“总成绩”,将结果填写在相应的单元格中。

3. 基本数据分析

① 数据排序及条件格式的应用:按【样文 7－13B】所示,使用 Sheet2 工作表中的数据,以

“上机成绩”为主要关键字、“理论成绩”为次要关键字进行升序排序，并对相关数据应用“色阶”中“红-黄-绿色阶”的条件格式，实现数据的可视化效果。

② 数据筛选：按【样文 7-13C】所示，使用 Sheet3 工作表中的数据，筛选出“上机成绩”、“理论成绩”均大于“85”的记录。

③ 合并计算：按【样文 7-13D】所示，使用 Sheet4 工作表中“某单位职工上半年考核成绩表”和“某单位职工下半年考核成绩表”表格中的数据，在“某单位职工全年考核成绩表”的表格中进行“求和”的合并计算操作。

④ 分类总汇：按【样文 7-13E】所示，使用 Sheet5 工作表中的数据，以“车间”为分类字段，对“上机成绩”和“理论成绩”进行“最大值”的分类汇总。

4. 数据的透视分析

按【样文 7-13F】所示，使用“数据源”工作表中的数据，以“职位”为报表筛选项，以“姓名”为行标签，以“车间”为列标签，以“总成绩”为最大值项，从 Sheet6 工作表的 A1 单元格起建立数据透视表。

【样文 7-13A】

某单位计算机知识培训考试成绩表

编号	姓名	上机成绩	理论成绩	总成绩
LD001	王明	87	90	177
LD002	李丽忠	90	88	178
JY001	陈诚军	92	90	182
LD003	刘才	93	89	182
JY002	李水军	86	93	179
LD004	王东	87	82	169
LD007	陶然	88	90	178
LD008	陈晨	86	90	176
LD009	王悦	89	88	177
LD006	陈明轩	90	78	168
JY003	王梅	81	90	171
LD005	田秀丽	83	80	163

【样文 7-13B】

某单位计算机知识培训考试成绩表

编号	姓名	上机成绩	理论成绩
JY003	王梅	81	85
LD005	田秀丽	83	80
LD008	陈晨	86	85
JY002	李水军	86	93
LD004	王东	87	82
LD001	王明	87	85
LD007	陶然	88	90
LD009	王悦	89	88
LD006	陈明轩	90	78
LD002	李丽忠	90	88
JY001	陈诚军	92	85
LD003	刘才	93	89

【样文 7 - 13C】

某单位计算机知识培训考试成绩表

编号	姓名	上机成绩	理论成绩
LD002	李丽忠	90	88
LD003	刘才	93	89
JY002	李水军	86	93
LD007	陶然	88	90
LD009	王悦	89	88

【样文 7 - 13D】

某单位职工全年考核成绩表

姓名	业绩考核	平时考勤	总成绩
王明	175	179	354
李丽忠	178	178	356
陈诚军	178	179	357
刘才	179	165	344
李水军	170	171	341
王东	170	175	345
陶然	180	169	349
陈晨	188	170	358
王悦	168	171	339
陈明轩	173	174	347
王梅	186	187	373
田秀丽	167	178	345

【样文 7 - 13E】

某单位计算机知识培训考试成绩表

车间	编号	姓名	上机成绩	理论成绩
一车间	最大值		92	85
四车间	最大值		93	90
三车间	最大值		89	93
二车间	最大值		90	88
总计最大值			93	93

【样文 7 - 13F】

职位	普工				
最大值项:总成绩	列标签				
行标签	二车间	三车间	四车间	一车间	总计
陈晨		358			358
陈诚军				357	357
陈明轩	347				347
陈硕				355	355
李军			354		354
李水军		341			341
陶然			349		349
田秀丽			345		345
王东	345				345
王红雪		364			364
王华丽				365	365
王雪蒙	328				328
吴学泉		325			325
杨洋				340	340
总计	**347**	**364**	**354**	**365**	**365**

第八题

【操作要求】

打开 A8. docx(C:\2010KSW\DATA1\TF8－15. docx),按下列要求操作。

1. 选择性粘贴

在 Excel 2010 中打开文件 C:\2010KSW\DATA2\TF8－15A. xlsx,将工作表中的表格以"Microsoft Excel 工作表对象"的形式粘贴至 A8. docx 文档中标题"职工信息表"的下方,结果如【样文 8－15A】所示。

2. 文本与表格间的相互转换

按【样文 8－15B】所示,将"大学生活费统计表"下的文本转换成 5 列 5 行的表格形式,列宽为固定值 3 厘米,文字分隔位置为制表符;为表格自动套用"浅色网格-强调文字颜色 1"的表格样式,表格对齐方式为居中。

3. 录制新宏

① 在 Excel 2010 中新建一个文件,在该文件中创建一个名为 A8A 的宏,将宏保存在当前工作簿中,用 Ctrl＋Shift＋F 作为快捷键,功能为将选定单元格合并后居中。

② 完成以上操作后,将该文件以"启用宏的工作簿"类型保存至考生文件夹中,文件名为 A8－A。

4. 邮件合并

① 在 Word 2010 中打开文件 C:\2010KSW\DATA2\TF8－15B. docx,以 A8－B. docx 为文件名保存至考生文件夹中。

② 选择"信函"文档类型,使用当前文档,使用文件 C:\2010KSW\DATA2\TF8－15C. xlsx 中的数据作为收件人信息,进行邮件合并,结果如【样文 8－15C】所示。

③ 将邮件合并的结果以 A8－C. docx 为文件名保存至考生文件夹中。

【样文 8－15A】

职工信息表

职工姓名	性别	部门	职务	工龄	工资
王雪	女	销售部	经理	5年	5000
李敏	女	企划部	经理	6年	4000
江华	女	人事部	经理	4年	3800
杨梅	女	财务部	会计	8年	3500
贾羽	男	财务部	经理	5年	5500
刘学群	男	人事部	秘书	2年	2800
李辉	男	企划部	设计	2年	3000
刘丽华	女	销售部	业务员	3年	3200
王坤军	男	销售部	业务员	3年	3200

【样文 8-15B】

大学生活费统计表

月份	基本生活开支	学习用品开支	消费娱乐开支	总计
1 月	550	120	200	770
2 月	500	130	100	750
3 月	600	80	150	870
平均费用	550	110	150	540

【样文 8-15C】

学生就业信息表

姓名	班级	离校时间	就业单位	职位
白小娟	机电一班	2010 年 6 月 5 日	北京利达钢厂	技术员

学生就业信息表

姓名	班级	离校时间	就业单位	职位
王丽坤	电器五班	2010 年 6 月 15 日	北京利达钢厂	技术员

学生就业信息表

姓名	班级	离校时间	就业单位	职位
李亮	网络四班	2010 年 6 月 12 日	北京顺信科技开发公司	网管

学生就业信息表

姓名	班级	离校时间	就业单位	职位
王春鹏	制药一班	2010 年 6 月 10 日	北京华森制药厂	工人

学生就业信息表

姓名	班级	离校时间	就业单位	职位
孙凯	计算机二班	2010 年 6 月 15 日	北京峻峰网站开发公司	网站设计

考前冲刺模拟试卷(八)

第一题

【操作要求】

① 启动“资源管理器”:开机,进入 Windows 7 操作系统,启动“资源管理器”。

② 创建文件夹:在 C 盘根目录下建立考生文件夹,文件夹名为考生准考证后 7 位。

③ 复制、重命名文件：C盘中有考试题库“2010KSW”文件夹，文件夹结构如图1-1所示。根据选题单指定题号，将题库中“DATA1”文件夹内相应的文件复制到考生文件夹中，将文件分别重命名为A1、A3、A4、A5、A6、A7、A8，扩展名不变。第二单元的题需要考生在做题时自己新建一个文件。

如果考生的选题单如表2-8所列。

表2-8

单元	一	二	三	四	五	六	七	八
题号	9	14	15	16	15	16	15	16

则应将题库中“DATA1”文件夹内的文件TF1-9.docx、TF3-15.docx、TF4-16.docx、TF5-15.docx、TF6-16.xlsx、TF7-15.xlsx、TF8-16.docx复制到考生文件夹中，并分别重命名为A1.docx、A3.docx、A4.docx、A5.docx、A6.xlsx、A7.xlsx、A8.docx。

④ 安装字体C:\2010KSW\DATA2\ZiTi-7.tft。

⑤ 在控制面板中将桌面的背景图片改为图片文件C:\2010KSW\DATA 2\TuPian1-6.jpg。

第二题

【操作要求】

① 新建文件：在Microsoft Word 2010程序中，新建一个文档，以A2.docx为文件名保存至考生文件夹。

② 录入文本与符号：按照【样文2-14A】，录入文字、数字、标点符号、特殊符号等。

③ 复制粘贴：将C:\2010KSW\DATA2\TF2-14.docx中全部文字复制到考生文档中，将考生录入的文档作为第2段插入到复制文档中。

④ 查找替换：将文档中所有的“温水泉”替换为“温泉”，结果如【样文2-14B】所示。

【样文2-14A】

▩温泉是从地下自然涌出或人工钻井取得且水温≥25℃，并含有对人体健康有益的≺微量元素≻的矿水。形成温泉必须具备地底有热源存在、岩层中具裂隙让温泉涌出、地层中有储存热水的空间三个条件。另外，温泉依化学组成分类，温泉中主要的成份包含氯离子、碳酸根离子、硫酸根离子，依这三种阴离子所占的比例可分为氯化物泉、碳酸氢盐泉、硫酸盐泉。▩

【样文2-14B】

温泉（hot spring）是泉水的一种，是一种由地下自然涌出的泉水，其水温高于环境年平均温度5℃，或华氏10℉以上。

▩温泉是从地下自然涌出或人工钻井取得且水温≥25℃，并含有对人体健康有益的≺微量元素≻的矿水。形成温泉必须具备地底有热源存在、岩层中具裂隙让温泉涌出、地层中有储存热水的空间三个条件。另外，温泉依化学组成分类，温泉中主要的成份包含氯离子、碳酸根离子、硫酸根离子，依这三种阴离子所占的比例可分为氯化物泉、碳酸氢盐泉、硫酸盐泉。▩

水温超过当地年平均气温的泉也称温泉。温泉的水多是由降水或地表水渗入地下深处，吸收四周岩石的热量后又上升流出地表的，一般是矿泉。泉水温度等于或略超过当地的水沸点的称沸泉；能周期性地、有节奏地喷水的温泉称间歇泉。中国已知的温泉点约 2400 多处，台湾、广东、福建、浙江、江西、云南、西藏、海南等地温泉较多，其中最多的是云南，有温泉 400 多处。腾冲的温泉最著名，数量多、水温高、富含硫质。

第三题

【操作要求】

打开文档 A3.docx(C:\2010KSW\DATA1\TF3－15.docx)，按下列要求设置、编排文档格式。

1. 设置【文本 3－15A】如【样文 3－15A】所示

(1) 设置字体格式

① 将文档标题行的字体设置为华文行楷、一号，并为其添加“填充-橙色，强调文字颜色 6，轮廓-强调文字颜色 6，发光-强调文字颜色 6”的文本效果。

② 将文档副标题的字体设置为方正姚体，字号为小二，颜色为标准色中的“浅蓝”色，并为其添加双下画线。

③ 将正文 1～5 段的字体设置为微软雅黑，字号为小四，字形为加粗。

④ 将正文最后一段的字体设置为华文楷体，字号为四号，颜色为标准色中的“红色”，有着重号。

(2) 设置段落格式

① 将文档的标题行和副标题行均设置为居中对齐。

② 将正文中第 1～5 段设置为首行缩进 2 字符，段落间距为段前段后各 0.5 行，行距为固定值 25 磅。

③ 将正文最后一段设置为左、右侧各缩进 0.5 字符，首行缩进 2 字符，行距为 1.5 倍行距。

2. 设置【文本 3－15B】如【样文 3－15B】所示

(1) 拼写检查

改正【文本 3－15B】中拼写错误的单词。

(2) 设置项目符号或编号

按照【样文 3－14B】为文档段落添加项目符号。

3. 设置【文本 3－15C】如【样文 3－15C】所示

按照【样文 3－15C】所示，为【文本 3－15C】中的文本添加拼音，并设置拼音的对齐方式为“左对齐”，偏移量为 2 磅，字体为方正舒体，字号为 14 磅。

【样本 3-15A】

覃道雄

微笑，似蓓蕾初绽，聚真诚、善良而洋溢，感人肺腑；微笑，似兰仙幽草，并温馨、浪漫而色彩，不采而佩；微笑，似火焰风姿，赋热烈、温暖而奋发，集思广益。在顺境中，微笑是对成功的嘉奖；在逆境中，微笑是对创伤的理疗；在生活中，微笑是对强者的肯定；在人性中，微笑是对自爱的认同。

微笑盛开在人们的脸上，像美丽的花朵，时刻散发着迷人的芬芳。微笑是一首传统激扬流行的歌谣，每一个音符都流露出动人的真诚。一次定格的微笑，便是一幅雅俗共赏的风景画，温馨含蓄而不失斯文。一张微笑的笑脸，便是一种豁达清新的心灵表述，温婉亲和而不失丽质。

微笑是一种国际通用的语言，不用翻译，就能打动人们的心弦；微笑是一种艺术，具有穿透和征服一切的自信魅力；微笑是一缕春风，它会吹散郁积在心头的阴霾；微笑是一种乐观，它能将浮躁沉沦的人心静好。

你微笑，我微笑，她也微笑。微笑，其实是一种爱，一种富有生命力的自爱。自爱的人，常以实惠的微笑点缀自己，赐人以美丽的心情。

如果说微笑是一抹阳光，那么，它就能温暖受伤苦闷的心。如果说微笑是习习春风，那么，它就能吹散忧郁沉寂的心事。微笑能使你的委屈从眉梢滑落，能使你的眼眉泪水收起，能在滴水成冰的日子把烦乱的思绪理成顺畅。

智者微笑，庸者哭泣。只有懂得微笑的人，才能紧紧牵住生活的手，微笑着，去唱响生活的歌谣。

【样文 3-15B】

- Be optimistic. Think of life in the best light, and find the better side of any situation. You would be amazed at how much more there is in life than the usual negative side.
- Live every present moment to the fullest. Don't waste a single second being sad, or bored, or even lonely. Get out and dance, and sing as if your life depends on it. You never know how long it is going to last.
- Be of service to others and forget about yourself. Always give more than you receive, and share with others. Do less for yourself, and more for the others around you. Also when you do the right thing you feel fantastic.

【样文 3-15C】

yí zhōubó yānzhǔ　rì mù kè chóuxīn
移舟泊烟渚，日暮客愁新。

yě kuàngtiāndī shù　jiāngqīngyuèjìn rén
野旷天低树，江清月近人。

第四题

【操作要求】

打开文档 A4.docx(C:\2010KSW\DATA1\TF4-16.docx)，按下列要求创建、设置表格如【样文 4-16】所示。

① 创建表格并自动套用格式：在文档的开头创建一个 6 行 6 列的表格，并为新创建的表格以“列表型 2”为样式基准，自动套用“浅色列表-强调文字颜色 3”的表格样式。

② 表格的基本操作：将表格中“006”单元格与其右侧的单元格合并为一个单元格；将“005”一行与“003”一行的位置互换；将表格中“评委 3”列左侧的空列删除，并平均分布各列。

③ 表格的格式设置：将整个表格中的文字对齐方式设置为“水平居中”；将表格第 1 行的字体设置为华文楷体，字号为四号，并为其填充浅绿色(RGB:204,255,153)底纹；其他行的字体设置 Arial，并为其填充浅橙色(RGB:255,204,153)底纹；将表格的外边框线设置为【样文 4-16】所示的线型，颜色为粉红色(RGB:255,51,153)，第 1 行的下边框线设置为浅蓝色的三实线，其他内部网格线均设置为紫色的虚线。

【样文 4-16】

演讲比赛决赛成绩表

选手编号	评委1	评委2	评委3
001	97.5	95.5	94.5
002	96.0	95.8	96.5
003	98.5	95.5	94.8
004	95.0	95.4	96.5
005	95.5	96.3	94.5
006	96.6	97.8	95.5

第五题

【操作要求】

打开文档 A5.docx(C:\2010KSW\DATA1\TF5-15.docx),按下列要求设置,编排文档的版面如【样文 5-15】所示。

1. 页面设置

① 自定义纸张大小为宽 20.1 厘米、高 27.6 厘米,设置页边距为上、下各 2.5 厘米,左、右各 3 厘米。

② 按【样文 5-15】所示,在文档的页眉处添加页眉文字和页码,并设置相应的格式。

2. 艺术字设置

将标题“人类寿命无上限”设置为艺术字样式“渐变填充 -紫色,强调文字颜色 4,映像”;字体为华文隶书,字号为 45 磅,文字环绕方式为“嵌入型”,为艺术字添加棱台中的“柔圆”和转换中“停止”弯曲的文本效果。

3. 文档的版面格式设置

① 分栏设置:将正文第 2、3、4 段设置为偏左的两栏格式,不显示分隔线。

② 边框和底纹:为正文的第 1 段添加 1.5 磅、浅橙色(RGB:250,191,143)、三细实线边框,并为其填充淡紫色(RGB:204,192,217)底纹。

4. 文档的插入设置

① 插入图片:在样文中所示位置插入图片 C:\2010KSW\DATA2\pic5－15.jpg,设置图片的缩放比例为 60%,环绕方式为“四周型环绕”,并为图片添加“居中矩形阴影”的外观样式。

② 插入尾注:为正文第 3 段中的文本“中风”两个字插入脚注“中风也叫脑卒中,是中医学对急性脑血管疾病的统称。”

【样文 5－15】

科学探究　　~1~

人类寿命无上限

研究人员认为，人类最大寿命目前正稳步地延长，而且并没有一定的限制。以前，科学家们认为人类生命的极限为 120 岁，无人能够超越这一界限。然而，美国研究人员认为，人的寿命正在延长，表明人类的寿命可能是没有上限的。

美国加利福尼亚大学的研究人员对瑞典在过去 240 年中的出生和死亡情况进行了分析。研究人员发现，仍然健在的寿星的年龄呈现出一个不断上升的趋势。例如，生于 1756 年卒于 1857 年的最老寿星为 101 岁，而生于 1884 年卒于 1993 年的最老的寿星年龄为 109 岁。在 19 世纪 60 年代最老的寿星卒于 101 岁，这一记录到 20 世纪 60 年代缓慢上升至 105 岁。但在此后的 40 年中，这一记录迅速上升，到 20 世纪的 90 年代已上升至 108 岁。

加州大学教授威尔茅斯指出，环境卫生的改善、公共卫生质量的提高以及供水安全度的增高对于延长人类的寿命起到了促进作用。他说，如今的老人在儿童时期不像上几代的儿童那样体弱多病，他们都是得益于此，而这一变化发生在 80-100 年之前，1970 年以后，寿命延长的趋势开始加快。这与人类在某些医疗实践方面所取得的突破密不可分，如人们对于心脏病和中风[1]的了解及治疗。

威尔茅斯否认了以前所谓的人类寿命无法超过 120 岁的理论。他说，想估算出一个确定的寿命上限是没有科学根据的，不管是 115 岁还是 120 岁，都是一些科学家在以讹传讹。威尔茅斯指出，研究表明人类的最长寿命正在发生改变。寿命在生理学上并不是一个不变的常数，它是否能够无限制地延长下去目前还很难说，而且也没有迹象表明寿命延长的趋势正在减缓。在时间的长河中，人类正在不断打破生命的极限。

[1]中风也叫脑卒中，是中医学对急性脑血管疾病的统称。

第六题

【操作要求】

在 Excel 2010 中打开文件 A6. xlsx(C:\2010KSW\DATA1\TF6－16. xlsx),并按下列要求进行操作。

1. 设置工作表及表格如【样文 6－16A】所示

(1) 工作表的基本操作

① 将 Sheet1 工作表中的所有内容复制到 Sheet2 工作表中,并将 Sheet2 工作表重命名为"维修费用表",将此工作表标签的颜色设置标准色中的"浅蓝"色。

② 在"维修费用表"工作表中,将"四月份"一列移至"五月份"一列的前面,删除"人事科"行下面的空行,将表格标题行的行高设置为 30,表格的列宽均设置为 8。

(2) 单元格格式的设置

① 在"维修费用表"工作表中,将单元格区域 A1∶G1 合并后居中,字体设置为方正舒体、18 磅、加粗、深蓝色,并为标题行填充玫瑰红色(RGB:255,153,153)底纹。

② 将单元格区域 A2∶G2 和 A3∶A10 的字体设置为华文中宋、13 磅、白色,文本对齐方式为居中,将单元格区域 B3:G10 的字体设置成微软雅黑、12 磅、黄色,文本对齐方式为居中。

③ 将单元格区域 A2∶A10、C2∶C10、E2∶E10、G2∶G10 均填充浅蓝色(RGB:153,102,255)底纹,将单元格区域 B2∶B10、D2∶D10、F2∶F10 均填充青绿色(RGB:51,204,255)底纹。

④ 将整个表格的外边框设置为黑色的粗实线,内部框线设置为黑色的粗虚线。

(3) 表格的插入设置

① 在"维修费用表"工作表中,为"销售科"(A10)单元格插入批注"销售科上半年维修费用最少"。

② 在"维修费用表"工作表中表格的下方建立如【样文 6－16A】下方所示的公式,形状样式为"细微效果-蓝色,强调颜色 1",并为其添加棱台中"艺术装饰"的形状效果。

2. 建立图表如【样文 6－16B】所示

① 使用"维修费用表"工作表中的相关数据在 Sheet3 工作表中创建一个簇状圆柱图。

② 按【样文 6－16B】所示为图表添加图表标题及坐标标题。

3. 工作表的打印设置

① 在"维修费用表"工作表第 7 行的下方插入分页符。

② 设置表格的标题行为顶端打印标题,打印区域为单元格区域 A1∶G15,设置完成后进行打印预览。

【样文 6-16A】

各部门上半年设备维修费用支出表						
科室	一月份	二月份	三月份	四月份	五月份	六月份
管理科	729	405	753	546	295	653
后勤科	457	357	462	853	521	538
技术科	852	642	532	735	573	384
人事科	347	557	257	702	468	567
设备科	257	844	543	295	379	735
设计科	468	825	375	274	229	428
生产科	853	735	674	773	578	237
销售科	425	400	587	612	176	254

$$P=\sqrt{\frac{1}{T}\int_{0}^{T}P^{2}(t)dt}$$

【样文 6-16B】

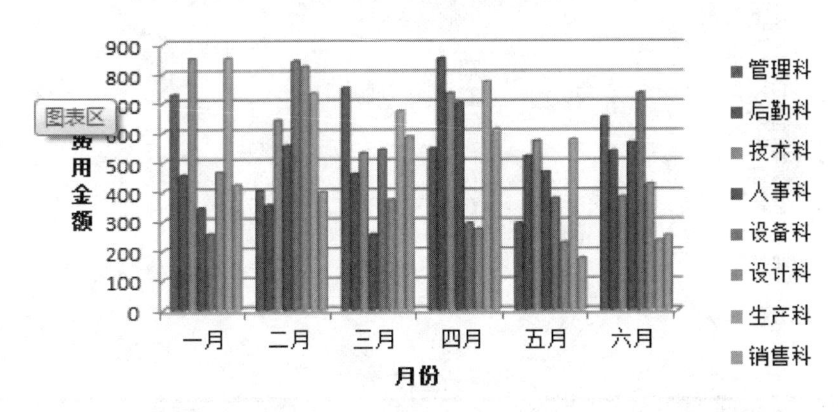

第七题

【操作要求】

打开文档 A7. xlsx(C:\2010KSW\DATA1\TF7-15. xlsx),按照下面要求操作。

1. 数据的查找与替换

按【样文 7-15A】所示,在 Sheet1 工作表中查找出所有的数值“75”,并将其全部替换为“76”。

2. 公式和函数的应用

按【样文 7-15A】所示,使用 Sheet1 工作表中的数据,应用函数公式计算出“平均湿度”,

将结果填写在相应的单元格中。

3. 基本数据分析

① 数据排序及条件格式的应用：按【样文 7－15B】所示，使用 Sheet2 工作表中的数据，以"1 月"为主要关键字、"6 月"为次要关键字进行升序排序，并对相关数据应用"图标集"中"红-黑渐变"的条件格式，实现数据的可视化效果。

② 数据筛选：按【样文 7－15C】所示，使用 Sheet3 工作表中的数据，筛选出"气候类型"为"温带""4 月"大于或等于"70"的记录。

③ 合并计算：按【样文 7－15D】所示，使用 Sheet4 工作表中"相对湿度表"表格中的数据，在"各气候 1－6 月份平均相对湿度表"的表格中进行求"平均值"的合并计算操作。

④ 分类总汇：按【样文 7－15E】所示，使用 Sheet5 工作表中的数据，以"气候类型"为分类字段，对各月份湿度进行求"平均值"的分类汇总。

4. 数据的透视分析

按【样文 7－15F】所示，使用"数据源"工作表中的数据，以"气候类型"为报表筛选项，以"城市"为行标签，以"所在区域"为列标签，以"最高气温"为求最大值项，从 Sheet6 工作表的 A1 单元格起建立数据透视表。

【样文 7－15A】

相对湿度表

城市	气候类型	1月	2月	3月	4月	5月	6月	平均湿度
HD	温带	65	76	60	65	70	68	67
CZ	温带	82	78	76	65	78	78	76
GZ	亚热带	64	81	73	80	80	81	77
NN	亚热带	79	86	83	84	82	89	84
HK	温带	78	84	83	80	76	78	80
GL	温带	76	80	79	76	79	85	79
CQ	温带	80	74	76	73	81	76	77
WJ	温带	80	81	76	70	76	74	76
GY	亚寒带	87	85	78	74	80	80	81
HM	亚寒带	58	42	55	48	44	70	53

【样文 7－15B】

相对湿度表

城市	气候类型	1月	2月	3月	4月	5月	6月
HM	亚寒带	58	42	55	48	44	70
GZ	亚热带	64	81	73	80	80	81
HD	温带	65	75	60	65	70	68
GL	温带	75	80	79	76	79	85
HK	温带	78	84	83	80	75	78
NN	亚热带	79	86	83	84	82	89
WJ	温带	80	81	76	70	75	74
CQ	温带	80	74	76	73	81	76
CZ	温带	82	78	75	65	78	78
GY	亚寒带	87	85	78	74	80	80

【样文 7-15C】

相对湿度表

城市	气候类型	1月	2月	3月	4月	5月	6月
HK	温带	78	84	83	80	75	78
GL	温带	75	80	79	76	79	85
CQ	温带	80	74	76	73	81	76
WJ	温带	80	81	76	70	75	74

【样文 7-15D】

各气候1~6月份平均相对湿度表

气候类型	1月	2月	3月	4月	5月	6月
温带	77	79	74	72	77	76
亚热带	72	84	78	82	81	85
亚寒带	73	64	67	61	62	75

【样文 7-15E】

相对湿度表

城市	气候类型	1月	2月	3月	4月	5月	6月
	温带 平均值	77	79	75	72	76	77
	亚寒带 平均值	73	64	67	61	62	75
	亚热带 平均值	72	84	78	82	81	85
	总计平均值	75	77	74	72	74	78

【样文 7-15F】

气候类型	温带			
最大值项:最高气温	**列标签**			
行标签	**HB**	**HD**	**HN**	**总计**
BJ	80			80
CQ		81		81
CZ			82	82
DD			84	84
GH	88			88
GL		85		85
HD			76	76
HK	84			84
HN	82			82
WG		80		80
WJ	81			81
总计	**88**	**85**	**84**	**88**

第八题

【操作要求】

打开 A8. docx(C:\2010KSW\DATA1\TF8-16. docx),按下列要求操作。

1. 选择性粘贴

在Excel2010中打开文件C:\2010KSW\DATA2\TF8-16A.xlsx,将工作表中的表格以"Microsoft Excel工作表对象"的形式粘贴至A8.docx文档中标题"家电市场预测表"的下方,结果如【样文8-16A】所示。

2. 文本与表格间的相互转换

按【样文8-16B】所示,将"2010广州亚运会金牌榜"下的文本转换成5列6行的表格形式,固定列宽为2.3厘米,文字分隔位置为制表符;为表格自动套用"中等深浅底纹2-强调文字颜色3"的表格样式,表格对齐方式为居中。

3. 录制新宏

① 在Word 2010中新建一个文件,在该文件中创建一个名为A8A的宏,将宏保存在当前文档中,用Ctrl+Shift+F作为快捷键,功能为将选定段落左、右各缩进3字符。

② 完成以上操作后,将该文件以"启用宏的Word文档"类型保存至考生文件夹中,文件名为A8-A。

4. 邮件合并

① 在Word 2010中打开文件C:\2010KSW\DATA2\TF8-16B.docx,以A8-B.docx为文件名保存至考生文件夹中。

② 选择"信函"文档类型,使用当前文档,使用文件C:\2010KSW\DATA2\TF8-16C.xlsx中的数据作为收件人信息,进行邮件合并,结果如【样文8-16C】所示。

③ 将邮件合并的结果以A8-C.docx为文件名保存至考生文件夹中。

【样文8-16A】

家电市场预测表

2005~2010年均增长率(%)

电器名称	全世界	亚洲
彩色电视机	2.50	6.00
磁带录像机	1.90	7.20
摄录一体机	4.20	12.20
激光视盘机	6.80	6.40
便携式音响	2.40	5.00
家庭音响	-0.60	10.00
汽车音响	2.00	6.40

【样文8-16B】

2010广州亚运会金牌榜

国家	金牌	银牌	铜牌	总数
中国	199	119	98	416
韩国	76	65	91	232
日本	48	74	94	216
伊朗	20	14	25	59
哈萨克斯坦	18	23	38	79

【样文 8－16C】

学生成绩报告单

王鑫同学：

你好！

本学期你的考试成绩如下：语文 87 分，数学 93 分，英语 80 分，总分 260 分。被评为学习标兵，特以鼓励！

北京希望小学

2010 年 1 月 10 日

学生成绩报告单

张菲同学：

你好！

本学期你的考试成绩如下：语文 99 分，数学 95 分，英语 98 分，总分 292 分。被评为学习标兵，特以鼓励！

北京希望小学

2010 年 1 月 10 日

学生成绩报告单

程圆圆同学：

你好！

本学期你的考试成绩如下：语文 90 分，数学 89 分，英语 97 分，总分 276 分。被评为学习标兵，特以鼓励！

北京希望小学

2010 年 1 月 10 日

学生成绩报告单

林辉同学：

你好！

本学期你的考试成绩如下：语文 93 分，数学 95 分，英语 94 分，总分 282 分。被评为学习标兵，特以鼓励！

北京希望小学

2010 年 1 月 10 日

学生成绩报告单

吴小勇同学：

你好！

本学期你的考试成绩如下：语文 88 分，数学 91 分，英语 90 分，总分 269 分。被评为学习标兵，特以鼓励！

北京希望小学

2010 年 1 月 10 日

考前冲刺模拟试卷(九)

第一题

【操作要求】

① 启动“资源管理器”：开机，进入 Windows 7 操作系统，启动“资源管理器”。

② 创建文件夹：在 C 盘根目录下建立考生文件夹，文件夹名为考生准考证后 7 位。

③ 复制、重命名文件：C 盘中有考试题库“2010KSW”文件夹，文件夹结构如图 1-1 所示。根据选题单指定题号，将题库中“DATA1”文件夹内相应的文件复制到考生文件夹中，将文件分别重命名为 A1、A3、A4、A5、A6、A7、A8，扩展名不变。第二单元的题需要考生在做题时自己新建一个文件。

如果考生的选题单如表 2-9 所列。

表 2-9

单元	一	二	三	四	五	六	七	八
题号	10	17	16	17	17	17	17	19

则应将题库中“DATA1”文件夹内的文件 TF1-10.docx、TF3-17.docx、TF4-17.docx、TF5-17.docx、TF6-17.xlsx、TF7-17.xlsx、TF8-19.docx 复制到考生文件夹中，并分别重命名为 A1.docx、A3.docx、A4.docx、A5.docx、A6.xlsx、A7.xlsx、A8.docx。

第二题

【操作要求】

① 新建文件：在 Microsoft Word 2010 程序中，新建一个文档，以 A2.docx 为文件名保存至考生文件夹。

② 录入文本与符号：按照【样文 2-17A】，录入文字、标点符号、特殊符号等。

③ 复制粘贴：将 C:\2010KSW\DATA2\TF2-17.docx 中全部文字复制到考生录入的文档之前。

④ 查找替换：将文档中所有的“唐陶瓷”替换为“唐三彩”，结果如【样文 2-17B】所示。

【样文 2-17A】

随着社会的进步，复制和仿制工艺的不断提高，唐三彩的品种也越来越多。洛阳人在传统唐三彩造型的基础上开发出了平面唐三彩，他们还将在此基础上开发出更多更好的唐三彩作品。

唐三彩早在唐初就输出国外，深受异国人民的喜爱。这种多色釉的陶器以它斑斓釉彩，鲜丽明亮的光泽，优美精湛的造型著称于世，唐三彩是中国古代陶器中一颗璀璨的明珠。

【样文 2-17B】

唐三彩是一种盛行于唐代的陶器，以黄、褐、绿为基本釉色，后来人们习惯地把这类陶器称为“唐三彩”。唐三彩的诞生已有 1300 多年的历史了，它吸取了中国国画、雕塑等工艺美术的特点，采用堆贴、刻画等形式的装饰图案，线条粗犷有力。

唐三彩是唐代陶器中的精华，在初唐、盛唐时达到高峰。安史之乱以后，随着唐王朝的逐步衰弱， 由于瓷器的迅速发展， 三彩器制作逐步衰退。后来又产生了“辽三彩”“金三彩”，但在数量、质量以及艺术性方面，都远不及唐三彩。

随着社会的进步，复制和仿制工艺的不断提高，唐三彩的品种也越来越多。洛阳人在传统唐三彩造型的基础上开发出了平面唐三彩，他们还将在此基础上开发出更多更好的唐三彩作品。

唐三彩早在唐初就输出国外，深受异国人民的喜爱。这种多色釉的陶器以它斑斓釉彩，鲜丽明亮的光泽，优美精湛的造型著称于世，唐三彩是中国古代陶器中一颗璀璨的明珠。

第三题

【操作要求】

打开文档 A3.docx(C:\2010KSW\DATA 1\TF3-16.docx)，按下列要求设置、编排文档格式。

1. 设置【文本 3-16A】如【样文 3-16A】所示

(1) 设置字体格式

① 将文档标题行的字体设置为华文琥珀、小一，并为其添加“填充-橄榄色，强调文字颜色 3，轮廓-文本 2”的文本效果。

② 将文档副标题的字体设置为华文行楷、小三、粉红色(RGB:255,153,204)，并为其添加“水绿色，8pt 发光，强调文字颜色 5”的发光文本效果。

③ 将正文诗词部分的字体设置为幼圆、小四。

④ 将正文最后一段的字体设置为微软雅黑、小四、蓝色的双实线下画线。

(2) 设置段落格式

① 将文档的标题行和副标题行均设置为居中对齐。

② 将正文的诗词部分的左侧缩进 5 个字符，右侧缩进 5 个字符，行距为固定值 20 磅。

③ 将正文最后一段的首行缩进 2 字符，段落间距为段前 0.5 行，行距为固定值 24 磅。

2. 设置【文本 3-16B】如【样文 3-16B】所示

(1) 拼写检查

改正【文本 3-16B】中拼写错误的单词。

（2）设置项目符号或编号

按照【样文 3－16B】为文档段落添加项目符号。

3. 设置【文本 3－16C】如【样文 3－16C】所示

按照【样文 3－16C】所示，为【文本 3－16C】中的文本添加拼音，并设置拼音的对齐方式为“左对齐”，偏移量为 3 磅，字体为华文彩云，字号为 14 磅。

【样文 3－16A】

我们把春天吵醒了（节选）

冰心

大雪纷飞。砭骨的朔风，扬起大地上尖刀般的沙土……我们心里带着永在的春天，成群结队地在祖国的各个角落里，去吵醒季候上的春天。

我们在矿山里开出了春天，在火炉里炼出了春天，在盐场上晒出了春天，在纺机上织出了春天，在沙漠的铁路上筑起了春天，在汹涌的海洋里捞出了春天，在鲜红的唇上唱出了春天，在挥舞的笔下写出了春天……。

春天揉着眼睛坐起来了，脸上充满了惊讶的微笑：“几万年来，都是我睡足了，飞出冬天的洞穴，用青青的草色，用潺潺的解冻的河流，用万紫千红的香花……来触动你们，唤醒你们。如今一切都翻转了，伟大呵，你们这些建设社会主义的人们！”

春天，驾着呼啸的春风，拿起招展的春幡，高高地飞起了。哗啦啦的春幡吹卷声中，大地上一切都惊醒了。

冰心(1900—1999)籍贯福建福州长乐横岭村人，原名为谢婉莹，笔名为冰心，取“一片冰心在玉壶”为意。被称为“世纪老人”。现代著名女作家诗人、翻译家、儿童文学家。代表作《寄小读者》，诗集《繁星》《春水》等。冰心的创作具有独特的艺术风格，这就是：温柔亲切的感情、微带忧郁的色彩、含而不露的手法、清新秀丽的语言。曾任中国民主促进会中央名誉主席，中国文联副主席，中国作家协会名誉主席、顾问，中国翻译工作者协会名誉理事等职。

【样文 3－16B】

- It hurts to love someone and not be loved in return. But what is more painful is to love someone and never find the courage to let that person know how you feel.
- A sad thing in life is when you meet someone who means a lot to you, only to find out in the end that it was never meant to be and you just have to let go.
- The best kind of friend is the kind you can sit on a porch swing with, never say a word, and then walk away feeling like it was the best conversation you've ever had.

【样文 3－16C】

rì mùcāngshānyuǎn　tiānhánbáiwūpín

日暮苍 山 远，天寒白屋贫。

cháiménwénquǎnfèi　fēngxuěyè guīrén

柴 门 闻 犬 吠，风 雪 夜归人。

第四题

【操作要求】

打开文档 A4.docx(C:\2010KSW\DATA1\TF4－17.docx)，按下列要求创建、设置表格如【样文 4－17】所示。

① 创建表格并自动套用格式：在文档的开头创建一个 5 行 3 列的表格，并为新创建的表格自动套用“中等深浅网格 1－强调文字颜色 5”的表格样式。

② 表格的基本操作：将表格中“U 盘”单元格与其右侧的单元格合并为一个单元格；在“扫描仪”行下面插入一空行，并依次输入相应的内容；将表格中“MP4”一行与“MP3”一行的位置互换；将表格第一行的行高设置为 1 厘米，其他各行平均分布行高，第 2 列的列宽设置为 3 厘米，其他各列的列宽设置为 2.3 厘米。

③ 表格的格式设置：将整个表格中的文字对齐方式为“水平居中”；将表格第 1 行的字体设置为微软雅黑、小四、加粗，并为其填充“30％”的图案样式，颜色为标准色中的“浅蓝”色，将表格其他行的字体设置为华文隶书、小四，并为其填充浅橙色(RGB:255,204,153)的底纹；将表格的外边框线设置为 1.5 磅、红色的三实线，将表格的内部网格线设置为 0.5 磅、深绿色(RGB:0,102,0)的三实线。

【样文 4－17】

一季度数码产品销售情况表

类别	编号	标价	总数量	已售出量
相机	XJ201001	¥1500	100	48
U盘	UP201002	¥80	90	80
MP3	MB201003	¥80	50	40
MP4	MA201004	¥200	85	65
扫描仪	SM201006	¥2230	80	50
摄像机	SX201005	¥3500	40	10
打印机	DY201007	¥1450	58	22

第五题

【操作要求】

打开文档 A5.docx(C:\2010KSW\DATA1\TF5－17.docx)，按下列要求设置，编排文档的版面如【样文 5－17】所示。

1. 页面设置

① 自定义纸张大小为宽 21.5 厘米、高 27.5 厘米，设置页边距为上、下各 2 厘米，左、右各 3.5 厘米。

② 按【样文 5－17】所示，在文档的页眉处添加页眉文字，页脚处添加页码，并设置页眉、页脚边框为深红色。

2. 艺术字设置

将标题“广州亚运会”设置为艺术字样式“填充-红色，强调文字颜色 2，粗糙棱台”：字体为华文新魏，字号为 60 磅；文字环绕方式为“顶端居中，四周型文字环绕”：为艺术字添加“棱纹”的棱台效果。

3. 文档的版面格式设置

① 分栏设置：将正文第 4 段至结尾设置为偏左的两栏格式，显示分隔线。

② 边框和底纹：为正文第 1 段添加 1.5 磅、深蓝色，双实线边框，并为其填充深红色底纹。

4. 文档的插入设置

① 插入图片：在样文中所示位置插入图片 C:\2010KSW\DATA 2\pic5－17.jpg，设置图片的缩放比例为 40%，环绕方式为“紧密型环绕”，并为图片添加“映像棱台，黑色”的外观样式。

② 插入尾注：为正文第 2 段的“亚奥理事会”五个字插入尾注“亚奥理事会：于 1982 年 11 月 16 日成立，总部设在科威特。”

【样文 5－17】

亚运会之最

广州亚运会

2010 年广州亚运会暨第 16 届亚运会于 2010 年 11 月 12 日至 27 日在中国广州进行，广州是中国第二个取得亚运会主办权的城市。北京曾于 1990 年举办第 11 届亚运会。广州亚运会设 42 项比赛项目，是亚运会历史上比赛项目最多的一届。广州还在亚运会后举办了第 10 届残疾人亚运会。

2004 年 3 月共有四座城市申办亚运会：广州、吉隆坡、首尔、安曼；但之后其他三个申办城市相继决定退出竞逐。2004 年 7 月 1 日，亚奥理事会[i]宣布广州获得第 16 届亚运会主办权。

广州亚运会除了有 28 项奥运会比赛项目，该届亚运会还有 14 项非奥运会项目的正式比赛项目，其中包括新增设的围棋、武术、龙舟、藤球、板球等中国传统项目。

2010 年 11 月 13 日，在刚刚结束的体育舞蹈探戈单项决赛中，冠军由中国选手沈宏/梁瑜洁获得，十分钟前两人刚获得华尔兹舞单项冠军，而为了更好的视觉效果，梁瑜洁已经把白色舞衣换成红色舞衣迎接这历史性时刻的到来。同时，这也是中国军团亚运会上的第 1000 枚金牌。在此前的 9 届亚运会上，中国选手已经获得了 991 枚金牌。

2006 年 11 月 26 日，第 16 届亚运会组委会在广州中山纪念堂，举行 2010 年亚运会会徽发布仪式，由广州设计师张强设计的象征“羊城”广州的会徽设计方案成为 2010 年广州亚运会会徽。该会徽设计以柔美上升的线条，构成了一个造型酷似火炬的五羊外形轮廓，构图以抽象和具象相合，灵动、飘逸中不失稳重，象征着亚运会的圣火熊熊燃烧、永不熄灭。既体现了广州的城市象征，又表达了广州人民的美好愿望，并且表现了运动会应有的动感。

广州亚运会的吉祥物有五个，为历届亚运会中数量最多的吉祥物。“五羊”是广州市最为知名的标志，广州也被称为“羊城”，以五只羊作为吉祥物，充分体现了东道国、主办城市的历史底蕴、精神风貌和文化魅力。这五只羊有着与北京奥运会吉祥物“北京欢迎你”类似的名字，形象是运动时尚的五只羊，分别取名“阿祥”“阿和”“阿如”“阿意”和“乐羊羊”，合起来就是“祥和如意乐洋洋”，表达了广州亚运会将给亚洲人民带来“吉祥、和谐、幸福、圆满和快乐”的美好祝愿，同时也传达了本届运动会“和谐、激情”的理念。

亚运会之最：广州亚运会已正式举行，但广州亚运会已有多项纪录入选中国世界纪录协会亚运会之最、中国之最、世界之最。

[i] 亚奥理事会：于 1982 年 11 月 16 日成立，总部设在科威特。

1

第六题

【操作要求】

在 Excel2010 中打开文件 A6.xlsx(C:\2010KSW\DATA1\TF6－17.xlsx)，并按下列要求进行操作。

1. 设置工作表及表格如【样文 6－17A】所示

(1) 工作表的基本操作

① 将 Sheet1 工作表中的所有内容复制到 Sheet2 工作表中，并将 Sheet2 工作表重命名为“运动会金牌榜”，将此工作表标签的颜色设置标准色中的“橙色”。

② 在“运动会金牌榜”工作表中标题行的下方插入一空行，并设置行高为 15；将“博源小学”一行与“阳光小学”一行的位置互换，设置整个表格的列宽为 11。

(2) 单元格格式的设置

① 在“运动会金牌榜”工作表中，将单元格区域 A1：E2 合并后居中，设置字体为方正姚体、18 磅、深红色、加粗，并为其填充黄色底纹。

② 将单元格区域 A3:E3 的字体设置成华文中宋、14 磅，文本的对齐方式为水平居中，并为其填充图案样式中“25％灰色”底纹，颜色为标准色中的浅蓝色。

③ 将单元格区域 B4：E11 的文本对齐方式设置为水平居中；将单元格区域 A4：E11 的字体设置为华文隶书、13 磅、紫色，并为其填充浅绿色底纹。

④ 将单元格区域 A3：E3 除下边框以外的外边框设置为红色的粗虚线；将单元格区域 A4：E11 的外边框设置为红色的粗实线，内部框线设置为红色的双实线。

(3) 表格的插入设置

① 在“运动会金牌榜”工作表中，为“35”(B4)单元格插入批注“荣获金牌数最多”。

② 在“运动会金牌榜”工作表中表格的下方建立【样文 6－17A】下方所示的公式，形状样式为“中等效果-红色，强调颜色 2”，并为其添加棱台中“松散嵌入”的形状效果。

2. 建立图表如【样文 6－17B】所示

① 使用“运动会金牌榜”工作表中的“学校”和“金牌”两列数据在 Sheet3 工作表中创建一个分离型圆环图。

② 按【样文 6－17B】所示为图表添加图表标题，并显示相应的百分比。

3. 工作表的打印设置

① 在“运动会金牌表”工作表第 8 行的上方插入分页符。

② 设置表格的标题行为顶端打印标题，打印区域为单元格区域 A1：E16，设置完成后进行打印预览。

【样文 6 - 17A】

第二十五届小学生运动会金牌榜				
学校	金牌	银牌	铜牌	总奖牌数
实验小学	35	39	29	103
育才小学	32	17	14	63
阳光小学	27	27	38	92
博源小学	17	16	16	49
新星小学	16	9	12	37
双语小学	14	16	18	48
北师大附小	11	9	13	33
红石街小学	10	11	11	32

$$\iint(x,y)d = \lim_{n\to\infty}\prod_{k=1}^{n} A_k$$

【样文 6 - 17B】

各小学金牌数量统计图

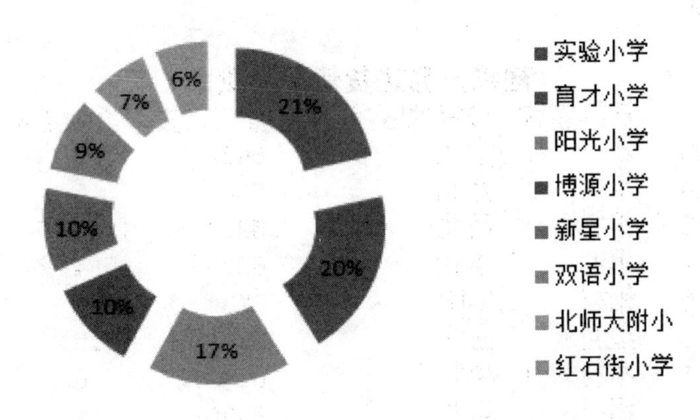

第七题

【操作要求】

打开文档 A7. xlsx(C:\2010KSW\DATA1\TF7 - 17. xlsx),按照下面要求操作。

1. 数据的查找与替换

按【样文 7 - 17A】所示,在 Sheet1 工作表中查找出所有的数值“590”,并将其全部替换为“580”。

2. 公式和函数的应用

按【样文 7－17A】所示，使用 Sheet1 工作表中的数据，应用函数公式计算出“进货总额”，将结果填写在相应的单元格中。

3. 基本数据分析

① 数据排序及条件格式的应用：按【样文 7－17B】所示，使用 Sheet2 工作表中的数据，以“产品名称”为主要关键字、“进货数量”为次要关键字进行降序排序，并对相关数据应用“图标集”中“五向箭头(彩色)”的条件格式，实现数据的可视化效果。

② 数据筛选：按【样文 7－17C】所示，使用 Sheet3 工作表中的数据，筛选出进货地区为“华北”、进货数量小于“700”的记录。

③ 合并计算：按【样文 7－17D】所示，使用 Sheet4 工作表中“华北地区进货情况一览表”“西北地区进货情况一览表”和“华南地区进货情况一览表”表格中的数据，在“建筑产品进货最高值”的表格中进行求“最大值”的合并计算操作。

④ 分类总汇：按【样文 7－17E】所示，使用 Sheet5 工作表中的数据，以“产品名称”为分类字段，对“进货数量”与“进货单价”进行求“平均值”的分类汇总。

4. 数据的透视分析

按【样文 7－17F】所示，使用“数据源”工作表中的数据，以“日期”为报表筛选项，以“进货地区”为行标签，以“产品名称”为列标签，以“进货数量”和“进货单价”为最小值项，从 Sheet6 工作表的 A1 单元格起建立数据透视表。

【样文 7－17A】

建筑产品进货情况一览表

日期	产品名称	进货地区	进货数量	进货单价	进货总额
2010/5/20	沙石	华北	643	3.2	2057.6
2010/5/24	水泥	西北	700	5	3500
2010/5/12	钢材	西北	520	11.5	5980
2010/5/22	水泥	华北	620	5.4	3348
2010/5/15	钢材	华南	673	10.7	7201.1
2010/5/16	塑料	西北	580	15	8700
2010/5/21	木材	华北	640	6	3840
2010/5/18	钢材	华北	730	12	8760
2010/5/13	塑料	华北	580	16.8	9744
2010/5/20	水泥	华南	650	6	3900
2010/5/19	木材	西北	580	6.2	3596
2010/5/10	沙石	西北	720	3	2160
2010/5/23	塑料	华南	580	15.3	8874
2010/5/17	木材	华南	630	5.8	3654
2010/5/27	沙石	华南	570	3.8	2166

【样文 7－17B】

建筑产品进货情况一览表

日期	产品名称	进货地区	进货数量	进货单价
2010/5/16	塑料	西北	580	15
2010/5/13	塑料	华北	580	16.8
2010/5/23	塑料	华南	580	15.3
2010/5/24	水泥	西北	700	5
2010/5/20	水泥	华南	650	6
2010/5/22	水泥	华北	620	5.4
2010/5/10	沙石	西北	720	3
2010/5/20	沙石	华北	643	3.2
2010/5/27	沙石	华南	570	3.8
2010/5/21	木材	华北	640	6
2010/5/17	木材	华南	630	5.8
2010/5/19	木材	西北	580	6.2
2010/5/18	钢材	华北	730	12
2010/5/15	钢材	华南	673	10.7
2010/5/12	钢材	西北	520	11.5

【样文 7－17C】

建筑产品进货情况一览表

日期	产品名称	进货地区	进货数量	进货单价
2010/5/20	沙石	华北	643	3.2
2010/5/22	水泥	华北	620	5.4
2010/5/21	木材	华北	640	6
2010/5/13	塑料	华北	580	16.8

【样文 7－17D】

建筑产品进货最高值

产品名称	进货数量	进货单价
沙石	720	3.8
水泥	700	6
木材	640	6.2
钢材	730	12
塑料	580	16.8

【样文 7－17E】

建筑产品进货情况一览表

日期	产品名称	进货地区	进货数量	进货单价
	钢材 平均值		641	11.4
	木材 平均值		616.6667	6
	沙石 平均值		644.3333	3.333333
	水泥 平均值		656.6667	5.466667
	塑料 平均值		580	15.7
	总计平均值		627.7333	8.38

【样文 7-17F】

日期	(全部)					
	列标签					
行标签	钢材	木材	沙石	水泥	塑料	总计
东北						
最小值项:进货数量	485	520	640	580	653	485
最小值项:进货单价	10.4	5.7	3.1	5.2	15.5	3.1
华北						
最小值项:进货数量	730	640	643	620	580	580
最小值项:进货单价	12	6	3.2	5.4	16.8	3.2
华南						
最小值项:进货数量	673	630	570	650	580	570
最小值项:进货单价	10.7	5.8	3.8	6	15.3	3.8
西北						
最小值项:进货数量	520	580	720	700	580	520
最小值项:进货单价	11.5	6.2	3	5	15	3
最小值项:进货数量汇总	485	520	570	580	580	485
最小值项:进货单价汇总	10.4	5.7	3	5	15	3

第八题

【操作要求】

打开 A8.docx(C:\2010KSW\DATA1\TF8-19.docx),按下列要求操作。

1. 选择性粘贴

在 Excel2010 中打开文件 C:\2010KSW\DATA2\TF8-19A.xlsx,将工作表中的表格以“Microsoft Excel 工作表对象”的形式粘贴至 A8.docx 文档中标题“生产、出口能力比较”的下方,结果如【样文 8-19A】所示。

2. 文本与表格间的相互转换

按【样文 8-19B】所示,将“某大学新生入学情况表”下的表格转换成文本,文字分隔符为制表符。

3. 录制新宏

① 在 Excel 2010 中新建一个文件,在该文件中创建一个名为 A8A 的宏,将宏保存在当前工作簿中,用 Ctrl+Shift+F 作为快捷键,功能为将选定单元格自动套用数据和模型中“输入”的单元格样式。

② 完成以上操作后,将该文件以“启用宏的工作簿”类型保存至考生文件夹中,文件名为 A8-A。

4. 邮件合并

① 在 Word2010 打开文件 C:\2010KSW\DATA2\TF8-19B.docx,以 A8-B.docx 为文件名保存至考生文件夹中。

② 选择“信函”文档类型,使用当前文档,使用文件 C:\2010KSW\DATA2\TF8-19C.xlsx 中的数据作为收件人信息,进行邮件合并,结果如【样文 8-19C】所示。

③ 将邮件合并的结果以 A8 - C. docx 为文件名保存至考生文件夹中。

【样文 8 - 19A】

生产、出口能力比较

产品	生产(万美元)		出口(万美元)	
	2009年	2010年	2009年	2010年
电子元器件	20,028	24,657	17,451	21,918
消费类电子产品	10,410	11,439	7,356	8,075
投资类电子设备	7,978	9,736	5,670	6,262

【样文 8 - 19B】

某大学新生入学情况表

入学编号	姓名	国籍	学分
20100701	张雅丽	新加坡	9
20100702	cathy	澳大利亚	9
20100703	朴俊贤	韩国	8
20100704	lily	美国	6
20100705	董辰	马来西亚	8

【样文 8 - 19C】

第二十五届小学生运动会金牌榜

尊敬的 实验小学校长，你好：

你校的学生在本届小学生运动会上荣获奖牌数如下：

金牌	35	银牌	39
铜牌	29	总奖牌数	103

荣获本届运动会第 一 名，特发此证，以资鼓励。

中海市教育局

2010 年 5 月 3 日

第二十五届小学生运动会金牌榜

尊敬的 育才小学校长，你好：

你校的学生在本届小学生运动会上荣获奖牌数如下：

金牌	32	银牌	17
铜牌	14	总奖牌数	63

荣获本届运动会第 二 名，特发此证，以资鼓励。

中海市教育局

2010 年 5 月 3 日

第二十五届小学生运动会金牌榜

尊敬的 博源小学校长，你好：

你校的学生在本届小学生运动会上荣获奖牌数如下：

金牌	17	银牌	16
铜牌	16	总奖牌数	49

荣获本届运动会第 三 名，特发此证，以资鼓励。

中海市教育局

2010 年 5 月 3 日

第二十五届小学生运动会金牌榜

尊敬的 阳光小学校长，你好：

你校的学生在本届小学生运动会上荣获奖牌数如下：

金牌	27	银牌	27
铜牌	38	总奖牌数	92

荣获本届运动会第 四 名，特发此证，以资鼓励。

中海市教育局

2010 年 5 月 3 日

第二十五届小学生运动会金牌榜

尊敬的 新星小学校长，你好：

你校的学生在本届小学生运动会上荣获奖牌数如下：

金牌	16	银牌	9
铜牌	12	总奖牌数	37

荣获本届运动会第 五 名，特发此证，以资鼓励。

中海市教育局

2010 年 5 月 3 日

第二十五届小学生运动会金牌榜

尊敬的 双语小学校长，你好：

你校的学生在本届小学生运动会上荣获奖牌数如下：

金牌	14	银牌	16
铜牌	18	总奖牌数	48

荣获本届运动会第 六 名，特发此证，以资鼓励。

考前冲刺模拟试卷(十)

第一题

【操作要求】

① 启动“资源管理器”:开机,进入 Windows 7 操作系统,启动“资源管理器”。

② 创建文件夹:在 C 盘根目录下建立考生文件夹,文件夹名为考生准考证后 7 位。

③ 复制、重命名文件:C 盘中有考试题库“2010KSW”文件夹,文件夹结构如图 1 - 1 所示。根据选题单指定题号,将题库中“DATA1”文件夹内相应的文件复制到考生文件夹中,将文件分别重命名为 A1、A3、A4、A5、A6、A7、A8,扩展名不变。第二单元的题需要考生在做题时自己新建一个文件。

如果考生的选题单如表 2 - 10 所列。

表 2 - 10

单元	一	二	三	四	五	六	七	八
题号	11	19	16	19	20	20	19	20

则应将题库中“DATA1”文件夹内的文件 TF1 - 11. docx、TF3 - 16. docx、TF4 - 19. docx、TF5 - 20. docx、TF6 - 20. xlsx、TF7 - 19. xlsx、TF8 - 20. docx 复制到考生文件夹中,并分别重命名为 A1. docx、A3. docx、A4. docx、A5. docx、A6. xlsx、A7. xlsx、A8. docx。

④ 在控制面板中设置隐藏桌面上所有的图标。

⑤ 在资源管理器中打开“本地磁盘(C:)”,设置所有文件及文件夹的视图方式为“中等图标”,并“显示预览窗格”。

第二题

【操作要求】

① 新建文件:在 Microsoft Word 2010 程序中,新建一个文档,以 A2. docx 为文件名保存至考生文件夹。

② 录入文本与符号:按照【样文 2 - 19A】,录入文字、标点符号、特殊符号等。

③ 复制粘贴:将 C:\2010KSW\DATA2\TF2 - 19. docx 中全部文字复制到考生录入的文档之后。

④ 查找替换:将文档中所有的“商业信”替换为“商业信用”,结果如【样文 2 - 19B】所示。

【样文 2 - 19A】

◢商业信用是社会信用体系中最重要的一个组成部分，由于它具有很大的外在性，因此，在一定程度上它影响着其他信用的发展。从历史的角度而言，中国传统的信用，本质上是一种道德观念，包括两个部分，一个部分为自给自足的以身份为基础的熟人社会的{私人信用}，一个部分为相互依赖的契约社会的{商业信用}。◣

【样文 2 - 19B】

◢商业信用是社会信用体系中最重要的一个组成部分，由于它具有很大的外在性，因此，在一定程度上它影响着其他信用的发展。从历史的角度而言，中国传统的信用，本质上是一种道德观念，包括两个部分，一个部分为自给自足的以身份为基础的熟人社会的{私人信用}，一个部分为相互依赖的契约社会的{商业信用}。◣

从本质上而言，商业信用是基于主观上的诚实和客观上对承诺的兑现而产生的信赖和好评。所谓主观上的诚实，是指在商业活动中，交易双方在主观心理上诚实善意，除了公平交易之理念外，没有其他欺诈意图和目的；所谓客观上对承诺的兑现，是指商业主体应当对自己在交易中向对方做出的有效的意思表示负责，应当使之实际兑现。可以说，商业信用是主客观的统一，是商事主体在商业活动中主观意思和客观行为一致性的体现。

商业信用产生的根本原因是由于在商品经济条件下，在产业资本循环过程中，各个企业相互依赖，但它们在生产时间和流通时间上往往存在着不一致，从而使商品运动和货币运动在时间上和空间上脱节。而通过企业之间相互提供商业信用，则可满足企业对资本的需要，从而保证整个社会的再生产得以顺利进行。

第三题

【操作要求】

打开文档 A3.docx(C:\2010KSW\DATA 1\TF3 - 19.docx)，按下列要求设置、编排文档格式。

1. 设置【文本 3 - 19A】如【样文 3 - 19A】所示

(1) 设置字体格式

① 将文档第 1 行的字体设置为华文楷体、四号、粉红色(RGB:153,51,102)，并为其添加“全映像，4pt 偏移量”的文本效果。

② 将文档标题行的字体设置为华文行楷、一号，并为其添加“填充-橄榄色，强调文字颜色 3，轮廓-文本 2”的文本效果，并更改字体颜色为金色(RGB:255,204,0)。

③ 将正文 1～4 段的字体设置为华文中宋、小四，其中第 2、3、4 自然段每段第一句的字体设置为加粗，并为其添加着重号。

④ 将文档最后一段的字体设置为方正舒体、四号、水绿色(RGB:75,172,198)，并为其添加点式下画线，下画线颜色为标准色中的“橙色”。

(2) 设置段落格式

① 将文档的标题行设置为居中对齐，第 1 行设置右对齐。

② 将正文中 1～4 段设置为首行缩进 2 字符，行距为固定值 21 磅。

③ 将正文最后一段设置为首行缩进 2 字符，段落间距为段前 0.5 行，行距为固定值 18 磅。

(3) 首字下沉

将正文第一段设置为首字下沉的格式，下沉行数为 2 行，字体为楷体_GB2312。

2. 设置【文本 3 - 19B】如【样文 3 - 19B】所示

① 拼写检查：改正【文本 3 - 19B】中拼写错误的单词。

② 设置项目符号或编号：按照【样文 3 - 19B】为文档段落添加项目符号。

【样文 3 - 19A】

人生哲理

知足、知不足、不知足

知足、知不足、不知足，这是一个人应有的态度，应有的觉悟，应有的境界。

知足，就是要知足常乐。我国春秋时期的哲学家、思想家老子曾说："祸莫大于不知足，咎莫大于欲得，故知足之足，常足矣。"诚然，当今社会竞争激烈，我们不赞同消极的态度，应鼓励积极进取参与竞争，因为只有竞争才能推动社会各方面的快速发展。但当竞争者在竞争过程中遇到困难、挫折、失败而令人烦恼时，千万不能冲动和失去理智，不能去做那些不明智的蠢事。最好是用知足常乐心态去看待问题，这样才会使自己失落的心灵找到平衡点，这时知足常乐的心理状态会帮助你尽快调整心情，冷静地总结失败的教训，从而放下包袱、重拾信心、以力再战。

而知不足，就是要知道自己的不足之处。也就是说，人贵有自知之明。因为楼外有楼、山外有山、天外有天，任何人都不是十全十美的。与那些优秀的人相比，自己总会在某些方面有着这样或那样的不足。一个人要想继续进步和发展，就要学会知不足，善于知不足，就要有自知之明，就要正确评估自己，就要知道自己的长处与短处。只有真正地了解自己，才能发现自身的不足或欠缺，明确自己努力的目标，明确自己继续前进的方向，做到取人之长，补己所短，使自己得以在人生的道路上不断进步，不断地创造出新成绩。

不知足是与知足相对而言的，世界上没有绝对的知足与不知足，两者往往是相互交织、相互作用、相辅相成的，无论是知足还是不知足，都是一种人生的心态。知足能使人安详、平静、达观、洒脱、超然；不知足能使人渴望、激情、拼搏、奋进、登攀。知足者，贵在知不可行而不行。不知足者，智在知可行而必行。如果知不可行而强行，必无功而返；如果知可行而不行，则会错失良机。在现实生活中，一个人能够知足地对待名利，又能不知足地对待事业，知足就会成为不知足的辅助和铺垫，不知足就成了知足的凝聚，这是人生境界升华。

知足、知不足、不知足，说起来容易，做起来却很难，需要我们用心去体会，用智慧去把握，用行动去实践。一个人如果能够设身处地地做到知足、知不足、不知足，人生则会更精彩、更美丽，事业则会更顺利、更辉煌。

【样文 3-19B】

★ We Are Responsible for Our Life. And nobody else. Although all success requires the assistance and cooperation of others, our success can never be left to anyone else. Luck is not a strategy.

★ Life is short. Whether we live 20 years or 100, our lives pass quickly. All the more reason to spend our life doing what we love. Since we never know how much time we have left, we should live each day as if it is our last—for it just may be.

★ You Can't Learn Less. We can only add to our knowledge. We don't have to give some of it up in exchange for new knowledge. Our ability to absorb and retain knowledge may just be unlimited.

第四题

【操作要求】

打开文档 A4.docx(C:\2010KSW\DATA1\TF4-19.docx),按下列要求创建、设置表格如【样文 4-19】所示。

① 创建表格并自动套用格式:在文档的开头创建一个 4 行 6 列的表格,并为新创建的表格自动套用“彩色列表”的表格样式。

② 表格的基本操作:将表格中“学历”单元格与其左侧的空白单元格合并为一个单元格,在“姓名”列的左侧插入一空列,并依次输入相应的内容;将表格中“工龄”一列移至“学历”一列的右侧;根据窗口自动调整表格后平均分布各行各列。

③ 表格的格式设置:将整个表格的字头设置为华文楷体,字体为小三,文字对齐方式为“水平居中”;为表格的第 1 行和第 1 列填充淡紫色(RGB:255,153,255)底纹,第 2、4、6 行(每行的第 1 个单元格除外)填充标准色中的“橙色”底纹,第 3、5、7 行(每行的第 1 个单元除外)填充标准色中的“浅绿”色底纹;将表格的上、下外边框线设置为 2.25 磅、深蓝色的实线,左右外边框线为无,第 1 行的下边框线和第 1 列的右边框线设置为 1.5 磅、深红色的点画线,将“001”至“006”单元格和“姓名”至“年龄”单元格的内部网格线设置为无。

【样文 4-19】

某大学毕业答辩考评员信息表

编号	姓名	性别	年龄	学历	工龄
001	李红梅	女	29	本科	4
002	王宇彤	男	32	硕士	5
003	段晓峰	男	28	本科	2
004	齐帅	男	40	硕士	10
005	王琳	女	38	硕士	9
006	薛萍	女	48	硕士	19

第五题

【操作要求】

打开文档 A5.docx(C:\2010KSW\DATA1\TF5－20.docx)，按下列要求设置，编排文档的版面如【样文 5－20】所示。

1. 页面设置

① 自定义纸张大小为宽 21.5 厘米、高 29 厘米，设置页边距为上、下、左、右均为 2.5 厘米。

② 按【样文 5－20】所示，在文档的页眉处添加页眉文字，页脚处添加页码，设置文字颜色为深蓝色，边框线为深红色的双波浪线。

2. 艺术字设置

将标题“增强免疫力三法”设置为艺术字样式“渐变填充-紫色，强调文字颜色 4，映像”；字体为方正姚体，字号为 55 磅；文字环绕方式为“顶端居中，四周型文字环绕”；为艺术字添加透视中“靠下”的阴影文本效果。

3. 文档的版面格式设置

① 分栏设置：将正文第 3～10 段设置为两栏格式，其中第一栏宽度为 15 字符，间距为 5 字符，显示分隔线。

② 边框和底纹：为正文的第 1 段添加 3 磅、粉红色(RGB:220,20,134)如【样文 5－20】所示线型的边框，并为其填充淡紫色(RGB:204,192,217)的底纹。

4. 文档的插入设置

① 插入图片：在样文中所示位置插入图片 C:\2010KSW\DATA2\pic5－20.jpg，设置图片的缩放比例为 85%，环绕方式为“穿越型环绕”，并为图片添加“金属椭圆”的外观样式。

② 插入尾注：为正文第 1 段的“免疫系统”四个字插入尾注“免疫系统：是人体抵御病原菌

侵犯最重要的保卫系统。”

【样文 5-20】

生活小常识

增强免疫力三法

免疫力就是人体对各种疾病的抵抗力。这些抵抗力来自于体内的免疫系统[i]，如白血球、抗体、巨噬细胞等。免疫系统实力越强，遭受疾病侵袭的几率就越小。这就是有的人抗病（免疫力强），有的人不抗病（免疫力弱）的原因。

那么，如何增强免疫力呢？最好的办法是借助外力，以下三项措施值得你经常注意为之：

一、助本食物

最新研究表明，草本类食物在增强免疫力方面独具魅力，其主要有三大功能：一是均衡人体，调节内分泌腺，使内分泌功能保持正常，从而稳定免疫系统；二是具有自然清功，可清潜入体内的汞、砷、镉、铅等有害物，保护免疫系统；三是提供维生素、矿物质以及其他特殊养分，营养免疫系统。临床已证实，山楂、生姜对心病有治疗作用，橘子、香菇等在抗肿瘤与毒物方面很有优势，大豆、人参、甘草、丝瓜都是提升免疫功能的佳品。

二、借助睡眠

人们都知道睡眠是消除疲劳、增进生命活力的一种休息方式。其实，睡眠与人体免疫力密切相关。

睡眠增强免疫力的观点也得到俄罗斯医学专家的认同。他们对感冒病人的研究表明，凡是患感冒后立即卧床休息或睡眠者，其发烧、头痛、疲乏、鼻塞等症状可在一天内缓解，若继续工作或活动则可使病情迁延，感冒后继续工作一天，病程可延长三天，继续工作两天则迁延三天以上。原因何在？其奥妙在于睡眠时人体会产生一种称为胞壁酸的睡眠因子，此因子促使白血球增多、巨噬细胞活跃，肝脏解毒功能增强，从而将侵入的细菌和病毒消灭。

三、助光

合理晒太阳也是增强免疫力的一大举措。日光中的紫外线光束能刺激人体皮肤中的T—脱氢胆固醇，使其转化成维生素D3。切莫小看这种极其普通的维生素，专家称：“身体中通过紫外线A光束产生的维生素D3，是太阳送给人类的最大礼物”，每天只需 0.009毫克就可使免疫力增加一倍，尤其是在结核病乃至癌症的预防方面功不可没。

据专家测量，晒太阳 30 分钟，血液中就可以增加 0.25 毫克维生素 D3。资料显示，维生素 D3 可减少乳腺癌、肠癌、白血病、淋巴癌等病的发病危险。

[i]免疫系统：是人体抵御病原菌侵犯最重要的保卫系统。

1/1

第六题

【操作要求】

在 Excel2010 中打开文件 A6. xlsx(C:\2010KSW\DATA1\TF6－20. xlsx),并按下列要求进行操作。

1. 设置工作表及表格如【样文 6－20A】所示

(1) 工作表的基本操作

① 将 Sheet1 工作表中的所有内容复制到 Sheet2 工作表中,并将 Sheet2 工作表重命名为"财政预算表",将此工作表标签的颜色设置为标准色中的"深蓝"色。

② 在"财政预算表"工作表中标题行的下方插入一空行,并设置行高为 7;将"三亚"一行与"平海"一行的位置互换;将表格标题行的行高设置为 30,设置第一列的列宽为 7,其他列的列宽均为 10。

(2) 单元格格式的设置

① 在"财政预算表"工作表中,将单元格区域 A1 : H1 合并后居中,设置字体为华文琥珀、20 磅、深蓝色,并为其填充水平的淡紫色(RGB:255,153,255)和浅绿色(RGB:204,255,153)的渐变底纹。

② 将单元格区域 A3 : H3 的字体设置为隶书、14 磅、紫色、水平居中,并为其填充浅青绿色(RGB:102,204,255)底纹。

③ 将单元格区域 A4 : H11 的字体设置为微软雅黑、11 磅、深绿色(RGB:0,102,0),并为其填充金色(RGB:255,204,0)底纹。

④ 将单元格区域 A3 : H11 的外边框设置为如【样文 6－20A】所示的红色的粗双点画线,内部框线设置为褐色(RGB:153,51,0)的单实线。

(3) 表格的插入设置

① 在"财政预算表"工作表中,为"4185. 50"(H10)单元格插入批注"黑龙江预算最高"。

② 在"财政预算表"工作表中表格的下方插入图片 C:\2010KSW\DATA2\pic6－20. jpg,设置图片的的缩放比例为 70%,并为其应用"金属椭圆"的形状样式。

2. 建立图表如【样文 6－20B】所示

① 使用"财政预算表"工作表中的相关数据在 Sheet3 工作表中创建一个三维圆柱图。

② 按【样文 6－20B】所示为图表添加图表标题,并为其填充"细微效果-橄榄色,强调颜色 3"的形状样式。

3. 工作表的打印设置

① 在"财政预算表"工作表第 9 行的下方插入分页符。

② 设置表格的标题行为顶端打印标题,打印区域为单元格区域 A1 : H27,设置完成后进行打印预览。

【样文 6－20A】

各地区2010年预算内财政支出表（万元）

地区	支援农业	经济建设	卫生科学	行政管理	优抚	其他	总支出
北京	114.66	131.01	571.88	186.49	38.63	34.28	1076.95
上海	71.60	119.05	513.25	170.35	34.42	13.00	921.67
平海	166.08	989.25	1040.89	527.68	85.25	328.67	3137.82
石家庄	167.75	209.59	744.40	254.61	50.92	75.86	1503.13
胡宁	214.10	714.80	1095.10	561.20	80.80	401.13	3067.13
三亚	161.89	831.32	855.39	370.43	60.55	167.67	2447.25
黑龙江	326.30	650.70	1556.40	758.50	118.50	775.10	4185.50
吉林	369.20	678.85	1458.30	748.38	99.07	627.70	3981.50

【样文 6－20B】

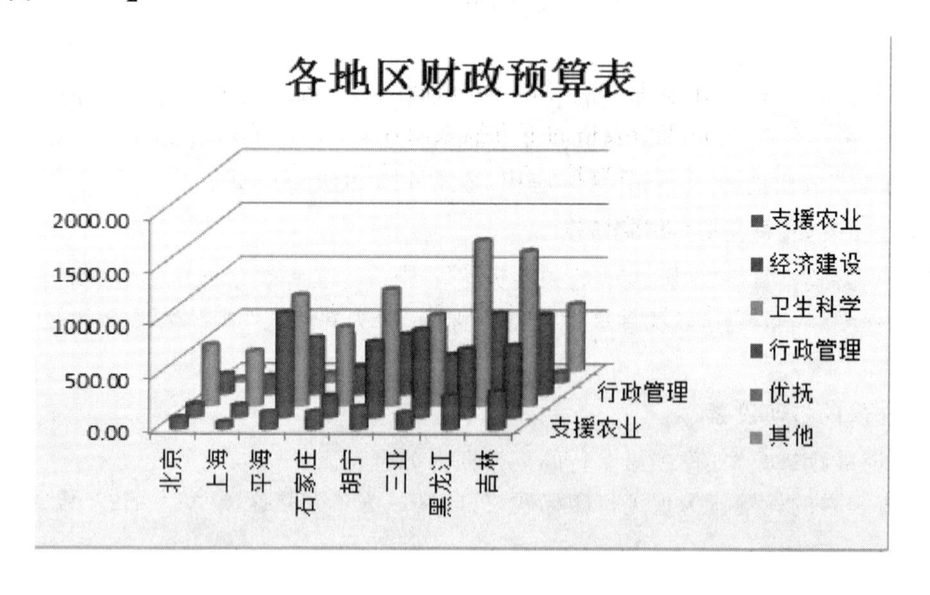

第七题

【操作要求】

打开文档 A7. xlsx(C:\2010KSW\DATA1\TF7－19. xlsx),按照下面要求操作。

1. 数据的查找与替换

按【样文 7－19A】所示,在 Sheet1 工作表中查找出所有的数值“370”,并将其全部替换为“350”。

2. 公式和函数的应用

按【样文 7－19A】所示,使用 Sheet1 工作表中的数据,应用函数公式计算出“总票价”,将结果填写在相应的单元格中。

3. 基本数据分析

① 数据排序及条件格式的应用:按【样文 7－19B】所示,使用 Sheet2 工作表中的数据,以“放映时间”为主要关键字、“售票数量”为次要关键字进行升序排序,并对相关数据应用“数据条”中“橙色数据条”实心填充的条件格式,实现数据的可视化效果。

② 数据筛选:按【样文 7－19C】所示,使用 Sheet3 工作表中的数据,筛选出“影片类型”为“喜剧片”和“售票单价”小于“300”的记录。

③ 合并计算:按【样文 7－19D】所示,使用 Sheet4 工作表中“雄风影院售票价格表”“明光影院售票价格表”和“万达影院售票价格表”表格中的数据,在“市内各类影片票价最低一览表”的表格中进行求“最小值”的合并计算操作。

④ 分类总汇:按【样文 7－19E】所示,使用 Sheet5 工作表中的数据,以“影院名称”为分类字段,对“售票总价”进行“求和”的分类汇总。

4. 数据的透视分析

按【样文 7－19F】所示,使用“数据源”工作表中的数据,以“影片类型”为行标签,以“影院名称”为列标签,以“售票数量”为求和项,从 Sheet6 工作表的 A1 单元格起建立数据透视表。

【样文 7－19A】

市内各大影院情况表

放映时间	影片类型	影院名称	售票单价	售票数量	总票价
2010/8/1 8:00	爱情片	雄风	350	76	26600
2010/8/3 12:00	喜剧片	雄风	260	50	13000
2010/8/5 17:00	生活片	雄风	220	74	16280
2010/8/1 20:00	动作片	雄风	300	73	21900
2010/8/4 20:00	爱情片	明光	320	68	21760
2010/8/2 10:00	喜剧片	明光	350	64	22400
2010/8/6 16:00	生活片	明光	270	70	18900
2010/8/6 18:00	动作片	明光	350	54	18900
2010/8/1 10:00	爱情片	万达	240	68	16320
2010/8/7 13:00	喜剧片	万达	280	72	20160
2010/8/6 14:00	生活片	万达	350	64	22400
2010/8/4 9:00	动作片	万达	230	58	13340

【样文 7－19B】

市内各大影院情况表

放映时间	影片类型	影院名称	售票单价	售票数量
2010/8/1 8:00	爱情片	雄风	350	76
2010/8/1 10:00	爱情片	万达	240	68
2010/8/1 20:00	动作片	雄风	300	73
2010/8/2 10:00	喜剧片	明光	350	64
2010/8/3 12:00	喜剧片	雄风	260	50
2010/8/4 9:00	动作片	万达	230	58
2010/8/4 20:00	爱情片	明光	320	68
2010/8/5 17:00	生活片	雄风	220	74
2010/8/6 14:00	生活片	万达	350	64
2010/8/6 16:00	生活片	明光	270	70
2010/8/6 18:00	动作片	明光	350	54
2010/8/7 13:00	喜剧片	万达	280	72

【样文 7－19C】

市内各大影院情况表

放映时间	影片类型	影院名称	售票单价	售票数量
2010/8/3 12:00	喜剧片	雄风	260	50
2010/8/7 13:00	喜剧片	万达	280	72

【样文 7－19D】

市内各类影片票价最低一览表

影片类型	售票单价
爱情片	270
喜剧片	250
生活片	220
动作片	260
科幻片	260
伦理片	250
战争片	270
动画片	280
悬疑片	240
冒险片	240

【样文 7－19E】

市内各大影院情况表

放映时间	影片类型	影院名称	售票总价
		明光 汇总	12900
		万达 汇总	11000
		雄风 汇总	11300
		总计	35200

【样文 7-19F】

求和项:售票数量	列标签			
行标签	明光	万达	雄风	总计
爱情片	64	67	76	207
动画片	67	64	54	185
动作片	80	73	73	226
科幻片	73	72	68	213
伦理片	58	70	64	192
冒险片	56	60	72	188
生活片	76	63	74	213
喜剧片	58	64	50	172
悬疑片	73	62	68	203
战争片	69	55	70	194
总计	**674**	**650**	**669**	**1993**

第八题

【操作要求】

打开 A8. docx(C:\2010KSW\DATA1\TF8-20. docx),按下列要求操作。

1. 选择性粘贴

在 Excel2010 中打开文件 C:\2010KSW\DATA2\TF8-20A. xlsx,将工作表中的表格以“Microsoft Excel 工作表对象”的形式粘贴至 A8. docx 文档中标题“明洁公司招聘人员信息签到表”的下方,结果如【样文 8-20A】所示。

2. 文本与表格间的相互转换

按【样文 8-20B】所示,将“明洁公司员工基本信息表”下的文本转换成 5 列 7 行的表格形式,列宽为固定值 2.3 厘米,文字分隔位置为制表符;为表格自动套用“中等深浅网格 3-强调文字颜色 2”的表格样式,表格对齐方式为居中。

3. 录制新宏

① 在 Word 2010 中新建一个文件,在该文件中创建一个名为 A8A 的宏,将宏保存在当前文档中,用 Ctrl+Shift+F 作为快捷键,功能为将选定段落填充图案样式为“25%”的底纹。

② 完成以上操作后,将该文件以“启用宏的 Word 文档”类型保存至考生文件夹中,文件名为 A8-A。

4. 邮件合并

① 在 Word 2010 中打开文件 C:\2010KSW\DATA2\TF8-20B. docx,以 A8-B. docx 为文件名保存至考生文件夹中。

② 选择“信函”文档类型,使用当前文档,使用文件 C:\2010KSW\DATA2\TF8-20C. xlsx 中的数据作为收件人信息,进行邮件合并,结果如【样文 8-20C】所示。

③ 将邮件合并的结果以 A8-C. docx 为文件名保存至考生文件夹中。

【样文 8－20A】

明洁公司招聘人员信息签到表

姓名	姓别	毕业学校	总成绩	联系电话
张双	女	石油附中	88	82164523
范思思	女	矿院附中	95	51674523
李哲	男	北医附中	70	84812356
朱明明	女	地大附中	83	83210254
白思特	男	北医附中	92	67143256
张森	男	铁道附中	77	64582121
马丽	女	知春里中学	85	83241566

【样文 8－20B】

明洁公司员工基本信息表

职工姓名	性别	工龄	部门	工资
王敏	女	1	销售部	2000
胡月	女	2	企划部	3200
李鹏	男	5	人事部	4000
江洋	男	3	后勤部	2500
夏玲	女	3	财务部	3800
黄涛	男	5	技术部	4200

【样文 8－20C】

考试成绩通知单

亲爱的家长同志，您的孩子赵一凡本学期成绩如下：

学号：XS201001　　总分：520　　排名：10

语文	数学	英语	政治	历史	地理	生物
61	85	53	92	80	86	63

下学期将于 2010 年 2 月 10 日开学，请注意查收!

考试成绩通知单

亲爱的家长同志，您的孩子王丽丽本学期成绩如下：

学号：XS201002　　总分：542　　排名：7

语文	数学	英语	政治	历史	地理	生物
72	91	61	57	76	91	94

下学期将于 2010 年 2 月 10 日开学，请注意查收!

考试成绩通知单

亲爱的家长同志，您的孩子李山本学期成绩如下：

学号：XS201003　　　　总分：570　　　　排名：2

语文	数学	英语	政治	历史	地理	生物
88	80	90	70	83	85	74

下学期将于 2010 年 2 月 10 日开学，请注意查收!

考试成绩通知单

亲爱的家长同志，您的孩子徐可本学期成绩如下：

学号：XS201004　　　　总分：563　　　　排名：4

语文	数学	英语	政治	历史	地理	生物
95	86	88	60	72	80	82

下学期将于 2010 年 2 月 10 日开学，请注意查收!

第3章 计算机及信息高新技术考试

3.1 计算机及信息高新技术考试概述

1. 什么是计算机及信息高新技术考试

随着计算机信息高新技术的发展、推广和普及，越来越多的行业及部门已将其作为一项必备的基本工作技能，相应的培训及技能鉴定成为一种广泛的社会需求。全国计算机信息高新技术考试是原劳动和社会保障部（现人力资源和社会保障部）为适应社会发展和科技进步的需要，提高劳动力素质和促进就业，加强计算机及信息技术领域新兴职业技能培训考核工作，授权国家职业技能鉴定中心根据劳部发(1996)19号《关于开展计算机及信息高新技术培训考核工作的通知》，在全国范围内统一组织实施的社会化职业技能考试。

开展这项考试工作的主要目的，是为了推动计算机及信息高新技术在我国的迅速普及，提高应用人员的使用水平和高新技术装备的使用效率。同时，对计算机及信息高新技术应用人员的择业、流动提供一个应用水平与能力的标准证明，以适应劳动力的市场化管理。

计算机及信息高新技术考试的出发点是培养和考察计算机的实际应用能力。考试的设计是根据不同领域中的计算机应用情况规划若干个实用软件应用模块，分别独立进行培训考核。这些考试模块相对独立、重点测评掌握应用软件包的使用或专门技术的应用技能，应试者可根据自己工作岗位的需要选择考核模块和参加培训。

1999年9月，ATA公司与国家职业技能鉴定中心签署了合作协议，在全国正式开展全国计算机信息高新技术考试领域内的合作。

2. 计算机及信息高新技术考试的原则

① 考试面向全社会的普通劳动者，重点测评考生掌握计算机各类实际应用技能的水平。因此，培训和考试以实际操作为主，考试方法是在计算机上使用相应的程序完成具体的工作任务。

② 考试内容动态跟踪计算机应用技术领域中技术先进、应用广泛的成熟产品，体现较高的计算机技术含量和最新的应用技术。将计算机及信息高新技术应用领域的繁多内容按职业功能归类为模块，再按操作特点分解为技能点，并以不同的难度、效度或相关技能掌握范围确定考试等级。及时根据技术发展水平及社会接受程度，推出和更新标准、大纲和题库。

③ 考试由国家职业技能鉴定中心和各省、市、自治区的职业技能鉴定指导机构在全国统一组织实施，考核体系中的证书、考核标准、考试大纲、考试题库、考核、管理全部统一，保证考试的权威性和一致性。

④ 考试设计和组织实施贯彻“公开、公平、公正”原则，公开全部考核标准、考试大纲、、考试题库和评分标准；每个考生逐一随机抽题，各个考生在一场考试中题目各不相同；以严密的质量监督体系为保障，建立了从标准制定、题库制作、考试组织、成绩评定到结果复核、证书发

放等一整套由严格的行政监管规定和技术保障制度组成的质量监督体系。

⑤ 积极研究和探索先进的考试理论、考试技术和考试方式，促进考试手段的更新和发展，不断提高考核测试水平和效率。

3. 计算机及信息高新技术考试的特点

(1) 强大的政策支持

全国计算机及信息高新技术考试是国家职业技能鉴定中心组织实施，在全国范围内开展的一项培训和相应的考试工作。为了配合考试实施，鉴定中心及时颁发了一系列配套文件。根据劳培司字[1997]63号文件，参加培训并考试合格者由国家职业技能鉴定中心统一核发"计算机信息高新技术考试合格证书"。该证书作为反映计算机操作技能水平的基础性职业资格证书，在要求计算机操作能力并实行岗位准入控制的相应职业作为上岗证；在其他就业和职业评聘领域作为计算机相应操作能力的证明。通过计算机信息高新技术考试，获得操作员、高级操作员资格者，分别视同于中华人民共和国中级、高级技术等级，其使用及待遇参照相应规定执行；获得操作师、高级操作师资格者，参加技师、高级技师技术职务评聘时分别作为其专业技能的依据。正因为人力资源和社会保障部强大的政策支持，所以此项考试证书已在全社会范围内得到了广泛的认同。基于此项目的培训和考试也有着很好的发展前景。

(2) 完备的课程体系

全国计算机及信息高新技术考试的培训及考试科目基本涵盖了当前主流IT厂商的产品应用技能，可以满足实际工作岗位上绝大部分的IT技能需求，能够培养出具有综合技能的IT从业人员。并且根据技术发展水平及社会接受程度，不断推出和更新考核标准、考试大纲和考试题库。

(3) 先进的考试模式

全国计算机及信息高新技术考试重在考核计算机软件的应用操作能力，完全摒弃了没有实用价值的纯学术性理论知识。它以软件操作能力为主要对象，属于专项考试性质，侧重专门软件的应用，培养具有熟练的计算机相关软件操作能力的普通工作者。高新技术智能化考试采用ATA公司自主开发的智能考试平台，采用随培随考的方法，不搞全国统一时间的考试，以适应考生需要。高新技术考试在全国范围内采用"统一命题、统一考务管理、统一考评员资格、统一培训考核机构条件标准、统一颁发证书"的质量管理模式。每一个考核模块都制定了相应的考核标准和考试大纲，各地区进行培训和考试都按照统一的考核标准和考试大纲，并使用统一教材，以避免"因人而异"的随意性，充分保证了考试的公平性。

(4) 模块化的"技能培训和考核标准"体系

所谓模块化的考试设计，就是根据不同领域中的计算机应用情况，以职业功能分析法为依据建立若干个实用软件的独立考核模块，应试者可根据自己工作岗位的需要选择考核模块，有效地解决了不同计算机专业应用领域的特殊性问题。模块化的体系密切结合计算机技术迅速发展的实际情况，根据软、硬件发展的特点来设计考试模块和考核标准及方法，尽量采用最先进的软件，这样的设计，能适应计算机技术的发展，可用不同模块根据考生需要拼出相应的应用能力，并可很方便地增加、删除或修改某些模块。考生可根据自身条件和求职方向，选考相应的模块或系列；用人单位也可从相关证书中清楚了解求职者的实际能力，能有效地提高就业准确率。具体全国计算机及信息高新技术考试模块目录如表3-1所列。

表3-1 全国计算机及信息高新技术考试模块目录(ATA智能考试平台)

序 号	工种代码	模 块	等级
1	47-001	办公软件应用(windows XP)	中、高级
2	47-021	计算机辅助设计(AutoCAD 2005 机械)	中、高级
3	47-022	计算机辅助设计(AutoCAD 2005 建筑)	中、高级
4	47-032	计算机图形图像处理(PhotoShop CS2)	中级
5	47-031	计算机图形图像处理(PhotoShop CS)	高级
6	47-035	图形图像处理(CoreIDRAW 11.0)	中、高级
7	47-036	图形图像处理(Illustrator 10.0)	中级
8	47-034	图形图像处理(3DMAX 7)	中、高级
9	47-052	英特网应用(IE 6.0)	中级
10	47-053	英特网应用(ASP. net)	高级
11	47-055	计算机中文速记听录技能	中、高级
12	47-071	微型计算机暗转调试与维修(Windows Xp)	中级
13	47-072	局域网管理-信息安全	中、高级
14	47-092	多媒体软件制作(Authorware 6.5)	中、高级
15	47-102	应用程序设计(Visual C++6.0)	中级
16	47-123	网页制作(Flash MX 2004)	中级
17	47-122	网页制作(Macromedia MX)	高级
18	47-124	电子标签系统开发	高级
19	47-125	手机游戏设计	中级
20	47-126	网络游戏设计	中级
21	47-127	游戏美工	中级
22	47-128	会计软件应用(用友系列)	中、高级

3.2 办公软件应用技能培训和考核标准

1. 定 义

使用计算机及相关外部设备和一种办公应用软件处理文字、数据、图表等相应事务的工作技能。

2. 适用对象

文秘人员、数据处理和分析工作人员以及其他需要掌握办公软件操作技能的社会劳动者。

3. 相应等级

操作员:专项技能水平达到相当于中华人民共和国职业资格技能等级四级。在一种中文操作系统平台下独立熟练应用办公软件完成相应工作。实际能力要求达到:能使用办公应用的相关软件和设备熟练完成日常文字、数据处理。

高级操作员:专项技能水平达到相当于中华人民共和国职业资格技能等级三级。在一种中文操作系统平台下独立熟练应用办公软件完成相应的综合性工作。实际能力要求达到：能综合使用办公应用软件和相关设备熟练处理文字、数据、图表等日常事务信息，并具有相应的教学能力。

4. 培训期限

操作员：短期强化培训 60～80 学时。

高级操作员：短期强化培训 80～100 学时。

5. 技能标准

操作员

(1) 知识要求

① 掌握计算机及常用外部设备连接和使用方法及相关知识；

② 掌握计算机操作系统的基本知识和常用命令的使用知识；

③ 掌握一种中文平台的基本使用方法和知识；

④ 掌握一种办公应用软件的基本使用知识；

⑤ 掌握防病毒基本知识。

(2) 技能要求

① 具有熟练的操作系统使用能力；

② 具有熟练的文本处理软件使用能力；

③ 具有熟练的数据计算、分析和图表处理软件应用能力；

④ 具有熟练的文件管理和打印操作能力。

高级操作员

(1) 知识要求

① 掌握调试计算机及相关外部设备的系统知识；

② 掌握计算机操作系统的基本原理和系统的使用知识；

③ 掌握一种中文平台系统的使用知识，并了解其他中文平台的基本特点和使用方法；

④ 掌握一种办公应用软件系统的使用知识，并了解其他办公套件的基本特点和使用方法；

⑤ 熟练掌握信息共享的主要途径和管理方法。

(2) 知识要求

① 具有熟练的操作系统使用和分析解决问题能力；

② 具有熟练的文本处理软件使用和分析解决问题能力；

③ 具有熟练的电子表格软件使用和分析解决问题能力；

④ 具有熟练的图形演示软件使用和分析解决问题能力；

⑤ 具有熟练的文件管理、共享和打印操作能力。

6. 考试要求

(1) 申报条件

申请参加考核的人员，经过要求的培训后，根据本人能力和实际需要，可参加本模块设置的相应等级、平台的考试。

（2）考评员组成

考核应由经国家职业技能鉴定中心注册的考评员组成的考评组主持，每场考试的考评组须由3名以上注册考评员组成，每位考评员在一场考试中最多监考、评判10名考生。

（3）鉴定方式与鉴定时间

鉴定方式：使用全国统一题库，按照操作要求，完成指定的考试题目；考试全部在计算机的相应操作系统和应用程序中完成，实际测评操作技能。

鉴定时间：操作员：120分钟；高级操作员：180分钟。

7. 考试内容

操作员

（1）基础知识

计算机及办公设备型号、特点和连接，计算机及相关外部设备的启动、关闭及正确使用，相关外部设备的准备；计算机中央处理器的类型，内存的种类和容量，外存的配置、种类、规格和容量，显示器、扩展槽和接口的分类、标准及特点；操作系统的基本使用知识，中文平台的功能模块及其使用方法，会使用一种汉字输入方法；系统的安装，汉字库的使用特点；办公应用软件的组成和运行的软硬件环境要求，功能模块的作用及相互调用方法，汉字与图形的处理方式，文书、非文书、数据、表格和图形文件的格式和相关的转换和调用知识；防病毒基本知识。

（2）操作系统及中文平台的使用

操作系统的基本应用：格式化磁盘，数据文件的复制与删除，数据的备份与恢复，目录的建立和管理；批处理的设计，内存管理的设计；窗口管理，菜单使用，程序管理和文件管理，系统随带的主要应用程序的使用，数据共享（如剪贴板、DDE动态数据交换、OLE对象的链接与嵌入）的应用；系统的设置、优化和维护，基本系统配置文件的编辑修改技巧；熟练安装、启动、使用和优化中文平台，汉字输入，使用中文平台的工具对中文字符串做变形处理，对汉字做空心、旋转、阴影等效果处理，进行补字处理和运用单字节汉字。

（3）文字处理软件的使用

建立和编辑文书：建立与编辑文件，进行文件保存、查阅、复制和删除，定义文件格式，在文件中进行输入、插入、删除和修改操作，查找与替换操作，文字块操作；格式化：格式化字符、段落等，设置页面，基本版式设计与排版；使用软件提供的工具进行文字校对等操作；使用命令与对话框操作和多窗口操作；使用表格和图形；简单宏的应用。

（4）电子表格软件的使用

创建和编辑工作表：创建和编排工作表、工作簿及其一般使用，工作表分组、冻结及缩放，工作表的编辑操作；格式化工作表：改变列宽和行高，改变对齐方式，选择字体及字体尺寸，应用边框，格式化单元格中的公式，使用式样，复制格式；计算：使用操作符进行计算，确定单元格数据之间的关系，使用内部函数，命名单元格和区域，保护工作表；图表：创建图表，缩放及移动图表，改变图表类型和格式，打印图表；管理数据：创建数据清单，编辑数据，查找及排序记录；简单宏的应用。

（5）应用软件的联合操作

向文书处理软件创建的报表或备忘录加入电子表格软件的数据：使用文书处理软件、电子表格软件联合操作。

高级操作员

（1）基础知识

计算机及办公设备的型号、特点和连接，计算机及相关外部设备的启动、关闭及正确使用，相关外部设备的准备；系统的维护和扩充；掌握调试计算机及相关外部设备的系统知识，操作系统的基本原理和系统的使用知识；计算机中央处理器的类型，内存的种类和容量，外存的配置、种类、规格和容量，显示器、扩展槽和接口的分类、标准及特点；数据的物理存储状态，计算机与外部设备之间数据的传输特点和格式；有关计算机硬件比较系统完整的应用理论知识；操作系统的基本使用知识，中文平台的功能模块及其使用方法，会使用一种汉字输入方法；系统的安装，汉字库的使用特点；熟悉被破坏文件的恢复知识；办公应用软件的组成和运行的软硬件环境要求，功能模块的作用及相互调用方法，汉字与图形的处理方式，文书、非文书、数据、表格和图形文件的格式和相关的转换和调用知识；信息共享的主要途径和管理方法。

（2）操作系统的基本应用

格式化磁盘，数据文件的复制与删除，数据的备份与恢复，目录的建立和管理；批处理的设计，内存管理的设计；窗口管理，菜单使用，程序管理和文件管理，系统随带的主要应用程序的使用，数据共享（如剪贴板、DDE 动态数据交换、OLE 对象的链接与嵌入）的应用；系统的设置、优化和维护，系统配置文件的编辑和修改；被破坏数据的修复；熟练安装、启动、使用和优化中文平台；使用中文平台的工具对中文字符串做变形处理，对汉字做空心、旋转、阴影等效果处理，进行补字处理和运用单字节汉字。

（3）文书处理软件的使用

建立和编辑文书：建立与编辑文件，进行文件保存、查阅、复制和删除，定义文件格式，在文件中进行输入、插入、删除和修改操作，查找与替换操作，文字块操作；格式化：格式化字符和段落等，设置页面，基本版式设计与排版；使用软件提供的工具进行文字校对等操作；使用命令与对话框操作和多窗口操作；使用表格和图形；宏的使用；完整的文书处理软件使用知识和相关的教学知识。

（4）电子表格软件的使用

创建和编辑工作表：创建和编排工作表、工作簿及其一般使用，工作表分组、冻结及缩放，工作表的编辑操作；格式化工作表：改变列宽和行高，改变对齐方式，选择字体及字体尺寸，应用边框，格式化单元格中的公式，使用式样，复制格式；计算：使用操作符进行计算，确定单元格数据之间的关系，使用内部函数，命名单元格和区域，保护工作表；图表：创建图表，缩放及移动图表，改变图表类型和格式，打印图表；管理数据：创建数据清单，编辑数据，查找及排序记录；数据分析；宏应用；完整的电子表格软件使用知识和相关的教学知识。

（5）图形演示软件使用

创建、保存及打开演示文稿；在演示文稿中输入和编辑文字；对象（文字、图形、图像和表格等元素）的操作和增强效果处理；完整的图形演示软件使用知识和相关的教学知识。

（6）应用软件的联合操作

向文书处理软件创建的报表或备忘录加入电子表格软件的数据；使用图形演示软件和电子表格软件创建图形并链接数据；使用文书处理软件、电子表格软件和图形演示软件联合操作创建演示文稿；完整的应用软件联合操作知识和相关的教学知识。

3.3 办公软件应用(中级)应试指南

考试大纲

(1) Windows 系统操作(10 分)

① Windows 操作系统的基本应用:进入 Windows 和资源管理器,建立文件夹,复制文件,重命名文件;

② Windows 操作系统的简单设置:添加字体和输入法。

(2) 文字录入与编辑(12 分)

① 新建文件:在文字处理程序中,新建文档,并以指定的文件名保存至要求的文件夹中;

② 录入文档:录入汉字、字母、标点符号和特殊符号,并具有较高的准确率和一定的速度;

③ 复制粘贴:复制现有文档内容,并粘贴至指定的文档和位置;

④ 查找替换:查找现有文档的指定内容,并替换为不同的内容或格式。

(3) 格式设置与编排(12 分)

① 设置文档文字、字符格式:设置字体、字号、字形;

② 设置文档行、段格式:设置对齐方式、段落缩进、行距和段落间距;

③ 拼写检查:利用拼写检查工具,检查并更正英文文档的错误单词;

④ 设置项目符号或编号:为文档段落设置指定内容和格式的项目符号或编号。

(4) 表格操作(10 分)

① 创建表格并自动套用格式:创建一个新的表格并自动套用格式;

② 表格的行、列修改:在表格中交换行和列,插入或删除行和列,设置行高和列宽;

③ 合并或拆分单元格:将表格中的单元格合并或拆分;

④ 表格格式:设置表格中单元格的对齐方式,单元格中的字体格式,设置单元格的底纹;

⑤ 设置表格的边框线:设置表格中边框线的线型、线条粗细、线条颜色。

(5) 版面的设置与编排(12 分)

① 页面设置:设置文档的纸张大小、方向,页边距;

② 设置艺术字:设置艺术字的式样、形状、格式、阴影和三维效果;

③ 设置文档的版面格式:为文档中指定的行或段落分栏,添加边框和底纹;

④ 插入图片:按指定的位置插入图片、并设置大小和环绕方式等;

⑤ 插入脚注或尾注:为文档中指定的文字添加脚注、尾注;

⑥ 设置页眉页码:为文档添加页眉(页脚),插入页码。

(6) 工作簿操作(16 分)

① 工作表的行、列操作:插入、删除、移动行或列,设置行高和列宽,移动单元格区域;

② 设置单元格格式:设置单元格或单元格区域的字体、字号、字形、字体颜色,底纹和边框线,对齐方式,数字格式;

③ 插入批注:为指定单元格插入批注;

④ 多工作表操作:重命名工作表,将现有的工作表复制到指定工作表中;

⑤ 工作表的打印设置:插入分页符,设置打印标题;

⑥ 建立图表:使用指定的数据建立指定类型的图表,并对图表进行必要的设置。

(7) 数据计算(15 分)

① 公式、函数的应用:应用公式或函数计算数据的总和、均值、最大值、最小值或指定的运算内容;

② 数据的管理:对指定的数据排序、筛选、合并计算、分类汇总;

③ 数据分析:为指定的数据建立数据透视表。

(8) 综合应用(13 分)

① 选择性粘贴:在文字处理程序中嵌入电子表格程序中的工作表对象;

② 文本与表格的转换:在文字处理程序中按照要求将表格转换为文本,或将文本转换为表格;

③ 记录(录制)宏:在文字处理程序或电子表格程序中,记录(录制)指定的宏;

④ 邮件合并:创建主控文档,获取并引用数据源,合并数据和文档;

⑤ 建立公式:利用公式编辑器输入指定的公式。

2. 办公软件应用(中级)考试评分细则

全国计算机及信息高新技术考试办公软件应用模块(Windows 平台)操作员级考试是面向使用计算机进行文字和其他事务信息处理人员的技能测评,强调处理常用文字、图表和其他事务信息的能力及一定的熟练程度,判分标准即是根据日常工作中的应用技能特点概括而来。本考试的判分采用分解评判点的评判法,考评员需根据每一个评分点逐项评判,最后形成总分,评分时应注意以下几点:

① 所有评分点中,除"录入准确率"之外,均为按对错判分项。其中一些项是"有对的就给分",而另一些则是"有错的就不给分",请注意掌握。

② 凡是考题要求中明确指明的操作,评分时应严格要求。

③ 若某项判分中有多个考核点,全部正确方给分,错任一处不给分。

④ 如果考生完成的结果和答案基本一致,但使用的操作技能与要求不符,不给分。

⑤ 若考生完成的效果与标准答案略有差别,但差别之处在该题中未明确要求,给分。

⑥ 建议考评员以只读方式打开考生建立的文档,以免因评分时的误操作影响考生的原始考试结果。

第 1 单元 windows 系统操作(10 分)

评分点	分 值	得分条件	判分要求
开机	1	正常打开电源,在 windows 中进入资源管理器	无操作失误
建立考生文件夹	1	文件夹名称、位置正确	必须在指定的驱动器
复制文件	2	正确复制指定的文件	复制正确即得分
重命名文件	2	正确重命名文件名及扩展名	文件名及扩展名须全部正确
添加字体	2	按要求添加指定字体	何种字库不做要求
添加输入法	2	按要求添加指定输入法	何种版本不作要求

第 2 单元　文字录入与编辑(12 分)

评分点	分　值	得分条件	判分要求
创建新文件	1	在指定文件夹中正确创建 A2. doc	内容不做要求
汉字、字母录入	1	有汉字和字母	正确与否不作要求
标点符号的录入	1	有中文标点符号	正确与否不作要求
特殊符号的录入	1	有特殊符号	须使用插入"符号"技能点
录入准确率	4	准确录入样文内容	录入错(少、多)均扣 1 分,最多扣 4 分
复制粘贴	2	正确复制粘贴指定内容	内容、位置均需正确
查找替换	2	将指定内容全部更改	使用"编辑/替换"技能点,有一处未改不给分

第 3 单元　格式设置与编排(12 分)

评分点	分　值	得分条件	判分要求
设置字体	2	全部按要求正确设置	错一处不得分
设置字号	2	全部按要求正确设置	错一处不得分
设置字形	1	全部按要求正确设置	错一处不得分
设置对齐方式	2	全部按要求正确设置	必须使用"对齐"技能点,其他方式对齐不给分
设置段落缩进	2	缩进方式和缩进值正确	必须使用"缩进"技能点,其他方式不给分
设置行距/段落间距	1	间距设置方式和间距数值正确	必须使用"行距"或"间距"技能点,其他方式不给分
拼写检查	1	改正文本中全部错误单词	使用"拼写"技能点,有一处未改则不给分
设置项目符号或编号	1	按样文正确设置项目符号或编号	样式、字体和位置均正确

第 4 单元　表格操作(10 分)

评分点	分　值	得分条件	判分要求
创建表格并自动套用格式	2	行列数符合要求、并正确套用表格格式	行高、列宽不做要求,自动套用类型无误
表格的行、列修改	2	正确地插入(删除)行(列)、正确地移动行(列)的位置、设置的行高和列宽值正确	位置和数目均须正确
合并或拆分单元格	2	正确合并或拆分单元格	位置和数目均须正确
表格格式	2	正确设置单元格的对齐方式、字体格式、底纹	精确程度不做严格要求
设置表格的边框线	2	边框线的线型、线条粗细、线条颜色与样文相符	所选边框样式正确

第 5 单元　版面的设置与编排(12 分)

评分点	分　值	得分条件	判分要求
设置页面	2	正确设置纸张大小,页面边距数值正确	一处未按要求设置则不给分
设置艺术字	2	按要求正确设置艺术字	艺术字大小和位置与样文相符,精确程度不做严格要求
设置栏格式	1	栏数和分栏效果正确	有数值要求的须严格掌握
设置边框/底纹	2	位置、范围、数值正确	有颜色要求的须严格掌握
插入图片	1	图片大小、位置及环绕方式正确	精确程度不做严格要求
插入脚注(尾注)	2	设置正确,内容完整	录入内容可有个别错漏
设置页眉/页码	2	设置正确,内容完整	页码必须使用“页码域”技能点,其他方式设置不得分

第 6 单元　工作簿操作(16 分)

评分点	分　值	得分条件	判分要求
设置工作表行、列	2	正确插入、删除、移动行(列)、正确设置行高列宽	录入内容可有个别错漏
设置单元格格式	3	正确设置单元格格式	必须全部符合要求,有一处错漏则不得分
设置表格边框线	2	正确设置表格边框线	与样文相符,不做严格要求
插入批注	2	附注准确、完整	录入内容可有个别错漏
重新命名工作表并复制工作表	2	命名准确、完整,复制的格式、内容完全一致	必须复制整个工作表
设置打印标题	2	插入分页符的位置正确,设置的打印标题区域正确	可在打印预览中判别
建立图表	3	引用数据、图表样式正确	图表细节不做严格要求

第 7 单元　数据计算(15 分)

评分点	分　值	得分条件	判分要求
公式(函数)应用	2	公式或函数使用正确	以“编辑栏”中的显示判定
数据排序	2	使用数据完整,排序结果正确	须使用“排序”技能点
数据筛选	2	使用数据完整,筛选结果正确	须使用“筛选”技能点
数据合并计算	3	使用数据完整,计算结果正确	须使用“合并计算”技能点
数据分类汇总	3	使用数据完整,汇总结果正确	须使用“分类汇总”技能点
建立数据透视表	3	使用数据完整,选定字段正确	须使用“数据透视表”技能点

第 8 单元　综合应用(13 分)

评分点	分　值	得分条件	判分要求
选择性粘贴	2	粘贴文档方式正确	须使用“选择性粘贴”技能点，其他方式粘贴不得分
文字与表格间的相互转换	2	行/列数、套用表格格式正确(表格转换完整、正确)	须使用“将表格转换成文本”技能点，其他方式形成的表格不得分(须使用“将文本转换成表格”技能点，其他方式形成的文本不得分)
记录(录制)宏	3	宏名、功能、快捷键正确，使用顺利	与要求不符不得分
邮件合并	3	主控文档建立正确，数据源使用完整、准确，合并后文档与操作一致	须使用“邮件合并”技能点，其他方式形成的合并文档不得分
输入公式	3	符号、字母准确，完整	大小、间距和级次不作要求

3. 办公软件应用模块(中级)评分表

第 1 单元　Windows 系统操作(10 分)

序　号	评分点	分　值
1	开机	1
2	建立考生文件夹	1
3	复制文件	2
4	重命名文件	2
5	添加字体	2
6	添加输入法	2

第 2 单元　文字录入与编辑(12 分)

序　号	评分点	分　值
1	创建新文件	1
2	文字录入、字母录入	1
3	标点符号的录入	1
4	特殊符号的录入	1
5	录入准确率	4
6	复制粘贴	2
7	查找替换	2

第 3 单元　格式设置与编排(12 分)

序　号	评分点	分　值
1	设置字体	2
2	设置字号	2
3	设置字形	1
4	设置对齐方式	2
5	设置段落缩进	2
6	设置行距/段落间距	1
7	拼写检查	1
8	设置项目符号或编号	1

第 4 单元　表格操作(10 分)

序　号	评分点	分　值
1	创建表格并自动套用格式	2
2	表格的行、列修改	2
3	合并或拆分单元格	2
4	表格格式	2
5	设置表格的边框线	2

第 5 单元　版面的设置与编排(12 分)

序　号	评分点	分　值
1	设置页面	2
2	设置艺术字	2
3	设置栏格式	1
4	设置边框/底纹	2
5	插入图片	1
6	插入脚注(尾注)	2
7	设置页眉/页码	2

第 6 单元　工作簿操作(16 分)

序　号	评分点	分　值
1	设置工作表行、列	2
2	设置单元格格式	2
3	设置表格边框线	2
4	插入批注	2
5	重新命名工作表并复制工作表	2
6	设置打印标题	2
7	建立图表	3

第 7 单元　数据计算(15 分)

序　号	评分点	分　值
1	公式(函数)应用	2
2	数据排序	2
3	数据筛选	2
4	数据合并计算	3
5	数据分类汇总	3
6	建立数据透视表	3

第 8 单元　综合应用(13 分)

序　号	评分点	分　值
1	选择性粘贴	2
2	文本与表格间的相互转换	2
3	记录(录制)宏	3
4	邮件合并	3
5	输入公式	3

3.4　计算机操作员(中级)职业技能鉴定应试指南

计算机操作员国家职业标准

1. 计算机操作员职业概况

(1) 计算机操作员职业的定义

计算机操作员是指使用常见的计算机设备、应用软件、网络，从事企事业单位计算机日常操作，进行日常计算机信息处理的人员。

(2) 计算机操作员职业等级

计算机操作员职业共设三个等级，分别为：初级(国家职业资格五级)、中级(国家职业资格四级)、高级(国家职业资格三级)。

(3) 计算机操作员职业能力特征

从事计算机操作员职业的人员应具有很强的学习、表达、计算和逻辑能力，一定的空间感、形体感，色觉正常，手指、手臂灵活，动作协调性强。

(4) 计算机操作员申报条件

① 初级计算机操作员申报条件

具备下列条件之一者，可以申报初级计算机操作员职业资格。

● 经本职业初级正规培训达规定标准学时数，并取得结业证书。

● 连续从事本职业工作 1 年以上。

● 取得以劳动和社会保障行政部门审核认定的、以中级技能为培养目标的中等以上职业学习本职业（专业）毕业证书。

② 中级计算机操作员申报条件

具备下列条件之一者，可以申报初级计算机操作员职业资格。

● 取得本职业初级职业资格证书后，连续从事本职业工作 1 年以上。

● 经本职业中级正规培训达规定标准学习时数，并取得结业证书。

● 连续从事本职业工作 3 年以上。

● 取得经劳动和社会保障行政部门审核认定的、以高级技能为培养目标的中等以上职业学习本职业（专业）毕业证书。

● 取得相关专业大专以上（含大专）毕业证书，并连续从事本职业工作 1 年以上。

③ 高级计算机操作员申报条件

具备下列条件之一者，可以申报初级计算机操作员职业资格。

● 取得本职业中级职业资格证书后，连续从事本职业工作 2 年以上。

● 经本职业高级正规培训达规定标准学习时数，并取得结业证书。

● 连续从事本职业工作 5 年以上。

● 取得经劳动和社会保障行政部门审核认定的、以高级技能为培养目标的中等以上职业学习本职业（专业）毕业证书，并连续从事本职业工作 1 年以上。

● 取得相关专业本科以上（含本科）毕业证书，并连续从事本职业工作 21 年以上。

（5）鉴定方式

计算机操作员职业技能鉴定分为理论知识考试和技能操作考核。理论知识考试采用闭卷笔试方式，技能操作考核采用计算机模拟现场实际操作方式。理论知识考试和技能操作考核均实行百分制，成绩皆达 60 分及以上者为合格。获得全国计算机信息高新技术考试办公软件应用模块证书者，理论知识考试合格后，免考技能操作考核，直接将高新技术考试成绩认定为相应等级的技能操作考核成绩。

（6）鉴定时间

计算机操作员职业技能鉴定理论知识考试时间不少于 120 分钟；初级、中级技能操作考核时间不少于 120 分钟；高级技能操作考核时间不少于 180 分钟。

2. 基本要求

（1）职业道德

① 职业道德基本知识

② 计算机操作员职业守则

● 遵守法律、法规和有关规定；

● 爱岗敬业，忠于职守，自觉履行各项职责；

● 严格执行工作程序、工作规范、工艺文件和安全操作规程；

● 工作认真负责，严于律己；

- 谦虚谨慎，团结协作，主动配合；
- 爱护设备及软件、工具、仪器仪表；
- 刻苦学习，专研业务，努力提高科学文化素质；
- 诚实守信，办事公道；
- 服务群众，奉献社会；
- 着装整洁，保持工作环境清洁有序，文明生产。

（2）基础知识

① 计算机专业英语知识

- 计算机专业英语的特点；
- 词汇分析与词汇量；
- 阅读能力的提高方法；
- 计算机专业英语阅读材料。

② 计算机基本原理

- 计算机的概念、类型及其应用领域；
- 计算机中数据的表示；
- 计算机中数据的运算。

③ 计算机软件基础知识

- 计算机软件的层次结构；
- 操作系统基础知识；
- 应用软件基础知识。

④ 计算机硬件基础知识

- 计算机组成原理；
- 计算机体系结构；
- 计算机组成部件及其功能；
- 微型计算机。

⑤ 计算机硬件系统支撑体系

- 计算机应用基础知识；
- 计算机应用类型；
- 系统选型与配置；
- 系统性能评价；
- 安全性与可靠性技术。

⑥ 多媒体基础知识

- 多媒体信息处理；
- 多媒体基本应用。

⑦ 信息化基础知识

- 信息与信息化；
- 信息处理技术；

● 信息系统。

⑧ 文字处理基础知识

● 汉字信息处理基础知识；

● 文字输入技术；

● 常用排版物的格式规范；

● 排版工艺基础知识；

● 文字信息处理工艺与质量管理。

⑨ 相关法律、法规知识

●《中华人民共和国知识产权法》相关知识；

●《中华人民共和国劳动法》相关知识；

●《中华人民共和国计算机信息网络国际联网管理暂行规定实施办法》相关知识；

●《计算机软件保护条例》相关知识；

● 共享软件、免费软件、用户许可证等相关知识；

● 有关信息安全的法律、法规知识；

● 商业秘密与个人信息保护等相关知识。

3. 计算机操作员(中级)工作要求

根据计算机操作员职业标准的要求，计算机操作员(中级)工作要求如下表所示，同时计算机操作员(中级)的技能要求涵盖计算机操作员(初级)的要求。

序　号	职业功能	工作内容	技能要求	相关知识
1	计算机安装、连接与调试	(1) 电源系统连接与检测	① 能连接不间断电源。 ② 能检测不间断电源的工作状态	① 不间断电源连接方式。 ② 不间断电源使用特点
		(2) 外围设备连接与应用	① 能连接、使用扫描仪、手写笔、数码相机、摄像头等输入设备。 ② 能连接、使用打印机、绘图仪、音响系统、投影仪和 USB 存储器。 ③ 能连接、使用调制解调器	① 输入设备连接、使用特点。 ② 输出设备连接、使用要求。 ③ 调制解调器连接、使用规定
		(3) 操作系统安装	① 能添加字库和输入法。 ② 能安装、设置输入、输出设备驱动程序。 ③ 能安装操作系统	① 字库和输入法的种类及添加操作注意事项。 ② 输入、输出设备驱动程序的安装、设置要求。 ③ 操作系统安装注意事项
		(4) 设备综合应用	① 能进行磁盘分区操作。 ② 能进行磁盘复制与整理操作	① 磁盘属性 ② 磁盘复制与整理操作要求
		(5) 应用程序综合操作	① 能安装、调试电子邮件程序。 ② 能安装、调试浏览器应用软件	① 电子邮件程序的安装、调试要求。 ② 浏览器的安装、调试要求

续表

序　号	职业功能	工作内容	技能要求	相关知识
2	文件管理	(1) 操作要求	① 能进行文件和文件夹的属性管理。 ② 能进行文件基本备份。 ③ 能查找文件和文件夹。 ④ 能进行回收站管理	① 文件和文件夹属性管理操作要点。 ② 文件和文件夹的备份、查找操作要求。 ③ 回收站管理特点
		(2) 文件高级管理	① 能进行文件权限管理。 ② 能进行文件夹共享。 ③ 能对文件和文件夹进行加密。 ④ 能对文件和文件夹进行归档管理	① 文件权限管理特点。 ② 文件夹共享操作要点。 ③ 文件和文件夹加密要求。 ④ 文件和文件夹归档管理特点
3	文字录入	(1) 英文录入	能在 10 分钟内,以每分钟不低于 140 个英文字符的速度,使用计算机键盘输入指定的中英文文稿,错误率不高于 5%	① 提高英文输入速度的方法。 ② 英文页面版式的特点
		(2) 中文录入	能在 10 分钟内,以每分钟不低于 80 个汉字或 140 个英文字符的速度,使用计算机键盘输入指定的中英文文稿,错误率不高于 5%	提高中文输入速度的方法
		(3) 数字符号录入	① 能输入常用数字符号。 ② 能输入类似数字的符号	① 数字符号种类。 ② 数字符号输入注意事项
		(4) 中英文混合输入	能在 10 分钟内,以每分钟不低于 80 个汉字或 140 个英文字符的速度,使用计算机键盘输入指定的中英文文稿,错误率不高于 5%	提高输入准确率的操作要点
4	通用文档处理	(1) 文档内容高级编辑	① 能插入、编辑、设置注释和域。 ② 能设置中文版式及进行长文档编辑操作	① 注释的使用方法。 ② 域的使用方法
		(2) 内容查找与替换	① 能查找与定位内容。 ② 能替换指定内容	① 内容查找操作要点。 ② 内容替换操作要点
		(3) 文档格式化处理	① 能设置边框、底纹、背景。 ② 能设置特殊格式	① 边框、底纹、背景设置要求。 ② 特殊格式设置要求
		(4) 邮件和信函合并	① 能进行多个文档、标签、邮件等的合并操作。 ② 能通过筛选和排序选择合并项	① 文档合并具体要求。 ② 合并项设置特点
		(5) 表格高级处理	① 能调整、转换表格属性。 ② 能设置、套用表格和表头格式	① 表格属性。 ② 合并项设置特点
		(6) 对象高级处理	① 能插入公式等复杂对象。 ② 能通过调整对象属性进行图文混排	① 复杂对象的插入特点。 ② 图文混排操作要求

续表

序　号	职业功能	工作内容	技能要求	相关知识
5	电子表格处理	(1) 数据输入与编辑处理	① 能进行数据的引用输入和并联输入。 ② 能进行工作簿、工作表、工作区、单元格中数据的输入、填充、更新、复制、移动、删除和清除操作	① 数据快速输入方法。 ② 数据编辑操作要求
		(2) 数据查找与替换	① 能查找、定位数据、单元格、工作区。 ② 能替换指定数据	① 数据查找的操作特点。 ② 数据替换操作的特点
		(3) 表格高级格式化处理	① 能对单元格进行合并、拆分、添加批注操作。 ② 能自动套用表格格式、自动调整设置表格	① 单元格合并、拆分、添加批注操作。 ② 自动套用格式类型
		(4) 对象基本处理	① 能插入图片、图示等对象。 ② 能创建、编辑、修饰图表	① 图片等对象的插入操作要求。 ② 图表基本处理的操作要点
		(5) 综合计算处理	① 能使用公式建立引用关系计算。 ② 能使用函数进行高级算法处理	① 引用关系计算方法。 ② 函数的用途
		(6) 高级统计分析	① 能进行数据的复杂筛选与排序。 ② 能用分类汇总进行数据统计	① 复杂筛选与排序操作要求。 ② 分类汇总的特点
6	演示文稿处理	(1) 幻灯片模板制作和版式设计	① 能选择幻灯片模板配色方案。 ② 能设置幻灯片模板动画方案	① 配色方案种类。 ② 动画方案种类
		(2) 幻灯片效果处理	① 能进行版式与色彩应用。 ② 能添加、更改、设置幻灯片背景及背景音乐	① 版式色彩与应用特点。 ② 幻灯片背景处理操作要点
		(3) 幻灯片按钮、图形图像应用及效果处理	① 能在幻灯片中选择、设置动作按钮及其格式。 ② 能在幻灯片中插入图形图像并进行效果处理	① 动作按钮的种类及用途。 ② 图形图像效果处理要求
		(4) 幻灯片放映设置	① 能设置幻灯片放映类型与换片方式。 ② 能设置幻灯片放映选项	① 幻灯片放映的类型。 ② 幻灯片放映选项设置特点
		(5) 幻灯片打印设置	① 能设置幻灯片打印形式。 ② 能设置幻灯片打印颜色	① 幻灯片打印形式设置。 ② 幻灯片打印颜色设置
		(6) 幻灯片动画设置	① 能设置鼠标动作效果。 ② 能设置自定义动画效果	① 鼠标动作效果种类。 ② 设置自定义动画效果的操作要点

续表

序　号	职业功能	工作内容	技能要求	相关知识
7	网络登录与信息浏览	(1) 文件上传与下载	① 能使用工具下载文件。 ② 能上传文件	① 常用下载工具。 ② 文件上传与下载操作注意事项
		(2) 浏览器使用	能进行浏览器高级设置	浏览器设置要点
8	多媒体信息处理	(1) 声音文件输入	① 能创建声音文件。 ② 能保存声音文件	① 声音文件的种类 ② 创建声音文件的操作要点
		(2) 声音文件常规编辑处理	① 能打开常见声音文件。 ② 能编辑声音文件	声音文件编辑处理特点
		(3) 视频文件输入	① 能创建视频文件。 ② 能保存视频文件	① 视频文件的种类。 ② 创建视频文件的操作要点
		(4) 视频文件常规编辑处理	① 能打开常见的视频文件。 ② 能编辑视频文件	视频文件编辑处理规范
		(5) 图片文件分类管理	① 能建立图片文件索引。 ② 能撰写图片文件摘要	① 图片文件索引规定。 ② 图片文件摘要规范